Günter Fehr (Hrsg.)

# Nährstoffbilanzen für Flußeinzugsgebiete

## Aus dem Programm Umweltwissenschaften

Martin Kaltschmitt / Guido A. Reinhardt
**Nachwachsende Energieträger**
Grundlagen, Verfahren, ökologische Bilanzierung

Andreas Patyk / Guido A. Reinhardt
**Düngemittel – Energie- und Stoffstrombilanzen**

Mario Schmidt / Ulrich Höpfner
**20 Jahre ifeu-Institut**
Engagement für die Umwelt
zwischen Wissenschaft und Politik

Günter Fehr (Hrsg.)
**Nährstoffbilanzen für Flußeinzugsgebiete**
Ein Beitrag zur Umsetzung der
EU-Wasserrahmenrichtlinie

Klaus Heinloth
**Die Energiefrage**
Bedarf und Potentiale, Nutzen, Risiken und Kosten

Andreas Heintz / Guido A. Reinhardt
**Chemie und Umwelt**

Egbert Boeker / Riek van Grondelle
**Physik und Umwelt**

Frithjof Staiß
**Photovoltaik**
Technik, Potentiale und Perspektiven der solaren
Stromerzeugung

Günter Fehr (Hrsg.)

# Nährstoffbilanzen für Flußeinzugsgebiete

## Ein Beitrag zur Umsetzung der EU-Wasserrahmenrichtlinie

Die Deutsche Bibliothek – CIP-Einheitsaufnahme
Ein Titeldatensatz für diese Publikation ist bei
Der Deutschen Bibliothek erhältlich



Der Verlag Vieweg ist ein Unternehmen der BertelsmannSpringer Science+Business Media Group.

http://www.vieweg.de

Konzeption und Layout des Umschlags: Ulrike Weigel, www.CorporateDesignGroup.de

Gedruckt auf säurefreiem Papier

ISBN-13: 978-3-322-87263-0 e-ISBN-13: 978-3-322-87262-3
DOI: 10.1007/978-3-322-87262-3

# Inhaltsverzeichnis

# 1 Vorwort

Die wasserwirtschaftliche Planung ist in Deutschland im Umbruch. Themen wie **Privatisierung in der Abwassertechnik, Liberalisierung der Energie- und Wassermärkte, Globalisierung der industriellen Märkte** oder - aus ökologischer Sicht gesehen - **Nachhaltigkeit in der Wasserwirtschaft** bestimmen heutzutage die Debatte über die Zukunft der Wasserwirtschaft in Deutschland und Europa.

Die durch diese Entwicklungen ausgelösten Veränderungsprozesse haben eine Eigendynamik bekommen, die zwar der Geschwindigkeit der wirtschaftlichen Prozesse gerecht wird, jedoch keine Entsprechung in der politischen Diskussion findet. Die Politik reagicrt hektisch mit in fast allen Bundesländern durchgeführten Verwaltungsreformen, ohne dabei zu überprüfen, ob die neuen Strukturen auch in einem europäischen oder globalen Geschehen angemessen handlungsfähig sind.

Dabei müssen wir erkennen, daß die Organisation der Wasserwirtschaft in Deutschland, anders als bei unseren europäischen Nachbarn, nicht immer geeignet ist, z.B. die durch EU-Richtlinien neu entstehenden Aufgaben möglichst einfach und schnell zu lösen. Die Umsetzung der europäischen Wasserrahmenrichtlinie ist eine solche Herausforderung.

Zur Vereinheitlichung der vielen speziellen Wasserrichtlinien hat die europäische Kommission einen Entwurf für eine **"Richtlinie zur Schaffung eines Ordnungsrahmens für Maßnahmen der Gemeinschaft im Bereich der Wasserpolitik (europäische Wasserrahmenrichtlinie)"** vorgelegt, die im Jahr 2000 in Kraft treten wird. Während einige Bundesländer sich noch zögernd und abwartend zur Umsetzung der Rahmenrichtlinie verhalten, versuchen andere, wie z.B. das Land Niedersachsen, diese als Chance zur Straffung und Neuorganisation der Wasserwirtschaft zu nutzen.

Wie im Beitrag von Hans-Hermann Thies und Jens Becker (Kapitel 2) gezeigt wird, enthält die Wasserrahmenrichtlinie zahlreiche gute Ansatzpunkte, die helfen können, die ökologische Qualität von Fließgewässern und Grundwasser zu verbessern. Nach einer Defizitanalyse sollen Maßnahmenprogramme zur Erreichung dieses guten Gewässerzustandes erarbeitet werden, die innerhalb von 16 Jahren umzusetzen sind. Die dezidierten Vorgaben der EU-Wasserrahmenrichtlinie zur Beschreibung der guten ökologischen Qualität sollten möglichst schnell in die in Deutschland geltenden Qualitätsstandards (z.B. zur Beschreibung der Gewässergüte oder der Grundwasserqualität) integriert werden.

Wie Thies und Becker als Praktiker aus der Wasserwirtschaftsverwaltung erläutern, läßt sich auch die zunächst unübersichtlich erscheinende EU-Wasserrahmenrichtlinie übersichtlich darstellen. Als Kern der zukünftigen Arbeit sehen sie das Erstellen von Bewirtschaftungsplänen für die jeweiligen Flußeinzugsgebiete. Da die deutsche Wasserwirtschaft derzeit noch nicht nach Flußeinzugsgebieten, sondern nach demographischen und politischen Grenzen organisiert ist, sind neue Planungsmethoden erforderlich, die länderübergreifend oder auch staatenübergreifend zu gleichen Datenbankstrukturen, kompatiblen Softwareprogrammen und einer neuen Organisation des Datenaustauschs in der Wasserwirtschaft führen müssen. Die inhaltlichen Auswertungen können dann mit Simualtionsmodellen vorgenommen werden, die geeignet sind, die zukünftigen Fragestellungen so einfach wie möglich und so genau wie nötig zu beantworten.

Eine **zielgerichtete Bewirtschaftung des Nährstoffhaushalts der Flußeinzugsgebiete** könnte als Leitbild zur Umsetzung der Anforderungen der Wasserrahmenrichtlinie dienen. Hierbei ist neben einer Verbesserung der Gewässerstruktur vor allem auch die Reduzierung der diffusen Gewässerbelastung eine weitere zukünftige Schwerpunktaufgabe für die Wasserwirtschaftsverwaltung und die Flächennutzer im Einzugsgebiet.

In Kapitel 3 wird diese Thematik aufgegriffen und anhand von Modelleinzugsgebieten aus dem norddeutschen Tiefland und Dänemark exemplarisch bearbeitet. Die hier dargestellten Methoden und Ergebnisse zur Bilanzierung von Nährstoffeinträgen in Fließgewässer gehen auf das Projekt "Ökonomische Effektivitätskontrolle von Gewässerschutzmaßnahmen in der Europäischen Gemeinschaft" zurück, das von der Europäischen Union, dem Land Niedersachsen und dem Fyns Amt finanziert worden ist.

Das Autorenkollektiv von F & N Umweltconsult und der Universität Hannover, Institut für Siedlungswasserwirtschaft, stellt in Kapitel 3 anschaulich dar, wie die Bewirtschaftung des Nährstoffhaushalts von Einzugsgebieten zur Verbesserung der Gewässergüte und der Grundwasserqualität beitragen kann. Ein Schwerpunkt der Ausarbeitung war es zu ermitteln, wie die diffusen Nährstoffeinträge in die Fließgewässer und das Grundwasser qualitativ erfaßt und beeinflußt werden können. Dabei ist ein computergestütztes **Bilanzierungsmodell namens MOBINEG** entstanden, mit dem alle Berechnungen durchgeführt werden können und das zukünftig als Instrument für die Bewirtschaftungsplanung zur Verfügung steht. Das Modell ist in Einzugsgebieten mit unterschiedlichen naturräumlichen Randbedingungen und unterschiedlichen Nutzungsstrukturen entwickelt worden und soll helfen, folgende Fragen zu beantworten:

1. Welche Umweltqualitätsziele lassen sich für Gesamt-Stickstoff und Gesamt-Phosphor für die jeweiligen Flußgebiete erreichen?
2. Ist das Erreichen dieser Ziele finanzierbar?
3. Welche Konsequenzen lassen sich hieraus für eine zukünftige Gestaltung der Gewässergüteüberwachung ableiten?

Die Beantwortung dieser Fragen entspricht genau den Fragestellungen, die in der Wasserrahmenrichtlinie zur zukünftigen Umsetzung der Bewirtschaftung von Flußgebieten formuliert sind. Die Bearbeitung dieser Fragestellungen wurde von der niedersächsischen Wasserwirtschaftsverwaltung intensiv begleitet und mit der Landwirtschaftsverwaltung einvernehmlich erörtert.

Die Autoren arbeiten durch eine detaillierte Darstellung der Untersuchungen letztendlich heraus, daß sich eine nachhaltige Verbesserung der Güte der Fließgewässer und des Grundwassers nur mit durchgreifenden Änderungen in der landwirtschaftlichen Produktion erreichen läßt. Ein großer Teil der Nährstoffeinträge in Fließgewässer ist dabei mit vertretbarem finanziellem Aufwand vermeidbar. Ein nachhaltiger Schutz der Fließgewässer vor Eutrophierung ist unter den heutigen anthropogenen Nutzungsansprüchen jedoch kaum realisierbar. Es bedarf deshalb eines neuen gesellschaftlichen Konsenses und eines politischen Willens, die ökonomischen Notwendigkeiten für einen weitgehenden Gewässerschutz auch tragen zu wollen.

Auch hierzu kann die in der Wasserrahmenrichtlinie vorgesehene **Öffentlichkeitsbeteiligung bei der Diskussion der Maßnahmenprogramme** in den Bewirtschaftungsplänen einen wertvollen Beitrag zum gegenseitigen Verständnis der Kontrahenden und Akteure in einem Flußgebiet liefern.

Im anschließenden Beitrag von Kerstin Geffers und Dietrich Borchardt (Kapitel 4) wird ein **Methodenvergleich unterschiedlicher Berechnungsansätze** zur Bilanzierung verursacherbezogener Nährstoffbilanzen vorgestellt. Hierzu wird am Beispiel des Einzugsgebietes der Lahn herausgearbeitet, ob das Programm MOBINEG, das für Fließgewässereinzugsgebiet im norddeutschen Flachland entwickelt worden ist, auch im Mittelgebirge mit anderen morphologischen und klimatischen Randbedingungen zu plausiblen Ergebnissen führt. Als Vergleichsmaßstab werden die Nährstoffbilanzen herangezogen, die von den Autoren im Rahmen eines vom BMBF geförderten Vorhabens ermittelt worden sind.

Beide Methoden führen zu nahezu identischen Ergebnissen, wobei in MOBINEG der Part der diffusen Nährstoffeinträge differenzierter abgebildet wird, während die von den Autoren vorgestellte Vorgehensweise eine größere Genauigkeit bei den punktuellen Quellen (System Kläranlage/Kanalisation) erzielt.

Ein interessantes Teilergebnis ist hierbei, daß auch im Einzugsgebiet der Lahn, in dem die landwirtschaftliche Produktion im Gegensatz zu den in Norddeutschland untersuchten Einzugsgebieten eine eher untergeordnete Rolle spielt, trotzdem 60% der in die Lahn eingetragenen Stickstofffrachten den diffusen Einleitungsquellen zuzuordnen sind. Hierin kommt zum Ausdruck, daß den Fließgewässern in Deutschland eine Hintergrundbelastung zugesprochen werden muß, die sich kurzfristig kaum beeinflußen lassen wird. Auch hier zeigt die Wasserrahmenrichtlinie mit ihren Umsetzungsfristen von 16 Jahren und mehr durchaus einen realistischen Zeithorizont zur Umsetzung der Maßnahmenprogramme auf.

Der abschließende Beitrag von Dietrich Brunswig (Kapitel 5)geht einer wesentlichen wissenschaftlichen Detailfrage nach. Die Berechnung von in Gewässer abfließenden Nährstofffrachten aus kontinuierlichen Messungen des Abflußes sowie stichprobenartig gemessenen Stoffkonzentrationen ist zwar in der Fachliteratur vielfach diskutiert, jedoch ein in der Praxis noch ungelöstes Problem. Wenn als Erfolgsmaßstab zur Umsetzung der Bewirtschaftungsmaßnahmen im Einzugsgebiet die Reduzierung von Nährstofffrachten im Fließgewässer verwendet wird, sollte auf der anderen Seite auch ein zuverlässiges mathematisches Instrument zur Berechnung dieser Stofffrachten aus Abflüssen und Gewässergütedaten als Kontrollrechnung zur Verfügung stehen. BRUNSWIG erläutert hierzu die Ansätze im Modell TRANSPOS, das eine erhebliche Verbesserung zu den sonst üblichen Berechnungsmethoden bietet.

Wir hoffen, daß dieses Buch einen hilfreichen Beitrag in der gerade erst beginnenden Diskussion zur Umsetzung der EU-Wasserrahmenrichtlinie liefert. Auch sollten Möglichkeiten und Grenzen des Gewässerschutzes am Beispiel der Bewirtschaftung des Nährstoffhaushalts von Flußeinzugsgebieten aufgezeigt werden. Die ökonomischen Ergebnisse machen auch deutlich, daß nicht nur die Wasserwirtschaftsverwaltung zur Umsetzung der Wasserrahmenrichtlinie gefordert ist, sondern auch die Politik allgemein, denn wir benötigen einen neuen gesellschaftlichen und politischen Konsens darüber, wieviel uns sauberes Wasser eigentlich wert ist.

Nachhaltigkeit in der Wasserwirtschaft bleibt ein Traum, wenn nicht neben den wasserwirtschaftlichen und landbaulichen Planungsmethoden und Berechnungsinstrumenten auch die ökonomischen Werkzeuge zur Umsetzung der erforderlichen Maßnahmenprogramme weiterentwickelt werden.

Der Herausgeber, im September 1999

Günter Fehr

# 2 Die Anforderungen der EU-Wasser-rahmenrichtlinie an den Gewässerschutz

Hans-Hermann Thies, Jens Becker; Bezirksregierung Hannover

## 2.1 Einleitung

Im Bereich der EU-Länder gelten derzeit für den Gewässerschutz und die Bewirtschaftung der Wasserressourcen eine Reihe von Richtlinien und Verordnungen sowie Ratsentscheidungen der Europäischen Union. Diese überschneiden sich zum Teil, sind nur ansatzweise aufeinander abgestimmt und ergeben kein vollständig schlüssiges Gesamtkonzept der europäischen Gewässerschutzpolitik.

Zur Vereinheitlichung dieser vielen speziellen Wasserrichtlinien hat die Europäische Kommission einen Entwurf für eine Richtlinie zur Schaffung eines Ordnungsrahmens für Maßnahmen der Gemeinschaft im Bereich der Wasserpolitik (Europäische Wasserrahmenrichtlinie, EU-WRRL) vorgelegt. Dieser Entwurf wurde Anfang 1999 in der ersten Lesung im Europäischen Parlament beraten. Die zweite Lesung erfolgt auf der Grundlage des gemeinsamen Standpunktes des Rates und der Kommission. Mit einem In-Kraft-Treten wird im Jahr 2000 gerechnet.

Im Entwurf (Stand: 30. Juli 1999) sind für die Binnenoberflächengewässer, die Übergangsgewässer, die Küstengewässer und das Grundwasser folgende grundsätzlichen Ziele vorgegeben:

- die Vermeidung einer Verschlechterung,
- der Schutz und die Verbesserung des Zustandes aquatischer Ökosysteme,
- die Förderung einer nachhaltigen Nutzung der Wasserressourcen,
- sowie die Verminderung der Auswirkungen von Hochwasser und Dürren.

Damit soll die EU-WRRL einen Beitrag leisten

- zur Bereitstellung einer ausreichenden Versorgung mit Oberflächenwasser und Grundwasser von guter Qualität, wie sie für eine nachhaltige, ausgewogene und gerechte Nutzung des Wassers benötigt wird,
- zur Verringerung der Emissionen gefährlicher Stoffe,
- zum Erreichen der Ziele internationaler Vereinbarungen, die die Verschmutzung der Meeresumwelt verhindern und beseitigen sollen,
- zum Schutz der Meeresgewässer (RAT DER EUROPÄISCHEN UNION 1999).

## 2.2 Anforderungen

Die Richtlinie verpflichtet die Mitgliedstaaten, für alle Gewässer innerhalb von 16 Jahren einen **guten Zustand** zu erreichen.

Dieser Zustand wird für **Oberflächengewässer** sowohl im ökologischen als auch im chemischen Bereich gefordert. Der Anhang V der Wasserrahmenrichtlinie zeigt Vorgaben für die Biologie, Chemie und Hydromorphologie der Gewässer auf, wobei die Biologie für die Feststellung des geforderten guten ökologischen Zustandes ausschlaggebend ist. Um die biologischen Ziele zu erreichen, ist eine Verbesserung der Struktur des Gewässerlaufes und der Gewässergüte erforderlich.

Die Struktur eines Gewässerlaufes ist neben der Gewässergütequalität entscheidend, um die ökologische Funktionsfähigkeit und die Lebensbedingungen für die Fauna und Flora zu gewährleisten. Eine gute ökologische Qualität wird dabei erst erreicht, wenn alle machbaren Verbesserungsmaßnahmen wie z.B. Herstellung der Durchgängigkeit, Schaffung von Aufwuchs- und Laichhabitaten und auch eine Anbindung der Auen umgesetzt werden. Die Verbesserung der Gewässerstruktur muß in Zukunft also verstärkt berücksichtigt werden, um die Anforderungen der Wasserrahmenrichtlinie zu erfüllen (BARTH 1998).

Der gute chemische Zustand ist dann erreicht, wenn ein Gewässer die Anforderungen der Rechtsvorschriften der Gemeinschaft erfüllt. Die anlagenbezogenen Richtlinien wie die Kommunalabwasserrichtlinie und die IVU-Richtlinie (über die integrierte Vermeidung und Verminderung der Umweltbelastung), für große Industrieanlagen, bleiben bestehen; für kleinere und mittlere Industrieanlagen wird die Kommission für 30 prioritäre Stoffe europaweite Emissionsstandards definieren. Für diese 30 prioritären Stoffe wird es auch Immissionsstandards (Wassergüteziele) geben, wobei diese für alle Einleiter gelten werden.

Bei diesem „kombinierten Ansatz“ aus Emissions- und Immissionsbetrachtung, ist für die Anlagenzulassung das jeweils strengere Kriterium anzuwenden (vgl. BARTH 1998).

Für **Grundwasser** wird ein guter chemischer und ein guter quantitativer Zustand gefordert. Zur Erreichung des guten mengenmäßigen Zustandes, darf die Wasserentnahme nicht größer sein als die Neubildung im langjährigen Mittel. Auch dürfen oberirdische Gewässer, durch Vorgabe einer Mindestwasserführung, und angrenzende Landökosysteme, durch Vorgabe eines maximalen Grenz-Grundwasserflurabstands, nicht signifikant geschädigt werden.

Der gute chemische Zustand ist gegeben, wenn die Qualitätsstandards bestehender Richtlinien, 0,1 µg/l für den Pflanzenschutzmittel-Einzelstoff und 50 mg/l für Nitrat, flächendeckend für das gesamte Grundwasser eingehalten werden.

Bei Überschreitungen der Grenzwerte müssen Maßnahmen ergriffen werden, um die gute Qualität zu erreichen (Sanierungserfordernis). Das Sanierungsgebot gilt allerdings nur für „signifikante Grundwasserkörper“, diese müssen eine Mindestdurchlässigkeit aufweisen [5]. Auch bei anhaltenden negativen Trends der Schadstoffkonzentration sind Maßnahmen erforderlich (nachsorgender Grundwasserschutz).

Für alle Grundwasservorkommen gilt das Verschlechterungsverbot, sowie das Verbot einer direkten Einleitung von Schadstoffen (präventiver Grundwasserschutz).

**Ausnahmemöglichkeiten** bestehen für die jeweiligen Gewässer, für die die Ziele innerhalb der 16 Jahre nicht erreicht werden können. In diesem Falle kann die Frist zur Erreichung der Ziele unter bestimmten Voraussetzungen verlängert werden. Wenn die Gewässernutzungen oder die natürlichen Bedingungen Maßnahmen unmöglich oder unverhältnismäßig teuer machen, besteht auch die Möglichkeit, geringere Umweltziele festzulegen. Ausnahmefälle müssen mit Begründung in den Bewirtschaftungsplänen im einzelnen dargestellt und bei jeder Fortschreibung der Pläne (alle 6 Jahre) überprüft werden. Es ist die Aufgabe der Wasserwirtschaftsverwaltung, darauf zu achten, daß die Ausnahmemöglichkeiten nicht missbraucht werden.

## 2.3 Umsetzung

Als zentrales Instrument werden für die jeweiligen Flußeinzugsgebiete einschließlich Übergangs- und Küstengewässer Bewirtschaftungspläne erstellt. Inhalte der Bewirtschaftungspläne sind:

- die allgemeine Flußgebietsbeschreibung,
  - · nach hydrologischen und naturräumlichen Gegebenheiten
  - · hydrographische Abgrenzung des Einzugsgebietes
- die Bestandsaufnahme mit den wesentlichen Nutzungen,
  - · punktuelle und diffuse Gewässerbelastungen
  - · Wasserentnahmen und andere signifikante negative Einflüsse
- die Zieldefinition des „guten Gewässerzustandes“
  - · Beschreibung des Soll-Zustandes der Oberflächengewässer – Biologie[2], Hydromorphologie und Chemie –
  - · Beschreibung des Soll-Zustandes des Grundwassers – Güte und Menge –
- die Darstellung des Gewässerzustandes
  - · ökologischer und chemischer Zustand der Oberflächengewässer
  - · chemischer und quantitativer Zustand des Grundwassers
  - · Überwachung der Schutzgebiete
- Nach einer Defizitanalyse werden **Maßnahmenprogramme** zur Erreichung des „guten Gewässerzustandes“ erarbeitet.

Die Maßnahmenprogramme enthalten als grundlegende Maßnahmen:

- · Umsetzung vorhandener EU-Wasserschutzvorschriften
- · Umsetzung des „kombinierten Ansatzes
- · Einführung kostendeckender Wasserpreise
- · Genehmigungspflicht für Entnahmen , Einleitungen und Aufstauungen, Führung eines Registers (Wasserbuch)
- · Einleitungsverbot von Schadstoffen in das Grundwasser
- · Beseitigung der Verschmutzung durch die prioritären Stoffe und zur Verringerung der Verschmutzung durch andere Stoffe
- · Vermeidung des Austretens signifikanter Schadstoffmengen aus technischen Anlagen (Umgang mit wassergefährdenden Stoffen)

Sowie als ergänzende Maßnahmen

· Zusatzmaßnahmen zur Erreichung der Ziele wie z.B. Renaturierungen, Wiederherstellung der Durchgängigkeit, Maßnahmen zur Verminderung der Einträge aus diffusen Belastungen.

Die Aufstellung der Bewirtschaftungspläne und der Maßnahmeprogramme stellt im Rahmen der zukünftigen Flußgebietsplanung eine Schwerpunktaufgabe der Wasserwirtschaftsverwaltung dar.

Die Bewirtschaftungspläne und Maßnahmenprogramme für Flußeinzugsgebiete sind unter Beteiligung der Öffentlichkeit innerhalb von 10 Jahren aufzustellen. Die Maßnahmenprogramme müssen 3 Jahre nach Verabschiedung des Bewirtschaftungsplanes in die Praxis umgesetzt werden.

Die Vorgaben der EU-Wasserrahmenrichtlinie stehen im Einklang mit den Aufgaben der Wasserwirtschaftsverwaltung , den Zustand der Gewässer weiter zu verbessern und den guten Zustand der Gewässer nachhaltig für den Menschen zu sichern.

## 2.4 Neue Planungsmethoden

Um eine zügige Planung und den Datenaustausch zwischen den beteiligten Stellen, sowie eine einfache Fortschreibung zu gewährleisten, müssen bei der Aufstellung der Bewirtschaftungspläne nach Vorgabe der EU-WRRL die Datenhaltung (Datenbanken), die Datendarstellung (GIS) und der Datentransfer zwischen den betroffenen Planungsebenen aufeinander abgestimmt werden. Hierbei ist eine Vereinheitlichung der Planungsgrundlagen wie

- gleiche Datenbankstrukturen,
- Kompatibilität der Geographischen Informationssysteme,
- Organisation des Datenaustausches,
- einheitliche Simulationsmodelle,
- und die Normierung der Berichte

von besonderer Bedeutung (LUDWIG; GERLINGER 1999).

Neben einer Verbesserung der Gewässerstruktur ist die Reduzierung der diffusen Gewässerbelastungen eine weitere zukünftige Schwerpunktaufgabe für die Wasserwirtschaftsverwaltung (BARTH 1998).

Nach den vollzogenen Ausbaumaßnahmen der Kläranlagen gelangen die Nährstoffe Phosphor und Stickstoff zum überwiegendem Teil über diffuse Quellen in die Gewässer. Um diese Nährstofffrachten, die im allgemeinen meßtechnisch nur schwer zu erfassen sind, bilanzieren, lokalisieren und den Punktquellen vergleichend gegenüberstellen zu können, ist der Einsatz von **Simulationsmodellen** sinnvoll.

Aufgrund der Ergebnisse der Bilanzierung aller Emissionsquellen können Maßnahmen-Szenarien berechnet werden, um die Wirkung von geplanten Gewässerschutzmaßnahmen zu überprüfen. Nach dieser Maßnahmen-Nutzen-Analyse können Maßnahmenprogramme nach Prioritätsgesichtspunkten erstellt werden.

Bei der zukünftigen Flußgebietsplanung ist stärker als bisher flächenhaft das gesamte Flußeinzugsgebiet zu betrachten. Die notwendige übergreifende und koordinierende Planung, sowie die Überprüfung der Maßnahmen, könnten durch den Einsatz von guten und erprobten Modellen als wichtigem Instrument zur Simulation von Gewässerschutzmaßnahmen, den ökonomischen Einsatz der erforderlichen Finanzmittel gewährleisten.

## 2.5 Literatur zu Kapitel 2

RAT DER EUROPÄISCHEN UNION (1999): Gemeinsamer Standpunkt des Rates im Hinblick auf den Erlaß der Richtlinie des Europäischen Parlament und des Rates zur Schaffung eines Ordnungsrahmens für Maßnahmen der Gemeinschaft Im Bereich der Wasserpolitik. Dokument 9085/99 ENV 203CODEC336.

BARTH, F. (1998): Die EU-Wasserrahmenrichtlinie und ihre Auswirkungen auf die Wasserwirtschaft in Baden-Württemberg. Wasserwirtschaft 88, S. 446-449.

LUDWIG K., GERLINGER K., (1998): Studie zu den Möglichkeiten und Problemen der praktischen Umsetzung der vorgeschlagenen Wasserrahmenrichtlinie, (Kurztitel: Flußgebietsplanungen in Deutschland), Studie im Auftrag des BMU.

LUDWIG K., GERLINGER K., (1999): Aspekte der Flußgebietsplanung gemäß EU-Wasserrahmenrichtlinie. Wasser und Abfall 3 S. 22-26.

JEDLITSCHKA J. (1998): Die Wasserrahmenrichtlinie der Europäischen Union und der Grundwasserschutz. Korrespondenz Abwasser (Nr. 9) S. 1670-1678.

JEDLITSCHKA J. (1999) Niederschrift über die 3. Sitzung der LAWA-AGG-Kleingruppe „Grundwasser in der WRRL“ vom 20./21.07.99 in Berlin (nicht veröffentlicht).

## Literatur zu Kapitel 2

# 3 ÖKONOMISCHE EFFEKTIVITÄTSKONTROLLE VON GEWÄSSERSCHUTZMAßNAHMEN IN DER EUROPÄISCHEN GEMEINSCHAFT

Bearbeitet in Deutschland von
**Fehr & Niemann-Hollatz Umweltconsult GmbH:** Dr. rer. nat. Heiko Brunken; Dr.-Ing. Günter Fehr; Dr. sc. agr. Doris Föhse; Dipl.-Ing- agr. Manfred Lindner

**Institut für Siedlungswasserwirtschaft, Universität Hannover:** Dipl. Biol. Peter Gerdes; Prof. Dr.-Ing. habil. Dr. phil. Sabine Kunst

in Dänemark von
**Fyns Amt, Afdelingen for Natur- og VandmiljØ:** B. Sc. Agricult. Econom. Paul Rye Kledal; M. Sc. Civ. Eng. Stig Eggert Pederson; M. Sc. Agricult. and B. A. Rikke Clausen Schwaerter

## 3. 1 Einleitung

### 3.1.1 Veranlassung und Ziele des Projektes

Die Abwasserreinigungstechnologie hat in einigen Staaten einen hohen technischen Stand erreicht. Die Umsetzung der Beschlüsse der internationalen Nordseeschutzkonferenzen sowie der Richtlinien der EG (z.B. 91/271/EWG; Behandlung von kommunalem Abwasser) wird zu einem Ausbau der Kläranlagen führen, so daß der punktuelle Eintrag von Nährsalzen in die Gewässer abnehmen wird. Entsprechende Abschätzungen sind summarisch z.B. für die Bundesrepublik Deutschland in einer Stickstoffstudie (WOLF 1989), einer Phosphorstudie (HAMM 1989) sowie einer Studie über die Wirkungen und Qualitätsziele von Nährstoffen in Fließgewässern (HAMM 1991) beschrieben worden. Es ist jedoch ein Defizit an Untersuchungen festzustellen, die über den aquatischen Bereich hinausgehen und verstärkt geo-ökologische Aspekte des Einzugsgebietes sowie den Gewässertyp bei der Gewässerschutzplanung berücksichtigen. Gewässergüteplanung sollte aber stets auch den Bezug eines Gewässers zu seiner naturräumlichen Region und den vorhandenen Raumnutzungen berücksichtigen.

Darüber hinaus ist abzusehen, daß allein durch einen Ausbau von Abwasseranlagen eine durchgreifende Verbesserung der Gewässergüte vielfach nicht erreicht werden kann, wenn andere Eintragspfade (z.B. Landwirtschaft) dominieren. Hieraus ergibt sich neben der Bewirtschaftungsplanung eines *Gewässers* auch die Notwendigkeit zur gewässerökologisch begründbaren Bewirtschaftung eines *Einzugsgebietes* (vgl. auch EG-Richtlinie 91/676/EWG; Nitratrichtlinie, in der Regelungen für eine flächendeckend umweltverträgliche Landwirtschaft gefordert wurde). Vor allem dann, wenn für eine Abwassereinleitung von den Wasserbehörden Anforderungen vorgesehen sind, die über die internationalen und nationalen Mindestanforderungen hinausgehen, ist durch das Feststellen der Belastungsquellen des Gewässers ein Nachweis der erwarteten ökologischen Verbesserungen der geplanten baulichen Erweiterungsmaßnahmen zu erbringen. Diese Fragestellung ist insbesondere auch für die Bewertung im Rahmen von Umweltverträglichkeitsstudien (z.B. auch für Kläranlagenerweiterungen nach EG-Richtlinie 85/337/EWG) zu untersuchen. Somit stellt sich grundsätzlich die Frage

a) des erzielbaren ökologischen Effektes von abwassertechnischen Erweiterungsmaßnahmen unter Berücksichtigung der Vorbelastungen aus dem Einzugsgebiet, insbesondere bei kleineren Fließgewässern ländlich strukturierter Einzugsgebiete (ökologisches Einzugsgebietsmodell),

b) der ökonomischen Effektivitätskontrolle gewässergüteverbessernder Maßnahmen unter Berücksichtigung der Bewirtschaftungsstruktur des Einzugsgebietes (ökonomisches Einzugsgebietsmodell),

c) nach neuen marktorientierten Steuerungsinstrumenten für Gewässerschutzplanungen sowie

d) nach aussagefähigeren und differenzierteren Meßmethoden zur kostengünstigeren Gewässergüteüberwachung.

Diese Fragestellungen sind von hoher fachlicher wie politischer Aktualität.

Im Rahmen des Projektes sollten folgende Fragestellungen bearbeitet werden:

- Welche Umweltqualitätsziele lassen sich für Gesamt-Stickstoff und Gesamt-Phosphor für die jeweiligen Modellgewässer erreichen?
- Ist das Erreichen dieser Ziele finanzierbar?
- Welche Konsequenzen lassen sich hieraus für eine zukünftige Gestaltung der Gewässergüteüberwachung ableiten?

Abschließend sollten die wichtigsten Förderprogramme, die einen wasserwirtschaftlichen oder umweltrelevanten Bezug haben könnten, zusammengestellt und hinsichtlich ihrer Eignung für eine Nährstoffreduzierung bewertet werden.

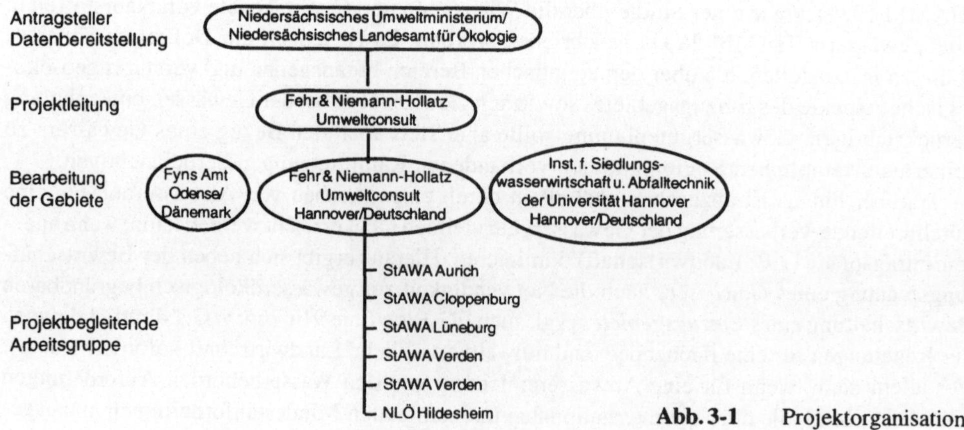


**Abb. 3-1** Projektorganisation

## 3.1.2 Projektorganisation

Um den angestrebten inhaltlichen Anforderungen gerecht zu werden, wurde das Projekt in interdisziplinärer und internationaler Zusammenarbeit organisiert (s. Abb. 3-1).

**Fehr & Niemann-Hollatz Umweltconsult GmbH (F & N)**
Modellentwicklung, Datenaustausch, Projektkoordination und die Bearbeitung der niedersächsischen Gewässer waren Aufgabe von F & N. Bei der Beschaffung der Daten und Programme (Förderprogramme) wurden die Bearbeiter von den beteiligten Behörden (NLÖ, StÄWA) unterstützt.

**Institut für Siedlungswasserwirtschaft und Abfalltechnik an der Universität Hannover (ISAH)**
Das ISAH hatte die Aufgabe, eine Methode zur Praxiserprobung von Algenwachstumstests (Biosimulationstests) aufzubauen, zu betreiben, Proben zu nehmen, die Analytik zu organisieren und die ermittelten Meßergebnisse im Sinne der Aufgabenstellung auszuwerten.

**Fyns Amt**
Fyns Amt verwaltet Fünen und weitere Inseln in der Umgebung und ist vergleichbar mit einer deutschen Landkreisverwaltung. Fyns Amt bearbeitete das Einzugsgebiet des Flusses Odense Å.

**Projektbegleitende Arbeitsgruppe**
Zu Beginn des Projektes gründete sich eine projektbegleitende Arbeitsgruppe aus Vertretern des Niedersächsischen Landesamtes für Ökologie sowie der Staatlichen Ämter für Wasser und Abfall Aurich, Cloppenburg, Lüneburg und Verden. Während der Projektbearbeitung kam die Arbeitsgruppe neunmal zusammen, um Zwischenergebnisse zu diskutieren und die Bearbeitung mit Anregungen und Kritik zu unterstützen.

## 3.1.3 Bisherige Maßnahmen und Ziele in der Gewässerschutzpolitik

Unter natürlichen Bedingungen sind unsere Fließ- und Stillgewässer sowie die Meere nährstoffarm und durch klares Wasser gekennzeichnet. Seit den 50er Jahren, mit Beginn des Wirtschaftswachstums, gelangen neben anderen Stoffen auch Nährstoffe in erheblichen Mengen in unsere Gewässer. Vor allem die übermäßige Zufuhr von Stickstoff und Phosphor führt zu einer Eutrophierung der Gewässer. Das Algenwachstum wird stark gefördert. Damit einher geht eine Vielzahl weiterer negativer Folgen sowohl für die Gewässer selbst als auch für die Nord- und Ostsee, wohin letztlich die Nährstoffe gelangen.

Die kritische Situation der Gewässer ist seit langem erkannt. So wurde schon im ersten Umweltprogramm der Bundesregierung im Jahre 1971 festgelegt, daß die Gewässergüte zu verbessern und für alle Gewässer die Güteklasse II anzustreben ist. Die Beschaffenheit der Flüsse wird seitdem alle 5 Jahre in der biologischen Gewässergütekarte dokumentiert (BMU 1996 a).

Nicht nur für die Gewässergüte, sondern auch für die Stickstoff- und Phosphorkonzentrationen in Fließgewässern sind von unterschiedlichen Seiten Ziele formuliert worden. Eine Übersicht gibt Tab. 3-1. Die meisten Gewässer sind auch heute noch von diesen Zielen weit entfernt.

**Tab. 3-1** Ziele für Stickstoff und Phosphor in Fließgewässern

| Quelle | Ziel | | | | Bemerkung |
|---|---|---|---|---|---|
| | | N mg/l | | P mg/l | |
| Länderarbeitsgemeinschaft Wasser (LAWA) | ≤ | 2,8* | ≤ | 0,15 | 90-Perzentil |
| Bez.Reg. Lüneburg | < | 5,0 | < | 0,3 | bei MNQ |

* $NH_4$-N+ $NO_3$-N

Eine der ersten Konsequenzen von Seiten des Gesetzgebers war der Erlaß der Phosphathöchstmengenverordnung im Jahre 1980 zur Reduzierung des Phosphatgehaltes in Waschmitteln. Innerhalb weniger Jahre sanken die Phosphoreinträge in die Gewässer um ca. 40%. Schon bei der Verabschiedung der Phosphathöchstmengenverordnung war jedoch klar, daß die Verringerung von Phosphaten in Waschmitteln allein nicht ausreichen würde, um die Eutrophierung zu bekämpfen. Die Einträge aus Kläranlagen und aus der Landwirtschaft leisteten weiterhin einen beträchtlichen Beitrag zur Nährstoffbelastung der Gewässer.

Mit dem Robbensterben 1988 rückte die Gewässerschutzproblematik erneut in das Blickfeld der Öffentlichkeit. Das Bundesumweltministerium reagierte mit weiterreichenden Forderungen. Es legte einen 10-Punkte-Katalog vor, in dem u.a. eine weitergehende Abwasserreinigung bei Kommunen sowie Vermeidungsmaßnahmen bei der Industrie und in der Landwirtschaft gefordert wurden. Nach und nach folgten Rechtsvorschriften und sonstige Verpflichtungen zur Umsetzung des Forderungskataloges.

Am 1.1.1989 trat die novellierte Abwasserverwaltungsvorschrift in Kraft, die inzwischen durch den Anhang 1 zur Abwasserverordnung ersetzt wurde. Sie formuliert Mindestanforderungen an Kläranlagen, die auch das Einleiten von Stickstoff und Phosphor betreffen. Seit der 3. Novelle des Abwasserabgabengesetzes von 1991 sind auch Phosphor und Stickstoff, deren Grenzwerte im März 1997 erneut herabgesetzt wurden, abgabenpflichtig.

Der Bundesrat bekräftigt 1994 in einer Entschließung die inhaltlichen und zeitlichen Ziele in der kommunalen Abwasserbeseitigung, vor allem auch die Stickstoffelimination zum Schutz der Nord- und Ostsee. Aufgrund der angespannten Haushaltslage vieler Kommunen setzte er sich bei mittelgroßen Kläranlagen und bei Kläranlagen in den neuen Bundesländern für einen zeitlichen Aufschub bis zur Verbesserung der Reinigungsleistung ein, ausdrücklich jedoch nicht bei Kläranlagen mit mehr als 100.000 EW.

Das Dänische Parlament begann 1985 mit einem Programm zur Reduzierung der Umweltfolgen von Nährstoffeinträgen, dem "Nitrogen-Phosphorus-Organic Matter (NPO) Action Plan". Dieser Plan zielte auf eine Verminderung der N-Einträge aus der Landwirtschaft ab, und zwar insbesondere bei der Ausbringung von tierischen Exkrementen, sowie auf einen Ausbau der Mist- und Güllelagerkapazitäten.

1987 wurde der Aktionsplan für Gewässer als eine Weiterentwicklung des NPO-Plans eingeführt. Dieser Plan beinhaltete auch Zielvorgaben für häusliches und industrielles Abwasser. Ausgehend von einer Analyse der Einträge in den Jahren 1978 bis 1984 in Dänemark sollten die N-Einträge bis 1993 um 50% und die P-Einträge um 80% verringert werden (s. Tab. 3-2).

1991 verabschiedete das Dänische Parlament einen Plan für nachhaltige Landwirtschaft. Das Ziel, die N-Einträge um 50% zu senken, wird nun für das Jahr 2000 angestrebt.

**Tab. 3-2** Ziele im Gewässerschutz in Dänemark

| | in Fünen bis 1995 erreicht | | Ziele des Aktionsplans 1993/2000 | |
|---|---|---|---|---|
| | **Reduktion der N-Einträge** | **Reduktion der P-Einträge** | **Reduktion der N-Einträge** | **Reduktion der P-Einträge** |
| Landwirtschaft | 10 - 15% | 0% | | |
| Abwasser | 67% | 93% | | |
| Gesamt | 15 - 20% | 65% | 50% | 80% |

Die Verwaltung von Fünen reagierte auf diese Aktionspläne mit einer Anzahl unterschiedlicher Maßnahmen in den Bereichen Landwirtschaft und kommunale Kläranlagen, mit dem Ziel, die Nährstoffeinträge zu senken. An Tab. 3-2 wird deutlich, daß im Bereich Abwasser offensichtlich mit sehr viel Erfolg auf diese Ziele hingearbeitet wurde. Die angestrebten Güteziele werden jedoch insgesamt nicht erreicht.

Die punktuellen Einleitungen aus Kläranlagen sind in Fünen Anfang der 90er Jahre deutlich zurückgegangen. Es ist offensichtlich, daß für eine weitere Verbesserung der Gewässergüte die diffusen Einträge aus der Landwirtschaft zu verringern sind.

Auch auf internationaler Ebene gewann die Nährstoffbelastung der Gewässer an Bedeutung. Auf der 3. Nordseeschutzkonferenz 1990 in Den Haag setzten sich die Minister der beteiligten Staaten das Ziel, die Einträge von Stickstoff und Phosphor des Jahres 1985 bis 1995 um etwa 50% zu reduzieren (BMU 1990). Diese Ziele wurden bei einem erneuten Treffen der Minister im Dezember 1993 in Kopenhagen bekräftigt und weiter konkretisiert.

Die Nährstoffeinträge beschäftigten auch die Europäische Gemeinschaft. Sie verabschiedete 1991 die EG-Richtlinie kommunales Abwasser (91/271/EWG). Diese Richtlinie verpflichtet die Mitgliedsstaaten u.a. zu einer biologischen Abwasserreinigung. Darüber hinaus sieht sie vor, zum Schutz empfindlicher Gebiete, zu denen die Deutsche Bucht gehört, weitere Anforderungen zur Verringerung der Nährstoffeinträge zu stellen.

Dieser Überblick zeigt, daß zahlreiche Bemühungen unternommen wurden, um die Gewässergüte zu verbessern. Es wurden nicht nur Absichtserklärungen abgegeben, sondern auch Gesetze erlassen. Trotzdem wurden die 1990 in Den Haag gesteckten Ziele nicht erreicht, wie Tab. 3-3 verdeutlicht. Zwar verringerten sich die Phosphateinträge um 43%; beim Stickstoff wurden statt der angestrebten 50% Reduktion jedoch nur 25% erreicht.

Nach wie vor besteht offensichtlich ein erheblicher Handlungsbedarf zur Reduzierung der Nährstoffeinträge.

So stellt auch die 4. Nordseeschutzkonferenz im Jahre 1995 in Esbjerg fest, daß der Eintrag von Nährstoffen, insbesondere von Nitrat, nach wie vor ein großes Umweltproblem für die Nordsee darstellt (UBA 1995 b). Die Reduktion der Nährstoffeinträge, insbesondere der Stickstoffverbindungen, ist voranzutreiben. Die bisherigen Fortschritte wurden vor allem durch Verminderung der punktuellen Einleitungen aus Kommunen und Industrie erreicht. Ein Nachholbedarf hinsichtlich der Reduzierung der Stickstoffeinträge besteht vor allem in der Landwirtschaft. Aber auch die landesweite Einführung der 3. Reinigungsstufe für Stickstoff (De-

**Tab. 3-3** Emissionen von Phosphor und Stickstoff im Einzugsgebiet der Nordsee aus der Bundesrepublik Deutschland

| | **1985 [kt/a]** | **1995 [kt/a]** | **Reduktion um %** |
|---|---|---|---|
| Gesamt-Phosphor | 70 | 40 | 43 |
| davon aus kommunalen Kläranlagen | 39 | 10 | 74 |
| Gesamt-Stickstoff | 637 | 481 | 25 |
| davon aus kommunalen Kläranlagen | 212 | 149 | 30 |

Quelle: HÜBNER, R.; FEHR, G. (1996): Gewässerschutz als kommunale Aufgabe. Handbuch kommunale Politik, Februar 1996 (nach Angaben von DINKLOH 1995)

nitrifikation) ist Voraussetzung, die ehemals gesetzten Ziele zu erreichen (UBA 1996 b). Die EU legte im Februar 1997 einen Entwurf für eine europäische Wasserrahmenrichtlinie vor. Bis zum Jahre 2010 sollen die Mitgliedsstaaten "eine gute ökologische Qualität" für alle oberirdischen Gewässer und "eine gute Qualität" für das Grundwasser erreicht haben.

Wie die bisherigen Bemühungen zur Reinhaltung der Gewässer zeigen, sind die hochgesteckten Ziele im Gewässerschutz nur zu erreichen, wenn verstärkt die unterschiedlichen geologischen, ökologischen und landwirtschaftlichen Rahmenbedingungen der Einzugsgebiete bei der Bewirtschaftungsplanung berücksichtigt werden. Es ist dringend erforderlich, den Schritt von der bisherigen Flußbewirtschaftung zur Einzugsgebietsbewirtschaftung zu vollziehen.

Diese Arbeit verfolgt das Ziel, für jedes Einzugsgebiet die Schwerpunkte der Nährstoffeinträge und damit des Handlungsbedarfs zu erkennen. In Zeiten knapper Haushaltsmittel ist es von besonderer Wichtigkeit, die vorhandenen Mittel effizient im Sinne des Gewässerschutzes einzusetzen.

### 3.1.4 Auswahl der Untersuchungsgebiete

Zur Durchführung des vorliegenden Projektes wurden insgesamt fünf Gewässer und ihre Einzugsgebiete ausgewählt. Vier der Gewässer liegen in Niedersachsen mit Zufluß zur Nordsee:

- Ilmenau als Nebengewässer der Elbe,
- Böhme als Nebengewässer der Weser,
- Lager Hase als Nebengewässer der Ems und
- Knockster Tief mit Entwässerung in das Ems-Ästuar.

Das fünfte Gewässer befindet sich in Dänemark:

- Odense Å mit Zufluß in die Ostsee.

Die Einzugsgebiete wurden ausgewählt, weil sie von den jeweiligen Ländern als ökologisch bedeutsam eingestuft werden und verschiedene naturräumliche Regionen repräsentieren. Außerdem liegen ausreichend gesicherte Daten aus diesen Gebieten vor.

# 3.2 Methodenbeschreibung

## 3.2.1 Bilanzierung der Nährstoffeinträge

Die Bilanzierung der Nährstoffeinträge erfolgte mit einem für die Schunter (Fließgewässer im Landkreis Helmstedt) entwickelten EDV-Programm (FEHR & NIEMANN-HOLLATZ UMWELTCONSULT 1995). Dieses Programm wurde fortgeschrieben und weiterentwickelt, um die Anwendung für ein beliebiges Einzugsgebiet zu gestatten. Bei der Erstellung des Programms wurde Wert darauf gelegt, nur mit vorhandenen Daten zu arbeiten. Meßprogramme oder sonstige Erhebungen im Gelände sind nicht erforderlich.

Auf der Grundlage einer Vielzahl von Eingabedaten wird eine durchschnittliche Jahresfracht, die in das Gewässer eingetragen wird, berechnet. Die so ermittelte Fracht ist für den Zeitraum repräsentativ, aus dem die Eingabedaten stammen. In der Regel werden die Daten als Mittelwerte aus einem mehrjährigen Zeitraum eingegeben. Wenn die Daten aus den jüngst vergangenen Jahren stammen, spiegelt die Bilanz den Ist-Zustand wider. Mit Hilfe von Szenarien ist es dann möglich, die Folgen von Bewirtschaftungsmaßnahmen im Einzugsgebiet auf die Stoffeinträge abzuschätzen.

Die hier angewandte Methodik beruht auf modellhaften Annahmen über die Wasser- und Nährstoffbilanz im Einzugsgebiet, die in den folgenden Kapiteln beschrieben werden.

Eine detaillierte Beschreibung aller Eingabedaten, Rechenwege und berücksichtigten Eintragspfade liegt im Handbuch zum hier angewendeten Programm MOBINEG vor (FEHR & NIEMANN-HOLLATZ UMWELTCONSULT 1997). Eine Übersicht über die erforderlichen Eingabedaten befindet sich in Abschnitt 3.2.1.4.

### 3.2.1.1 Die Wasserbilanz

Eine schematische Darstellung der Wasserbilanz und einzelner Komponenten zeigt Abb. 3-2.

Die Berechnung der Wasserbilanz gründet sich auf der Wasserhaushaltsgleichung (z.B. WOHLRAB et al. 1992):

$$A_{ges} = N - ET - DS \qquad (1)$$

mit

| | |
|---|---|
| $A_{ges}$ | Gesamtabfluß im Oberflächengewässer |
| N | Niederschlag |
| ET | Evapotranspiration |
| DS | Speicheränderung |

Im hier zugrunde gelegten Modell wird diese Gleichung in weitere Einzelkomponenten zerlegt, so daß sowohl ober- als auch unterirdische Abflüsse erfaßt werden. Speicheränderungen, also Zu- oder Abflüsse zum unterirdischen Grundwasservorrat, werden bei Bilanzen, die als

Durchschnitt über mehrere Jahre ermittelt werden, als ausgeglichen angenommen. Sie finden daher im Modell keine weitere Berücksichtigung.

Der Gesamtabfluß wird auf verschiedene Abflußpfade aufgeteilt:

$$A_{ges} = A_{GWN} + A_{ober} + A_{KA} - E_{GW} \tag{2}$$

mit

$A_{GWN}$ Grundwasserneubildung (= Sickerwassermenge)
$A_{ober}$ Oberflächenabfluß
$A_{KA}$ Kläranlagenablauf
$E_{GW}$ Grundwasserentnahmen

Die **Grundwasserneubildung** wird hier synonym zu dem Begriff "Sickerwassermenge" verwendet. Eine Grundwasserneubildung findet überall dort statt, wo Niederschlagswasser in den Boden eindringt und nicht vollständig verdunstet oder im Boden festgehalten wird. Im Siedlungsbereich ergibt sich daraus eine Abhängigkeit vom Versiegelungsgrad, im übrigen Einzugsgebiet hingegen eine Abhängigkeit von der Verdunstungsleistung der Vegetation.

Die Sickerwassermenge verteilt sich während der Bodenpassage bis zum Erreichen des Oberflächengewässers auf die Pfade Zwischen- und Grundwasser- sowie gegebenenfalls Dränabfluß:

$$A_{GWN} = A_{ZW} + A_{GW} + A_{Drän} \tag{3}$$

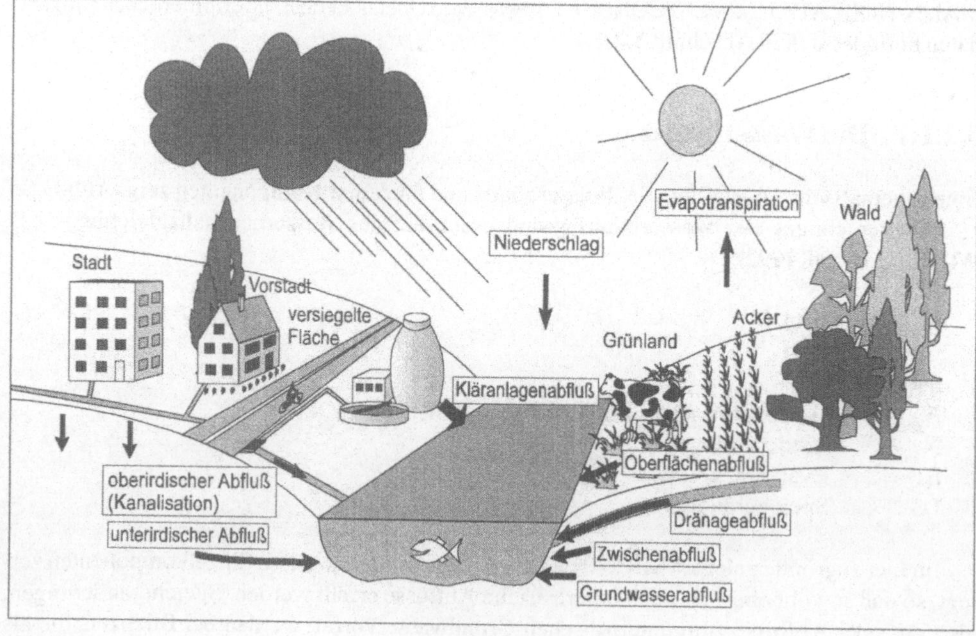


**Abb. 3-2** Die Wasserbilanz

Der **Zwischenabfluß $A_{ZW}$** ist der Anteil des Sickerwassers, der nach Niederschlägen rasch unterirdisch in das Gewässer fließt. Er tritt nur periodisch auf und ist durch eine relativ kurze Verweilzeit im Boden gekennzeichnet. Der **Grundwasserabfluß $A_{GW}$** dagegen strömt kontinuierlich aus dem Grundwasserspeicher in Oberflächengewässer ein. Zusammen mit dem ebenfalls kontinuierlich fließenden Ablauf der Kläranlagen stellt er den Basisabfluß eines Gewässers dar. Ein **Abfluß über Dränrohre $A_{Drän}$** findet auf Acker- und Grünlandflächen mit Dränage statt. Die Dränage dient der schnellen Entwässerung landwirtschaftlicher Nutzflächen und führt auf diese Weise einen Teil des Zwischenabflusses in kurzer Zeit ab.

**Oberflächenabfluß** entsteht dadurch, daß Niederschlagswasser nicht im Boden versickern kann. Er spielt vor allem auf versiegelten Flächen eine Rolle und wird dann in der Regel über die Kanalisation direkt in das Oberflächengewässer eingeleitet. Auf Ackerland kann es bei Starkregenereignissen und entsprechender Hangneigung ebenfalls zu einem oberflächlichen Abfluß von Niederschlägen kommen. Für Grünland und Wald hingegen wird angenommen, daß kein Oberflächenabfluß stattfindet.

**Kläranlagen** leiten das geklärte Abwasser direkt in ein Oberflächengewässer ein. Diese Abflußkomponente ist weniger von den klimatischen Verhältnissen abhängig als vom Trinkwasserverbrauch der privaten Haushalte und der Industriebetriebe im Einzugsgebiet.

Die **Entnahme von Grundwasser** sowie der unterirdische Abfluß von im Gebiet gebildetem Sickerwasser nach außerhalb des Einzugsgebietes bedeuten rein rechnerisch eine Verringerung der am Pegel ankommenden Wassermenge. Für eine korrekte Wasserbilanz müssen daher Wasserentnahmen und unterirdische Abflüsse in andere Einzugsgebiete im Modell berücksichtigt werden.

Das Modell der Wasserbilanz für ein Einzugsgebiet setzt sich aus den oben beschriebenen Komponenten zusammen. Je nach Flächennutzung und Standortverhältnissen fallen die einzelnen Abflußströme unterschiedlich hoch aus.

Für die Erstellung der Wasserbilanz im Modell ist es erforderlich, den Gesamtabfluß $A_{ges}$ zu bestimmen und ihn quantitativ auf die Abflußströme gemäß Gleichung 3 zu verteilen. Die Größe der einzelnen Abflüsse in Gleichung 2 werden mit dem vorliegenden Programm entweder errechnet oder als Meßwert eingespeist. Die Grundwasserneubildung, die sich nutzungsabhängig aus Klima- und Bodendaten bestimmen läßt, wird anhand des für jedes Gebiet zu ermittelnden Verhältnisses von Basisabfluß zu mittlerem Abfluß MQ auf die unterirdischen Abflußpfade verteilt.

Zur Verifizierung der Wasserbilanz dienen die an einem Referenzpegel während des Bilanzzeitraums gemessenen Abflüsse. Ein Vergleich mit langjährigen Reihen ist hierfür nicht geeignet, da die Eingabedaten sich auf einen nur wenige Jahre umfassenden Zeitraum (z.B. 5 Jahre) beziehen, der in der Regel von langjährigen Mittelwerten abweicht. Der mit Hilfe des Programms errechnete Gesamtabfluß wird mit dem gemessenen mittleren Abfluß MQ verglichen, um das Modell zu überprüfen. Es hat sich gezeigt, daß Abweichungen von mehr als 10% zwischen gemessenem MQ und gerechnetem $A_{ges}$ auf Fehlern bei der Dateneingabe beruhten.

#### 3.2.1.2 Die Nährstoffbilanz

Das vorliegende Programm ermöglicht es, die unterschiedlichen Quellen für N- und P-Einträge in Oberflächengewässer zu differenzieren, um so konkrete und wirksame Ansatzpunkte zur Verbesserung der Gewässergüte zu entwickeln. Dabei beruhen die mit dem Programm automatisiert vorgenommenen Berechnungen auf einem Modell über die Eintragspfade von N und P in Fließgewässer.

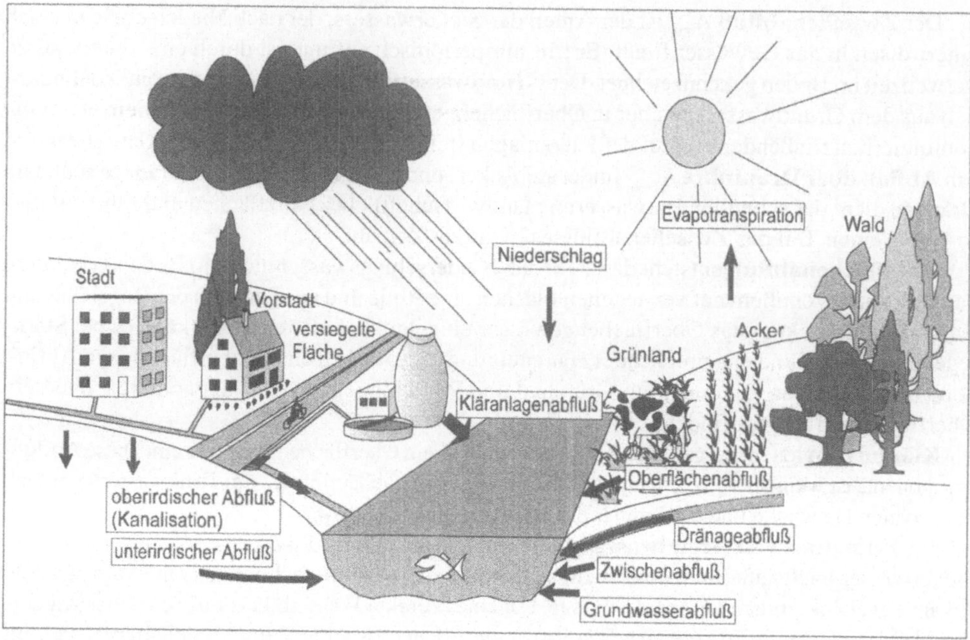


**Abb. 3-3** Die Nährstoffbilanz

Stickstoff und Phosphor gelangen auf mehreren Wegen in das Gewässer. Diese Wege sind durch die Wasserbilanz prinzipiell vorgezeichnet. Zur Berechnung der Nährstoffbilanzen wurden modellhafte Annahmen getroffen, um das Verhalten der Nährstoffe während des Transports mit dem Abwasser bzw. mit dem Sickerwasser und schließlich den Eintrag in das Gewässer ermitteln zu können. In Abb. 3-3 ist das Modell für die Nährstoffbilanz graphisch dargestellt.

Die Eintragspfade unterteilen sich in zwei Arten:

- punktuelle Einträge und
- diffuse Einträge.

**Punktuelle Einträge** lassen sich auf einen definierten Einleiter und einen definierten Einleitungsort zurückführen. Im Modell werden darunter Einleitungen aus

- kommunalen Kläranlagen,
- Industriekläranlagen,
- Kleinkläranlagen,
- Kanalisation

verstanden.

**Diffuse Einträge** hingegen gelangen über unterirdische Wege zusammen mit dem Sickerwasser oder als Direkteinträge in die Fließgewässer. Die Herkunft dieser Stoffeinträge läßt sich in der Regel nicht exakt lokalisieren.

Zu den diffusen Einträgen im Modell zählen

- Auswaschung von Nährstoffen und Eintrag über unterirdische Abflußpfade von
  - Ackerflächen
  - Grünland
  - Wald
  - unversiegelten Flächen im Siedlungsbereich
- Erosion von Boden
- Direkteinträge durch
  - atmosphärische Deposition
  - Waldstreu
  - Mineraldünger bei der Ausbringung
  - Weidetiere
  - landwirtschaftliche Betriebe.

*Punktuelle Einträge*

Bei den punktuellen Einträgen aus Kläranlagen und Kanalisation handelt es sich um die direkte Einleitung von Abwasser mit darin enthaltenen Nährstoffen. Sowohl für die eingeleiteten Wassermengen als auch für die N- und P-Konzentrationen liegen gemessene oder geschätzte Werte vor. Daraus läßt sich die durchschnittliche jährlich eingetragene Stofffracht relativ genau ermitteln.

*Diffuse Einträge - Direkteinträge*

Bei den Direkteinträgen handelt es sich um einen Eintragspfad, der nicht an die Wasserbilanz gekoppelt ist. Die Nährstoffe gelangen direkt in das Fließgewässer und sind nicht an das Wasser als Transportmedium gebunden. Einige Direkteinträge, z.B. durch Waldstreu, sind unvermeidbar. Andere hingegen lassen sich durch entsprechende Maßnahmen verhindern, wie z.B. der Eintrag von Weidetieren durch das Einzäunen der Weide.

*Diffuse Einträge - Auswaschung von Nährstoffen*

Die durch unser humides Klima bedingte Sickerwasserbildung führt zu einer Auswaschung von Stoffen aus dem Boden in Grund- und Oberflächenwasser. Einer Auswaschung unterliegen Stickstoff und Phosphor dann, wenn sie nicht von Pflanzen aufgenommen oder durch chemische bzw. mikrobielle Prozesse im Boden abgebaut oder festgehalten werden. Sind die Nährstoffe aus der durchwurzelten Bodenzone ausgewaschen, sind sie für eine Aufnahme durch Pflanzenwurzeln verloren. Eine Reduktion der ausgewaschenen Menge erfolgt dann in tieferen Bodenschichten nur noch über Wechselwirkungen mit dem Boden oder den darin lebenden Mikroorganismen. Phosphor wird sehr stark an Bodenpartikel gebunden, so daß die Auswaschung kaum eine Rolle spielt. Stickstoff hingegen wird im Boden rasch in die gut wasserlösliche Form Nitrat umgewandelt und wird dann schnell ausgewaschen. Je höher die Sickerwassermenge (d.h. die Austauschhäufigkeit der Bodenlösung) und je größer die N-Konzentration ist, umso mehr N wird ausgewaschen. Unterirdische Abbauprozesse spielen beim Stickstoff ebenfalls eine größere Rolle als beim Phosphor. Diese Prozesse sind offensichtlich in starkem Maße von der Geschwindigkeit, mit der das Sickerwasser den Boden durchströmt, beeinflußt. Die Bindung von Phosphor an Bodenpartikel ist so stark, daß mit einer weiteren Adsorption von P auch in tieferen Bodenschichten zu rechnen ist. Die Auswaschung bleibt im Vergleich zum Stickstoff sehr gering.

Zusammenfassend bleibt festzuhalten, daß das Modell der Nährstoffbilanz davon ausgeht, daß sich die Nährstofffracht des Sickerwassers bei der Bodenpassage verringert. Um dieses Verhalten der Nährstoffe im Boden bis zu einem potentiellen Eintrag in das Gewässer auch quantitativ zu erfassen, sind folgende Parameter zu bestimmen:

- N- bzw. P-Menge, die aus dem Wurzelraum ausgewaschen wird;
- N- bzw. P-Anteil, der jeweils über den Zwischen-, Grundwasser- und Dränabfluß weitertransportiert wird;
- N- bzw. P-Mengen, die auf jedem dieser drei Pfade durch Rückhalt im Boden oder Abbauprozesse zurückgehalten werden und nicht im Oberflächengewässer ankommen.

Die aus dem Wurzelraum ausgewaschene N- bzw. P-Menge ist von der Flächennutzung abhängig. Je nach Nutzungsart wird entweder ein Wert als Faustzahl nach Literaturrecherche verwendet oder aus Eingabedaten für das jeweilige Einzugsgebiet direkt mit MOBINEG ermittelt.

Die Aufteilung der Sickerwassermenge in Zwischen-, Grundwasser- und Dränabfluß ist in der Wasserbilanz festgelegt. Die aus dem Wurzelraum ausgewaschene Nährstoffmenge wird im gleichen Verhältnis auf die drei möglichen unterirdischen Abflußpfade verteilt.

Der Rückhalt bzw. Abbau der Nährstoffe verhält sich je nach Pfad unterschiedlich. Der Zwischen- und Dränabfluß tritt relativ rasch nach Niederschlagsereignissen in das Fließgewässer ein. Ein Abbau von mitgeführtem Stickstoff ist hier in geringerem Maße zu erwarten als beim Grundwasserabfluß. Letzterer ist mit einer über längere Zeiträume andauernden Bodenpassage und damit stärkerem Abbau von N verbunden. Auf beiden Wegen ist mit einer weiteren Verringerung der P-Fracht durch Adsorption an Bodenteilchen zu rechnen.

*Diffuse Einträge - Erosion*

Unter Erosion wird hier der Abtrag von Bodenmaterial durch den oberflächlichen Abfluß von Niederschlägen verstanden. Wenn dieses Material in Fließgewässer gelangt, tragen die darin enthaltenen N- und P-Frachten zur Belastung des Gewässers bei. Die Größe dieser Frachten ist abhängig von der Bodenmenge und ihrem Nährstoffgehalt.

### 3.2.1.3 Szenarien unterschiedlicher Bewirtschaftungsmaßnahmen

Die Berechnung von Szenarien zielt darauf ab, den Effekt von Bewirtschaftungsmaßnahmen auf die Nährstoffeinträge in ein Gewässer darzustellen.

Das Bilanzierungsprogramm MOBINEG wird in der Regel mit Daten aus der jüngsten Vergangenheit (z.B. die letzten 5 Jahre) gespeist, die dann den "Ist-Zustand" repräsentieren.

Um abschätzen zu können, wie sich Maßnahmen zur Verbesserung der Gewässergüte auswirken, ist die Berechnung von Szenarien mit MOBINEG möglich. Ausgehend vom Ist-Zustand sind 5 Szenarien im Programm vorgesehen:

- Szenario 1: ordnungsgemäße Landbewirtschaftung
- Szenario 2: flächendeckender ökologischer Landbau

**Tab. 3-4** Überblick über 5 Bewirtschaftungsszenarien

**Szenario 1: ordnungsgemäße Landbewirtschaftung**

- keine Direkteinträge in das Gewässer durch Düngerstreuer
- kein Eintrag durch Weidetiere
- Düngung entsprechend der Empfehlung der Landwirtschaftskammer
- Reduzierung der P-Düngung (P-Bilanzüberschuß = 50% des Ist-Zustandes)

im Einzugsgebiet Odense Å:

- Reduktion der N-Düngung um 40%
- keine Direkteinträge in das Gewässer aus der Landwirtschaft
- Kläranlage wie Ist-Zustand

**Szenario 2: flächendeckender ökologischer Landbau**

Maßnahmen

- N-Düngung über Wirtschaftsdünger und Leguminosen
- Reduzierung der Viehhaltung:
  - in Gemeinden mit mehr als 1,4 DE/ha -> Reduzierung auf 1,4 DE/ha
  - in Gemeinden mit weniger als 1,4 DE/ha -> keine Änderung
- keine P-Düngung· keine Ausbringung von Klärschlamm und anderen Sekundärrohstoffen
- keine Direkteinträge in das Gewässer aus der Landwirtschaft
- Kläranlage wie Ist-Zustand

**Szenario 3: Extensivierung unter Berücksichtigung weitergehender Gewässerschutzbelange**

Maßnahmen

- N-Düngung über Wirtschaftsdünger und Leguminosen
- Reduzierung der Viehhaltung:
  - in Gemeinden mit mehr als 1,4 DE/ha -> Reduzierung auf 1,4 DE/ha
  - in Gemeinden mit weniger als 1,4 DE/ha -> keine Änderung
- keine P-Düngung
- keine Ausbringung von Klärschlamm und anderen Sekundärrohstoffen
- keine Direkteinträge in das Gewässer aus der Landwirtschaft
- Aufgabe der Drainage -> Umwandlung von 50% der drainierten Ackerfläche in Grünland
- Durchführung von Erosionsschutzmaßnahmen, dadurch kein Stoffeintrag durch Erosion
- Umwandlung von Ackerflächen auf Moorböden in Grünland
- keine Beregnung
- Kläranlagen wie Ist-Zustand

**Szenario 4: Ausbau der Kläranlagen nach gesetzlichen Vorgaben**

Maßnahmen

- Denitrifikation und Nitrifikation in allen Kläranlagen
- bei Anlagen > 10.000 EW: P-Elimination
- bei Anlagen < 10.000: betrieblich mögliche biologische P-Elimination
- Landwirtschaft wie Ist-Zustand

**Szenario 5: weitergehender Ausbau der Kläranlagen**

Maßnahmen

- Filtration zur Reduzierung von P
- Verbesserung der Abblauleistung der Kleinkläranlagen
- Landwirtschaft wie Ist-Zustand

- Szenario 3: Extensivierung unter Berücksichtigung weitergehender Gewässerschutzbelange
- Szenario 4: Ausbau der Kläranlagen nach gesetzlichen Vorgaben
- Szenario 5: weitergehender Ausbau der Kläranlagen

Die Maßnahmenschwerpunkte liegen bei den Szenarien 1 bis 3 in der Landwirtschaft und bei den Szenarien 4 bis 5 im Ausbau der Kläranlagen. Die Szenarien führen im wesentlichen zu Veränderungen der Nährstoffbilanz, während die Wasserbilanz aufgrund der nicht bekannten Klimaverhältnisse in der Zukunft relativ unverändert zum Ist-Zustand bleibt.

Die dänischen Projektpartner entschieden sich für eine Abwandlung des Szenarios 1. In Dänemark wird seit 1994 die N-Düngung in der Landwirtschaft stark reguliert. Jährlich werden N-Düngeempfehlungen vom Ministerium für Landwirtschaft herausgegeben, die sich auf den anorganischen Stickstoffgehalt des Bodens im März in Abhängigkeit von klimatischen Standortverhältnissen stützen (BEKENDTGØRELSE OM KVÆLSTOFPROGNOSEN FOR 1997). Eine Düngung oberhalb des empfohlenen Wertes gilt als Straftatbestand. Für die dänischen Partner gilt es daher als relativ gesichert, daß die Landwirte sich genau an die Düngeempfehlungen halten.

Das Szenario 1 (ordnungsgemäße Landbewirtschaftung) entspricht im Einzugsgebiet der Odense Å dem Ist-Zustand bzw. es würde kein Unterschied zum Ist-Zustand errechnet werden. Statt dessen bilanzierten die dänischen Partner in Szenario 1 die Reduktion der N-Düngung um 40%. Dieses Szenario wird als Szenario 1 (DK) bezeichnet.

### 3.2.1.4 Die Eingabedaten im Überblick

Bei der Erstellung von MOBINEG wurde darauf Wert gelegt, nur vorhandene Daten zu verwenden. Die in Tab. 3-5 aufgelisteten Eingangsdaten liegen bei den unterschiedlichsten Behörden vor. Z.T. sind sie veröffentlicht (z.B. Landesamt für Statistik), z.T. muß man die Daten im direkten Kontakt mit den Behörden erfragen.

Für die Berechnung der Szenarien sind z.T. weitere Eingangsdaten erforderlich. Diese Daten stehen nicht immer direkt zur Verfügung, da sie nicht auf Meßwerten beruhen, sondern ergeben sich aus Überlegungen hinsichtlich der zukünftigen Bewirtschaftung des bearbeiteten Einzugsgebietes. Tab. 3-6 gibt einen Überblick über Daten, die zur Berechnung der Szenarien notwendig sind.

## 3.2.2 Bilanzierung der Kosten

Mit den beschriebenen Bewirtschaftungsmaßnahmen (Szenarien) lassen sich die Stoffeinträge in die Gewässer der fünf betrachteten Einzugsgebiete vermindern.

Allerdings ist eine Umsetzung der Maßnahmen nicht kostenneutral. So würden die Maßnahmen im landwirtschaftlichen Bereich (Szenario 1, 2 und 3) zu einer weitreichenden Umstrukturierung der Wirtschaftsweise führen. Damit sind i.a. Einkommensverluste der Landwirte verbunden, deren Ausgleich Kosten verursacht. Bei den abwassertechnischen Maßnahmen (Szenario 4 und 5) fallen ebenfalls Kosten in Form von Investitionen und zusätzlichen Betriebskosten an.

Bezieht man die entstehenden Kosten eines Szenarios auf die dabei erzielte Stoffreduktion (Kosten-Nutzen-Vergleich), so lassen sich Rückschlüsse auf die Effizienz der Bewirtschaftungs-

**Tab. 3-5** Übersicht über die zur Berechnung erforderlichen Eingangsdaten

| **Eingabedaten** | **Erläuterung** | **Quelle** |
|---|---|---|
| Verwaltungseinheiten | Verwaltungseinheiten (Kreise, Gemeinden)<br>• Gemeindeschlüssel<br>• Name mit Organisationskürzel (Landkreis LK, Einheitsgemeinde EG, Samtgemeinde SG, Mitgliedsgemeinde einer Samtgemeinde MG) | Niedersächsisches Landesamt für Statistik |
| Landnutzung | Flächenanteile in [ha] der Hauptnutzungskategorien<br>• Stadt<br>• Vorstadt/Dorf<br>• versiegelte Fläche<br>• Acker<br>• Grünland<br>• Wald<br>• Gewässer<br>• Sonstiges | Satellitenbildauswertung |
| Kulturartenanteile | Flächenanteile der Kulturarten pro Gemeinde in [ha]<br>• Kartoffeln<br>• Zuckerrüben<br>• Futterpflanzen<br>• Winterraps<br>• Mais<br>• Weizen<br>• Triticale<br>• Roggen<br>• Gerste<br>• Hafer<br>• Brache | Niedersächsisches Landesamt für Statistik |
| Kläranlagen | Kommunale Anlagen; alle Meßwerte als Durchschnitt des Bilanzzeitraums<br>• Nr. der Kläranlage<br>• Gemeinde<br>• Ort<br>• tatsächl. angeschlossene EW<br>• Typ (z.B. „unbel. Teich“)<br>• Q in [l/E*d]<br>• $NH_4$-N in [mg/l]<br>• $NO_3$-N in [mg/l]<br>• $NO_2$-N in [mg/l]<br>• org. N in [mg/l]<br>• ges-P in [mg/l] | Untere Wasserbehörde (Landkreise) |

Fortsetzung Tab. 3-5

| Eingabe-daten | Erläuterung | Quelle |
|---|---|---|
| Industrie-kläran-lagen | Industriekläranlagen; alle Meßwerte als Durchschnitt des Bilanzzeitraums<br>• Nr. der Kläranlage<br>• Gemeinde<br>• Ort<br>• Branche<br>• Q in [m³/s]<br>• Ges.-N in [mg/l]<br>• Ges-P in [mg/l] | Untere Wasserbe-hörde (Landkreis) |
| Kleinklär-anlagen | • Anzahl der an Kleinkläranlagen angeschlossenen Einwohner<br>• N- und P-Einträge in [g/E*d] | StAWA<br>Literaturdaten |
| Kanalisa-tion | • Abflußbeiwerte für<br>- Stadt<br>- Vorstadt/Dorf<br>- versiegelte Fläche<br>• N- und P-Einträge in [kg/ha*a] | Literaturwerte |
| Klima-daten | • monatlicher Niederschlag in [mm/Monat] im Mittel des Bilanzzeitraums<br>• monatliche Evapotranspiration in [mm/Monat] im Mittel des Bilanzzeitraums | Deutscher Wetterdienst |
| Feldka-pazität | • nutzbare Feldkapazität im effektiven Wurzelraum (nFKWe) als Durchschnittswert je Gemeinde oder insgesamt für das Einzugsgebiet | Niedersächsisches Landesamt für Bodenforschung |
| Düngung/ N-Gehalt im Erntegut | • Düngeempfehlung zu den einzelnen Kulturen [kg/ha]<br>• N-Gehalt im Erntegut [kg/dt] | Landwirtschafts-kammer |
| Erträge | • Ertragszahlen in [dt/ha] | Nieders. Landesamt f. Statistik: Bodennut-zung und Ernte |
| Wirt-schafts-düngung | N-Zufuhr aus der betriebseigenen Viehhaltung<br>• DE/ha<br>• kg N/DE | Nieders. Landesamt f. Statistik |
| organi-sche Düngung | N-Zufuhr durch organ. Stoffe, die nicht aus der betriebseigenen Viehhaltung stammen<br>• Ausbringung von anderen organ. Stoffen wie z.B. Klärschlamm<br>• N-Gehalt<br>• Ausbringungsmenge pro ha<br>• gedüngter Acker- und Grünland-anteil [%] | Befragung der Außen-stellen der Landwirt-schaftskammern o. ä. |

Fortsetzung Tab. 3-5

| Eingabe-daten | Erläuterung | Quelle |
|---|---|---|
| Abfluß-kenn-werte | • MQ [$m^3$/s]<br>• Basisabfluß [$m^3$/s]<br>• Grundwasserentnahmen [$m^3$/s] | StAWA |
| Direkt-einträge | N- und P-Einträge in [kg/ha*a] getrennt für die Eintragspfade<br>• Atmosphäre<br>• Waldstreu<br>• Mineraldünger<br>• Erosion von Äckern<br>• landwirtschaftliche Betriebe | Literaturdaten (z.B. Hamm 1991); ggf. durch örtlich vorhandene Daten ersetzen<br>Niedersächs. Landesamt für Bodenforschung<br>Niedersächs. Landesamt für Ökologie |
| Auswa-schungen aus dem Wurzel-raum | N- und P-Auswaschung in [kg/ha*a] getrennt für die Eintrags-pfade<br>• Grünland<br>• Wald<br>• Stadt unversiegelt | Literaturdaten |
| Oberflä-chen- und Dränabfluß | • erosionswirksamer Niederschlag in Prozent des Gesamtwin-terniederschlages<br>• prozentualer Anteil des Niederschlagabflusses bei versiegel-ten Flächen (d.h. Niederschlag abzüglich Verdunstung)<br>• prozentuale Verteilung auf die Abflußpfade bei gedränten Flächen | Schätzwerte nach örtli-cher Kenntnis |
| P-Bilanz-überschuß | für Acker<br>• P in [kg/ha*a] | Literaturdaten oder Befragung der Land-wirtschaftskammer |
| Rückhalt und Abbau | Prozentuale Werte für N- und P-Abbau in den Kompartimenten<br>• Wurzelraum<br>• Zwischenabfluß<br>• Dränabfluß<br>• Grundwasserabfluß | Ermittlung aus nFKWe und Grundwasserneubil-dung; Literaturdaten; Ableiten aus den gebietsspezifischen Wasserhaushaltschara-kteristika |
| Dränage/ Erosion | prozentuale Unterteilung von Acker- und Grünlandflächen nach Abflußprozessen in die Kategorien<br>• Acker normal<br>• Acker gedränt<br>• Acker mit Erosion<br>• Grünland normal<br>• Grünland gedränt | Dränage: Befragung der Außenstellen der Land-wirtschaftskammern<br>Erosion (Wasser): Niedersächs. Landes-amt für Bodenfor-schung |

**Tab. 3-6** Übersicht über die zur Berechnung von Szenarien zusätzlich erforderlichen Eingangsdaten

| Szenario | Eingabedaten |
|---|---|
| 1 | keine gesonderten Eingabedaten erforderlich |
| 2 | Fruchtfolge in % der Ackerfläche, darunter<br>- Leguminosen als Futter<br>- Leguminosen als Düngung (Grünbrache)<br>Ertragsminderung durch ökologischen Landbau in % des Ist-Zustandes<br>Ertragsminderung durch Aufgabe der Beregnung in % |
| 3 | s. Szenario 2<br>Acker auf Moorböden in % der Ackerfläche im Einzugsgebiet<br>Ertragsminderung durch Aufgabe der Beregnung in % |
| 4 | Ges.N- und Ges.P-Konzentration im Ablauf der Kläranlagen |
| 5 | Ges.N- und Ges.P-Konzentration im Ablauf der Kläranlagen |

maßnahmen ziehen (ökonomische Effektivitätskontrolle). Ziel ist dabei, die ökologisch und ökonomisch effizientesten Kombinationen zu ermitteln. Dieser Zusammenhang wird in der Abb. 3-4 schematisch veranschaulicht. Aus dem Kosten-Nutzen-Vergleich lassen sich dann Empfehlungen für die Bewirtschaftungsmaßnahmen eines Einzugsgebietes ableiten.

Im weiteren wird erläutert, wie sich die Kosten (jährliche Aufwendungen) für die ausgewählten Szenarien bestimmen lassen. Aufgrund der teilweise abweichenden Datenbasis und Aus-

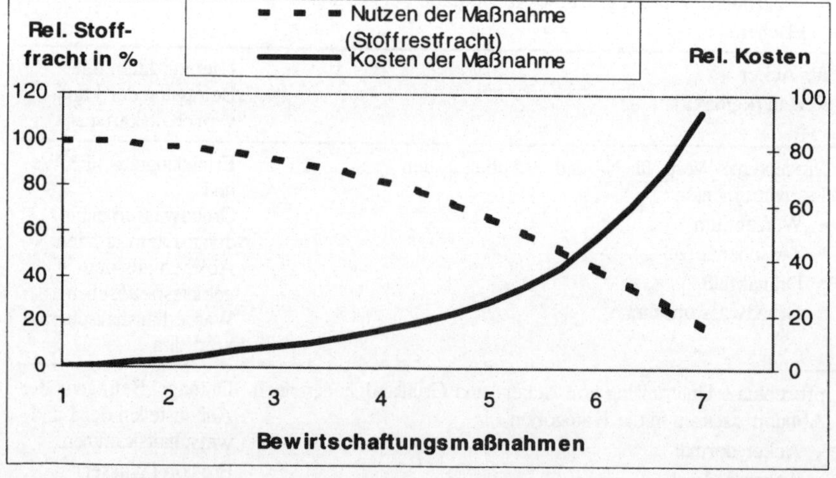


**Abb. 3-4** Gegenüberstellung der (theoretischen) Kosten und Nutzen verschiedener Bewirtschaftungsmaßnahmen

wahl der Bewirtschaftungsmaßnahmen treten hierbei Unterschiede zwischen dem Vorgehen auf dänischer und auf niedersächsischer Seite auf. Sie werden unten näher beschrieben.

Die Ergebnisse der Kostenberechnungen und des anschließenden Kosten-Nutzen-Vergleichs sind - jeweils für die einzelnen Gebiete - in Kapitel 3.3 dargestellt.

Ein Vergleich der Gebiete untereinander und Vorschläge für Bewirtschaftungsmaßnahmen in den Einzelgebieten enthält das Kapitel 3.4. Dabei werden auch die finanziellen Möglichkeiten zur Umsetzung einzelner Szenarien in den verschiedenen Gebieten (z.B. durch Förderprogramme, über die Abwassergebühr etc.) diskutiert.

#### 3.2.2.1 Methodik der Kostenkalkulation

*Verwendete Daten (Niedersächsische Einzugsgebiete)*

Die Kosten der hier vorgeschlagenen Bewirtschaftungsmaßnahmen hängen von der Größe und Struktur des jeweiligen Einzugsgebietes ab. Sie werden auf Basis der Daten in Tab. 3-7 berechnet.

Für die Berechnungen werden, sofern möglich, einzugsgebietsspezifische Daten verwendet. Bei einigen Daten, z.B. den Deckungsbeiträgen für Grünland, muß auf überregionale Daten zurückgegriffen werden. Die Daten zum Betriebseinkommen der ökologischen Betriebe sowie die Investitions- und Betriebskosten des Kläranlagenausbaus sind der Literatur entnommen.

*Verwendete Daten (Dänisches Einzugsgebiet)*

Für die Kostenberechnung im Einzugsgebiet der Odense Å wurden die Daten in Tab. 3-8 verwendet.

*Berechnete Kosten*

Unter Verwendung der genannten Eingangsdaten und der vom Modell berechneten Stoffeinträge werden für jedes Szenario und Einzugsgebiet die folgenden Kosten berechnet:

- Ermittlung der jährlichen Gesamtkosten (DM/a),
- Ermittlung der stoffspezifischen Kosten (DM/kg N bzw. $P_{reduziert}$),
- Ermittlung der abwasserspezifischen Kosten (DM/m³ Abwasser).

Unter *Gesamtkosten* (DM/a) wird hier die Summe der jährlichen Aufwendungen für die Bewirtschaftungsmaßnahmen eines Szenarios verstanden. Aus dem Vergleich der Gesamtkosten für die fünf Szenarien lassen sich Schlüsse über die Kostenintensität der jeweiligen Gewässerschutzstrategie in einem Einzugsgebiet ziehen.

Werden die Gesamtkosten der Bewirtschaftungsmaßnahmen dagegen auf die erzielte Reduzierung der Nährstofffracht bezogen, so lassen sich die *stoffspezifischen Kosten*, ausgedrückt als DM/kg N bzw. $P_{reduziert}$, berechnen. Die stoffspezifischen Kosten spiegeln wider, mit welchem monetären Aufwand ein kg N oder P aus dem Fließgewässer zurückgehalten werden kann

**Tab. 3-7** Daten der Kostenberechnung für die vorgeschlagenen Bewirtschaftungsmaßnahmen in den niedersächsischen Einzugsgebieten

| Bewirtschaftungsmaßnahmen | Eingangsdaten |
|---|---|
| Umsetzung der ordnungsgemäßen Landwirtschaft im Einzugsgebiet (Szenario 1) | • Landwirtschaftliche Nutzfläche im Einzugsgebiet<br>• Kosten einer zusätzlichen landwirtschaftlichen Beratung |
| Einführung des flächendeckenden ökologischen Landbaus im Einzugsgebiet (Szenario 2) | • Landwirtschaftliche Nutzfläche im Einzugsgebiet<br>• Kosten einer zusätzlichen landwirtschaftlichen Beratung<br>• Landwirtschaftliche Nutzfläche, aufgeschlüsselt nach Betriebstypen (Marktfrucht, Futterbau, Veredlung, Gemischtbetrieb) und Landkreisen im Einzugsgebiet<br>• Standardbetriebseinkommen der konventionellen Betriebe, aufgeschlüsselt nach Betriebstypen (Marktfrucht, Futterbau, Veredlung, Gemischtbetrieb) und Landkreisen im Einzugsgebiet<br>• Mittleres Einkommen der ökologischen Betriebe, aufgeschlüsselt nach Betriebstypen (Marktfrucht, Futterbau, Veredlung, Gemischtbetrieb) |
| Einführung des flächendeckenden ökologischen Landbaus im Einzugsgebiet und weitere Maßnahmen (Szenario 3) wie | • Eingangsdaten des Szenarios 2 (s. oben) |
| • Aufgabe der Dränage unter Ackerflächen | • Dränierte Ackerfläche im Einzugsgebiet<br>• Jährliche Kosten der Dränageunterhaltung<br>• Mittlerer Deckungsbeitrag auf Ackerflächen im Einzugsgebiet<br>• Pachtpreise für Grünland |
| • Aufgabe der Dränagen unter Grünland | • Dränierte Grünlandfläche im Einzugsgebiet<br>• Jährliche Kosten der Dränageunterhaltung<br>• Mittlerer Deckungsbeitrag von Grünlandflächen im Einzugsgebiet<br>• Kosten für Ersatzfuttermittelbeschaffung |
| • Anlage von Gewässerrandstreifen als Erosionsschutz | • Erosionsgefährdete Ackerflächen an Gewässern im Einzugsgebiet<br>• Mittlerer Deckungsbeitrag auf Ackerflächen im Einzugsgebiet |
| • Umwandlung von Acker auf Moorböden in Grünland | • Ackerfläche auf Moorböden im Einzugsgebiet<br>• Mittlerer Deckungsbeitrag auf Ackerflächen im Einzugsgebiet |
| • Aufgabe der Beregnung | • Beregnete Fläche im Einzugsgebiet<br>• Jährliche Kosten der Beregnung<br>• Mittlerer Deckungsbeitrag von beregneten Kulturen im Einzugsgebiet |

Fortsetzung Tab. 3-7

| Bewirtschaftungsmaßnahmen | Eingangsdaten |
|---|---|
| Ausbau der Kläranlagen nach gesetzlichen Vorgaben (Szenario 4) | • N- und P-Ablaufwerte der Kläranlagen im Einzugsgebiet<br>• Investitionskosten für die Erweiterung der N-Elimination, aufgeschlüsselt in fünf Größenklassen der Kläranlagen<br>• Investitionskosten für die Erweiterung der P-Elimination, aufgeschlüsselt in fünf Größenklassen der Kläranlagen<br>• Zusätzliche Betriebskosten für die erweiterte N- bzw. P-Elimination, aufgeschlüsselt in zwei Größenklassen der Kläranlagen |
| Weitergehender Ausbau der Kläranlagen nach strengeren Vorgaben (Szenario 5) wie | • Eingangsdaten des Szenarios 4 (s.oben) |
| • P-Filtration in bestimmten Anlagen | • Investitionskosten für die P-Filtration<br>• Zusätzliche Betriebskosten für die P-Filtration |
| • Ausbau der Kleinkläranlagen | • Investitionskosten für den Ausbau der Kleinkläranlagen<br>• Zusätzliche Betriebskosten für die ausgebauten Kleinkläranlagen |

und eignen sich als Vergleichsmaßstab zur Beurteilung der ökonomischen Effizienz der ausgewählten Gewässerschutzstrategien.

Die zur Maßnahmenumsetzung erforderlichen Finanzmittel könnten - gedanklich zur Veranschaulichung - über eine Umlage auf die Abwassergebühr bereitgestellt werden. Damit wäre jedoch eine finanzielle Mehrbelastung der Einwohner im Einzugsgebiet verbunden. Um die Größenordnung dieser Mehrbelastung zu ermitteln, werden die berechneten Gesamtkosten der einzelnen Szenarien auf die pro Einzugsgebiet anfallende Schmutzwassermenge (DM/m³ Abwasser) bezogen.

Es sei darauf hingewiesen, daß auf eine Sensitivitätsanalyse der ermittelten Kosten durch Variation der Eingangsparameter verzichtet wird. Für die Landwirtschaft sind Vorhersagen über die langfristigen Preis- und Einkommensentwicklungen mit großen Unsicherheiten behaftet.

#### 3.2.2.2 Kostenkalkulation für das Szenario 1 (ordnungsgemäße Landbewirtschaftung)

*Niedersächsische Einzugsgebiete*

Die Bewirtschaftungsmaßnahmen des Szenarios 1 sind gleichzusetzen mit der guten fachlichen Praxis im Bereich Düngung (ordnungsgemäße Landbewirtschaftung).

Die gute fachliche Praxis wurde 1987 auf der Agrarministerkonferenz der Bundesländer definiert und gilt seitdem als Richtlinie der Landwirtschaftskammern für die landwirtschaftliche Beratung. D.h. die Landwirte werden zur Umsetzung der Düngeempfehlungen der Landwirtschaftskammer angehalten. Bei dieser Düngung treten keine Ertragsverluste auf; ein Anspruch auf eventuelle Ausgleichszahlungen besteht daher nicht.

Die Umsetzung der ordnungsgemäßen Düngung verursacht demnach auf Seiten der Landwirte keine einforderbaren Kosten. Im Einzelfall sind in einigen Betrieben zwar Investitionen, z.B. für den Bau bzw. die Erweiterung eines Güllelagers, erforderlich. Es wird jedoch unterstellt,

**Tab. 3-8** Daten der Kostenberechnung für die vorgeschlagenen Bewirtschaftungsmaßnahmen im dänischen Einzugsgebiet

| Bewirtschaftungsmaßnahmen | Eingangsdaten |
|---|---|
| Reduzierung der N-Düngung um 40 % (Szenario 1) | • Landwirtschaftliche Nutzfläche im Einzugsgebiet, berechnet vom Amt für Statisitk<br>• Monetäre Verluste der reduzierten N-Düngung, berechnet vom Dänischen Institut für Agrar- und Fischwirtschaft<br>• Monetäre Verluste der reduzierten N-Düngung, berechnet vom Dänischen Beratungszentrum für Landwirtschaft<br>• Ausgleichszahlungen für die Reduzierung der Düngung in ökologisch empfindlichen Gebieten, berechnet vom Dänischen Direktorium für Entwicklung und Fischerei |
| Einführung des flächendeckenden ökologischen Landbaus im Einzugsgebiet (Szenario 2) | • Landwirtschaftliche Nutzfläche im Einzugsgebiet, berechnet vom Amt für Statisitk<br>• Kosten für die Einführung des ökologischen Landbaus, berechnetvon PlanEnergi<br>• Ausgleichszahlungen für die Einführung des ökologischen Landbaus, berechnet vom Dänischem Direktorium für Entwicklung und Fischerei<br>• Dänische und EU-Subventionen für den konventionellen und den ökologischen Landbau |
| Einführung des flächendeckenden ökologischen Landbaus im Einzugsgebiet und weitere Maßnahmen (Szenario 3) wie | • Eingangsdaten des Szenarios 2 (s.oben) |
| • Aufgabe der Dränage unter Acker/Grünland | • Ausgleichszahlungen für die Aufgabe der Dränagen, berechnet vom Dänischem Direktorium für Entwicklung und Fischerei<br>• Kosten für den dauerhaften Verschluß der Dränagen, berechnet vom Department of Nature und Water Environment, Fyns Amt<br>• Eingesparte Kosten durch Aufgabe der Gewässerunterhaltung, berechnet vom Department of Nature und Water Environment, Fyns Amt |
| • Anlage von Gewässerrandstreifen als Erosionsschutz | • Erosionsgefährdete Fläche im Einzugsgebiet, berechnet vom Dänischen Institut für landwirtschaftliche Forschung<br>• Kosten für den Flächenankauf, festgesetzt durch Fyns Amt |
| Rückblick auf den Kläranlagenausbau (Szenario 4) | • N- und P-Ablaufwerte der Kläranlagen im Einzugsgebiet, Daten der zuständigen Wasserbehörden<br>• Investitionskosten für die Erweiterung der N- und P-Elimination, Daten der Literatur bzw. den tatsächlichen Investitionen im Untersuchungszeitraum entnommen<br>• Betriebskosten für die N- und P-Elimination, Daten der Literatur bzw. den tatsächlichen Investitionen im Untersuchungszeitraum entnommen |

daß die Einhaltung der ordnungsgemäßen Düngung Einsparungen (Düngemittel) erbringt, die diese Kosten aufwiegen.

Die Ergebnisse der Nährstoffbilanzierungen (s. Kap. 3.3) zeigen, daß die gute fachliche Praxis längst nicht flächendeckend umgesetzt wird. Anzunehmen ist, daß das Umsetzungsdefizit vor allem auf der unzureichenden Personalkapazität der landwirtschaftlichen Beratungsstellen beruht. Die Kosten für das Szenario 1 werden daher als zusätzliche Aufwendungen für die Beratung abgeschätzt.

Unabhängig von der Struktur des Einzugsgebietes wird angenommen, daß pro 5.000 ha LF ein zusätzlicher Berater eingestellt werden müßte. Die Kosten eines Beraters werden mit 80.000 DM pro Jahr angesetzt, so daß sich zusätzliche Beratungskosten von 16 DM/ha und Jahr ergeben.

*Dänisches Einzugsgebiet*

In Dänemark gilt die Nichteinhaltung der Düngeempfehlungen der landwirtschaftlichen Fachbehörden als Straftatbestand. Es kann davon ausgegangen werden, daß die dänischen Landwirte überwiegend ordnungsgemäß düngen.

Für die Odense Å wird das Szenario 1 daher abgewandelt. Es wird eine Reduktion der Stickstoffdüngung um 40% gegenüber dem Ist-Zustand angenommen.

Die so reduzierte Düngung führt zu Ertragsverlusten, deren Höhe abhängig ist von den Standortverhältnissen, der angebauten Kultur bzw. der Fruchtfolge. Mit den geringeren Erträgen ist auch ein Einkommensverlust der Landwirte verbunden, der nur z.T. durch die Einsparung an Düngemitteln ausgeglichen wird.

Das Dänische Institut für Agrar- und Fischwirtschaft kalkuliert die Netto-Einkommensverluste für eine um 40% reduzierte N-Düngung auf ca. 88 - 724 Dkr/ha (ca. 23 - 190 DM/ha). Etwas andere Verluste werden vom Dänischen Beratungszentrum für Landwirtschaft berechnet (329 - 616 Dkr/ha, entsprechend ca. 87 - 162 DM/ha). In die Kalkulation gehen mittlere spezifische Kosten von 450 Dkr/ha ein.

In ökologisch sensiblen Gebieten, die etwa ein Viertel des Einzugsgebietes ausmachen, wird eine Reduzierung der Düngung von staatlicher Seite gefördert. Die Ausgleichszahlungen dafür betragen je nach Standortverhältnissen und Ertragsniveau zwischen 500 und 950 Dkr/ha (ca. 132 - 250 DM/ha). Es werden mittlere spezifische Kosten von 725 Dkr/ha auf diesen Flächen angesetzt.

Die Gesamtkosten ergeben sich aus der Multiplikation der spezifischen Kosten für normale Flächen und für sensible Flächen mit dem entsprechenden Flächenanteil (ha) im Einzugsgebiet und anschließender Addition der beiden Kostenpositionen.

**Tab. 3-9** Maßnahmen, Auswirkungen und Kosten des Szenarios 1

| **Maßnahmen** | **Auswirkungen auf** | | **Verluste/Kosten** |
|---|---|---|---|
| | **die Bewirtschaftung** | **die Einnahmen** | |
| ordnungsgemäße Landwirtschaft | leichte Extensivierung | gleichbleibend | zusätzliche Beratungskosten (DM/ha LF) |

### 3.2.2.3 Kostenkalkulation für das Szenario 2 (flächendeckender ökologischer Landbau)

*Niedersächsische Einzugsgebiete*

Die Bewirtschaftungsmaßnahmen des Szenarios 2 entsprechen der flächendeckenden Einführung des ökologischen Landbaus im Einzugsgebiet. Grundlegende Änderungen der Wirtschaftsweise und eine Umstrukturierung der Betriebe sind damit verbunden. Im Vergleich zur vorherigen konventionellen Bewirtschaftungsweise ergeben sich für die ökologisch wirtschaftenden Betriebe Kosten durch

- Investitionen (z.B. für eventuelle Stallumbauten),
- Deckungsbeitragsverluste ( z.B. durch eventuelle Abstockung des Viehbestandes),
- intensivere landwirtschaftliche Beratung.

Aufgrund der hier betrachteten Gebietsgrößen und Vielzahl der Betriebe können diese Kosten nicht auf einzelbetrieblicher Ebene ermittelt werden. Für die Kostenkalkulation wird daher auf größere Einheiten (Betriebstypen: Marktfrucht, Futterbau, Veredlung und Gemischtbetrieb) zurückgegriffen.

Die Investitionen und Deckungsbeiträge dieser Betriebstypen werden durch ihr sog. *Standardbetriebseinkommen* in pauschalierter Form erfaßt. Das Standardbetriebseinkommen setzt sich zusammen aus Gesamtdeckungsbeitrag minus feste Spezial- und Gemeinkosten plus Subventionen. Es entspricht vom Konzept her der Nettowertschöpfung zu Faktorkosten. Mit dem Vergleich der jeweiligen Standardbetriebseinkommen **vor** und **nach** Umstellung auf ökologischen Landbau lassen sich dann die Kosten in Form des eventuellen *Einkommensverlustes* für die vier Betriebstypen abschätzen (Tab. 3-10). Ist das Betriebseinkommen nach Umstellung höher, so ergeben sich negative Einkommensdifferenzen, d.h. keine Kosten. In der Kalkulation wurden diese Werte auf Null gesetzt.

Das Standardbetriebseinkommen der konventionellen Betriebe (vor Umstellung) kann - für die vier Betriebstypen und nach Landkreisen unterschieden - aus der Agrarberichterstattung entnommen werden (NLS 1997).

Entsprechende Daten für die ökologischen Betriebe liegen dagegen (noch) nicht vor. Es wird daher auf theoretische Daten aus der Literatur (BRAUN 1996) zurückgegriffen. Die dort

**Tab. 3-10** Berechnung der (eventuellen) Einkommensverluste auf Ebene der Betriebstypen

| Standardbetriebseinkommen vor Umstellung (DM/ha LF) | **minus** | Standardbetriebseinkommen nach Umstellung (DM/ha LF) | = | Einkommensverluste (Kosten) |
|---|---|---|---|---|
| für<br>- Marktfruchtbetriebe<br>- Futterbaubetriebe<br>- Veredlungsbetriebe<br>- Gemischbetriebe | | für<br>- Marktfruchtbetriebe<br>- Futterbaubetriebe<br>- Veredlungsbetriebe<br>- Gemischbetriebe | | |

**Tab. 3-11** Durchschnittliche Deckungsbeiträge und Betriebseinkommen ökologisch wirtschaftender Betriebe nach BRAUN (1996) und AGRARBERICHT BUNDESREGIERUNG (1997)

| | **nach Braun (berechnet) DM/ha LF** | **nach Agrarbericht (Preise 1995/96) DM/ha LF** |
|---|---|---|
| Verkaufserlöse (DM/ha LF) | 3365 | 3.072 |
| - variable Spezialkosten (DM/ha LF) | 1394 | 1165 |
| **= Deckungsbeitrag (DM/ha LF)** | 1971 | 1907 |
| - Gemein-/Festkosten (DM/ha LF) | 559 | 642 |
| - Nettoinvestitionen (DM/ha LF) | 209 | 286 |
| + Subventionen (DM/ha LF) | 414* | 559 |
| **= Betriebseinkommen (DM/ha LF)** | 1616 | 1538 |

* ohne Förderprämie von 300 DM/ha LF für Umstellung auf ökologischen Landbau (nach EWG-Verordnung 2078/92)

angegebenen Betriebseinkommen (aufgeschlüsselt nach Betriebstypen bzw. -größe) wurden mittels Modell für die flächendeckende Umstellung auf ökologischen Landbau in Baden-Württemberg berechnet. Dabei wurden Annahmen über die langfristigen Preise der erzeugten Produkte und die erforderlichen Investitionen getroffen. Ein Vergleich der so berechneten Werte mit Angaben zur Einkommenssituation bestehender Ökobetriebe (AGRARBERICHT DER BUNDESREGIERUNG 1997) zeigt eine gute Übereinstimmung (Tab. 3-11).

Als Einkommen der ökologischen Betriebe werden hier die Daten nach BRAUN angesetzt, da sie eine Aufschlüsselung nach Betriebstypen zulassen.

Die Einkommensverluste für die vier Betriebstypen (berechnet als DM/ha LF) werden mit den entsprechenden Hektarzahlen im Einzugsgebiet multipliziert. Die gesamten Einkommens-

**Tab. 3-12** Maßnahmen, Auswirkungen und Kosten des Szenarios 2

| **Maßnahmen** | **Auswirkungen auf** | | **Verluste/ Kosten** |
|---|---|---|---|
| | **die Bewirtschaftung** | **die Einnahmen** | |
| Umstellung auf ökologischen Landbau | grundlegend<br>- Fruchtfolgen<br>- Viehbestand etc. | in den ersten 2 - 3 Jahren (Umstellungsphase) fallend, | Einkommensdifferenzen der Betriebe vor und nach Umstellung |
| | | nach Anerkennung durch Anbauverband steigend (höhere Preise) | zusätzliche Beratungskosten |

verluste im Einzugsgebiet ergeben sich dann durch Addition der Verluste für die einzelnen Betriebstypen.

Zusätzlich zu den eventuellen Einkommensverlusten der Betriebe fallen Kosten für die intensivere landwirtschaftliche Beratung an. Sie werden wie bei der Umsetzung der "ordnungsgemäßen" Landwirtschaft (Szenario 1) als Aufwendungen für zusätzliche Berater angesetzt. Im Vergleich zu Szenario 1 werden hier jedoch um 20% höhere Kosten veranschlagt, da insbesondere in der Umstellungsphase der ersten 2 - 3 Jahre eine intensivere Beratung der Landwirte notwendig ist.

Tabelle 3-12 gibt die Auswirkungen und jährlichen Kosten der Bewirtschaftungsmaßnahmen in verkürzter Form wieder.

In FEHR, FÖHSE 1997 sind die genauen Daten und Berechnungen für die flächendeckende Einführung des Ökolandbaus in den einzelnen Einzugsgebieten wiedergegeben.

*Dänisches Einzugsgebiet*

Die flächendeckende Einführung des ökologischen Landbaus im Gebiet der Odense Å ist wie in den niedersächsischen Einzugsgebieten z.T. mit Einkommensverlusten, d.h. Kosten der ansässigen Landwirte verbunden.

Abweichend von den niedersächsischen Einzugsgebieten werden für die Berechnung dieser Kosten folgende Annahmen getroffen:

- Der Selbstversorgungsgrad bei Futter und Wirtschaftsdünger beträgt annähernd 100%. Um dieses Ziel zu erreichen, muß der Schweinebestand auf zwei Drittel des Ist-Zustandes reduziert werden. Der Viehbesatz im Einzugsgebiet sinkt dadurch von 1,18 DE auf 0,99 DE/ha.
- Die Produkte erzielen nur die Preise konventionell erzeugter Produkte.
- Eventuelle Investitionskosten werden nicht berücksichtigt.
- Steigende Kosten für den erhöhten Arbeitsaufwand (Personal) werden mitkalkuliert.

Die dann im Einzugsgebiet Odense Å entstehenden Kosten werden wie folgt kalkuliert:

| Berechnung der Differenz des Gesamtdeckungsbeitrags im Einzugsgebiet **vor** und **nach** Umstellung<br>**minus** Kosten des erhöhten Arbeitsaufwandes im Einzugsgebiet<br>**minus** dänische und EU-Fördergelder für Einführung des ökologischen Landbaus im Einzugsgebiet |
|---|
| = Gesamtkosten im Einzugsgebiet |

Als Variante wird auch der Gesamt-Einkommensverlust unter der Annahme berechnet, daß die erzeugten ökologischen Produkte höhere Preise erzielen (15% unter dem derzeitigen Preisniveau der ökologischen Produkte).

### 3.2.2.4 Berechnung der Kosten für Szenario 3 (weitergehende Gewässerschutzmaßnahmen)

*Niedersächsische Einzugsgebiete*

Das Szenario 3 stellt eine Erweiterung des Szenarios 2 dar. Außer der flächendeckenden Einführung des ökologischen Landbaus werden weitere Bewirtschaftungsmaßnahmen, wie z.B. die Aufgabe der Dränagen bzw. der Beregnung, durchgeführt.

Für die Bewirtschaftungsmaßnahmen dieses Szenarios ergeben sich daher zum einen Kosten in Höhe der Aufwendungen für Szenario 2 (s. Kap. 3.2.2.3). Zum anderen werden durch die weitergehenden Maßnahmen auf bestimmten Flächen Ertrags- und damit zusätzliche Einkommensverluste verursacht. Sie werden durch Annahmen über die entsprechenden Deckungsbeitragsverluste abgeschätzt (s. Tab. 3-14). Es muß jedoch berücksichtigt werden, daß die einzelnen Maßnahmen z.T. auch zu einer Kostenvermeidung führen, z.B. eingesparte Unterhaltungskosten bei Aufgabe der Dränagen. Bei der Ermittlung der Kosten für eine bestimmte Maßnahme werden diese vermiedenen Kosten jeweils gegengerechnet.

Bei der Kostenermittlung werden jeweils nur die Maßnahmen berücksichtigt, die in dem betreffenden Einzugsgebiet auch tatsächlich durchgeführt werden. Beispielsweise werden die Kosten für "Aufgabe der Beregnung" nur für das Einzugsgebiet Ilmenau berechnet.

Die Gesamtkosten einer Maßnahme ergeben sich aus den Kosten pro Hektar multipliziert mit der entsprechenden Hektarzahl. Zum Beispiel verursacht die Aufgabe der Beregnung im Einzugsgebiet Ilmenau Kosten in Höhe von:

((2409 DM (mittlerer Deckungsbeitrag beregneter Kulturen) x 0,33) - 740 DM (eingesparte Beregnungskosten)) x 47.500 ha (Beregnungsfläche) » **2,6 Mio. DM/a**

FEHR, FÖHSE 1997 enthält die verwendeten Daten und die genauen Berechnungen für die einzelnen Einzugsgebiete. Eine Auflistung der einzelnen Maßnahmen, ihre Auswirkungen auf die Bewirtschaftung und die Kostenberechnung zeigt Tabelle 3-14.

**Tab. 3-13** Maßnahmen, Auswirkungen und Kosten des Szenarios 3 im Einzugsgebiet Odense Å

| Maßnahmen | Auswirkungen | Kosten |
|---|---|---|
| Umstellung auf ökologischen Landbau | s. Szenario 2 | s. Szenario 2 |
| Aufgabe der Dränage unter Acker bzw. Grünland | - 50% der ehemals dränierten Ackerfläche wird zu Grünland<br>- 50% werden als weniger intensive Ackerflächen beibehalten<br>- Beibehaltung der Grünlandnutzung, jedoch weniger intensiv | Ausgleichszahlung für die Aufgabe der Dränage in ökologisch sensiblen Gebieten<br>plus Kosten für den Verschluß der Dränagen<br>minus eingesparte Kosten für die Unterhaltung der Entwässerungsgräben |
| Anlage von Erosionsschutzstreifen (8 m) | Aufgabe der Nutzung | Kosten für den Flächenankauf |

**Tab. 3-14** Maßnahmen, Auswirkungen und Kosten des Szenarios 3

| Maßnahmen | Auswirkungen auf | | Verluste/ Kosten |
|---|---|---|---|
| | die Bewirtschaftung | die Einnahmen | |
| Umstellung auf ökologischen Landbau | s. Szenario 2 | s. Szenario 2 | s. Szenario 2 |
| Aufgabe der Dränage unter Acker | 50% der ehemals dränierten Ackerfläche wird zu Grünland | eingesparte Dränagekosten, Verpachtung des Grünlands | 100% des Deckungsbeitrags (Ackerflächen) minus Einnahmen |
| | 50% werden als weniger intensive Ackerflächen beibehalten | eingesparte Dränagekosten | 25% des Deckungsbeitrags (Ackerflächen) minus Einnahmen |
| Aufgabe der Dränage unter Grünland | Beibehaltung der Grünlandnutzung, jedoch weniger intensiv | eingesparte Dränagekosten | 50% des Deckungsbeitrags (Grünland) plus Kosten für entgangenes Futter minus Einnahmen |
| Anlage von Erosionsschutzstreifen (10 m) | Aufgabe der Nutzung | keine | 100% des Deckungsbeitrags (Ackerflächen) |
| Umwandlung von Acker auf Moorböden in Grünland | Nutzungsänderung | Verpachtung des Grünlands | 100% des Deckungsbeitrags (Ackerflächen) minus Einnahmen |
| Aufgabe der Beregnung | weniger intensive Ackernutzung | eingesparte Beregnungskosten | 33% des Deckungsbeitrags (beregnete Kulturen) minus Einnahmen |

*Dänisches Einzugsgebiet*

Die Kosten für die weitergehenden Bewirtschaftungsmaßnahmen werden im Einzugsgebiet Odense Å in ähnlicher Weise wie in den niedersächsischen Einzugsgebieten berechnet. D.h. neben den Einkommensverlusten des Szenarios 2 werden zusätzliche Verluste durch die Maßnahmen wie Aufgabe der Dränagen etc. kalkuliert. Abweichungen treten jedoch bei den Annahmen auf, die den Verlusten zugrunde liegen. Sie sind in der folgende Tabelle zusammengestellt.

Die Aufgabe der Dränage wird in ökologisch sensiblen Gebieten von staatlicher Seite finanziell gefördert. Pro ha Acker bzw. Grünland wird dafür ein fester jährlicher Betrag gewährt, der hier als Kostenposition angesetzt wird. Zusätzlich werden die Kosten für den Dränageverschluß abzüglich eingesparter Unterhaltungskosten kalkuliert.

In Dänemark ist grundsätzlich ein 2 m breiter Streifen längs von Gewässern von der landwirtschaftlichen Nutzung freizuhalten. Für die Anlage von 10 m breiten Erosionsschutzstreifen auf Ackerflächen, die an ein Gewässer grenzen, sind also nur 8 m zu berücksichtigen. Die Kosten dieser Maßnahme werden über den Ankauf der entsprechenden Flächen (annuisiert über eine Periode von x Jahren) kalkuliert.

Im Einzugsgebiet Odense Å wird keine Beregnung der landwirtschaftlichen Kulturen vorgenommen. Die Kostenberechnung für die Aufgabe der Beregnung kann daher entfallen.

#### 3.2.2.5 Berechnung der Kosten für Szenario 4 (Kläranlagenausbau nach gesetzlichen Vorgaben)

*Niedersächsische Einzugsgebiete*

Die Bewirtschaftungsmaßnahmen des Szenarios 4 zielen ausschließlich auf eine Reduzierung der Nährstoffeinträge aus Kläranlagen (Ausbau der N- und P-Elimination) ab. Bei Umsetzung dieses Szenarios würden alle Kläranlagen des Einzugsgebiet die gesetzlich vorgegebenen Ablaufwerte für N und P einhalten.

Ein Ausbau der N- bzw. P-Elimination ist für die Kläranlagenbetreiber mit Kosten in Form von

- Investitionen und
- zusätzlichen Betriebskosten

verbunden. Die Höhe der Kosten richtet sich dabei nach Kläranlagengröße und Art des Ausbaus.

Um festzulegen, ob bzw. welche Ausbaumaßnahmen im einzelnen erforderlich sind, werden zunächst die N- und P-Ablaufwerte der Kläranlagen (Mittel des jeweiligen Bilanzzeitraums) auf Einhaltung der gesetzlichen Vorgaben überprüft. Bei Überschreitung des Grenzwertes für N und/oder P wird ein Ausbau in der betreffenden Anlage unterstellt.

Die Investitionskosten der Ausbaumaßnahmen sind als *einwohnerspezifische* Werte (DM/EW) für verschiedene Kläranlagengrößenklassen der Literatur entnommen (DREES 1991, FEHR 1992). Durch Multiplikation mit der Ausbaugröße (EW bzw. EGW) der betroffenen Kläranlagen erhält man die Investitionskosten einer Maßnahme, z.B. für die Erweiterung der P-Elimination in der Größenklasse 20 - 100.000. Die Summe für die Einzelmaßnahmen ergeben dann die Gesamtinvestitionskosten.

In der Abwasserwirtschaft werden Vorhaben i.a. auf ihre Wirtschaftlichkeit geprüft. Ein Verfahren stellt dabei die sog. Annuitätenmethode dar. Mit dieser Methode werden die Investi-

**Tab. 3-15** Maßnahmen und Kosten des Szenarios 4

| Maßnahmen | Kosten |
|---|---|
| Erweiterung der N- bzw. P-Elimination in den Kläranlagen des Einzugsgebietes nach gesetzlichen Vorgaben | Spezifische Investitionskosten der N-Elimination (DM/Einwohner * a) x Ausbaugröße der betroffenen Anlagen |
| | Spezifische Investitionskosten der P-Elimination (DM/Einwohner * a) x Ausbaugröße der betroffenen Anlagen |
| | Spezifische zusätzliche Betriebskosten der N- bzw.P-Elimination (DM/ Einwohner * a) x Ausbaugröße der betroffenen Anlagen |

tionen und Betriebskosten eines Vorhabens für einen bestimmten Planungszeitraum unter Berücksichtigung von Reinvestitionen betrachtet. Die errechneten Annuitäten stellen die jährlichen Aufwendungen des Vorhabens über den Planungszeitraum dar.

In den hier vorgenommenen Berechnungen wird die Methode nur für die Investitionskosten angewandt. Für die Betriebskosten fallen keine Reinvestitionen an. Sie werden daher als konstant über den gesamten Planungszeitraum angesehen.

Die Annuitäten lassen sich wie folgt berechnen:

Annuität = Annuitätsfaktor x Barwertfaktor x Investitionssumme

Für die Berechnung des Annuitäts- bzw. Barwertfaktors folgende Annahmen getroffen:

- Planungszeitraum: 25 Jahre
- Nutzungsdauer: 25 Jahre Bautechnik
  12,5 Jahre Maschinen und E-Technik
- Kalkulationszinssatz: 6,5% p.a
- Kostensteigerung : 0% p.a.

In Tabelle 3-15 sind die Maßnahmen und Kosten des Ausbaus der N- bzw. P-Elimination zusammengefaßt. Die jeweils verwendeten Daten und Berechnungen für die vier Einzugsgebiete stehen in FEHR, FÖHSE 1997.

*Dänisches Einzugsgebiet*

Die Kläranlagen im Einzugsgebiet Odense Å erfüllen bereits heute die Vorgaben des Szenarios 4. Retrospektiv wird daher ein abgewandeltes Szenario für die N- und P-Einträge des Jahres 1987 gerechnet. Zu diesem Zeitpunkt bestand noch ein weitgehender Sanierungs- und Erweiterungsbedarf bei den Kläranlagen des Einzugsgebietes. Die Nährstoffeinträge der Anlagen waren entsprechend höher als heute (Ist-Zustand).

Für die Kostenkalkulation werden die Investitionskosten der durchgeführten Sanierungen bzw. Erweiterungen auf das Jahr 1987 bezogen und über einen Zeitraum von 20 Jahren annuisiert. Der Kalkulationszinssatz beträgt dabei 7% p.a.

Anschließend werden die jährlichen Betriebskosten der einzelnen Anlagen addiert und zu den Gesamtjahreskosten im Einzugsgebiet verrechnet.

#### 3.2.2.6 Berechnung der Kosten für Szenario 5 (weitergehender Ausbau der Kläranlagen)

*Niedersächsische Einzugsgebiete*

Mit Szenario 5 wird ein weitergehender Ausbau der Kläranlagen angestrebt. Im Vergleich zu Szenario 4 sind zusätzliche Maßnahmen wie die Verbesserung der P-Elimination und eine Steigerung der Abbauleistung von Kleinkläranlagen durchzuführen. Dadurch könnten alle Kläran-

**Tab. 3-16** Maßnahmen und Kosten des Szenarios 5

| **Maßnahmen** | **Kosten** |
|---|---|
| Erweiterung der N- bzw. P-Elimination in den Kläranlagen des Einzugsgebietes nach EU-Rahmenabwasserrichtlinie | Spezifische Investitionskosten der N-Elimination (DM/Einwohner * a) x Ausbaugröße der betroffenen Anlagen |
| | Spezifische Investitionskosten der P-Elimination (DM/Einwohner * a) x Ausbaugröße der betroffenen Anlagen |
| | Spezifische Investitionskosten der P-Filtration (DM/Einwohner * a) x Ausbaugröße der betroffenen Anlagen |
| | Spezifische Investitionskosten des Kleinkläranlagenausbaus (DM/Einwohner * a) x Ausbaugröße der betroffenen Anlagen |
| | Spezifische zusätzliche Betriebskosten der vorgenannten Ausbaumaßnahmen (DM/Einwohner * a) x Ausbaugröße der betroffenen Anlagen |

lagen die erhöhten Reinigungsanforderungen, welche in der EU-Rahmenabwasserrichtlinie (1991) formuliert sind, erfüllen.

Die Kosten für die weitergehenden Ausbaumaßnahmen werden in der gleichen Weise wie für das Szenario 4 vorgenommen (s. 3.2.2.5). Anhand der Ablaufwerte können die erforderlichen Ausbaumaßnahmen für die einzelnen Kläranlagen bestimmt werden. Die Kosten für den Bau einer P-Filtration bzw. für den Kleinkläranlagenausbau sowie die zusätzlichen Betriebskosten werden ebenfalls aus der Literatur abgeschätzt.

Erforderliche Maßnahmen und Kostenansätze für das Szenario 5 zeigt Tabelle 3-16 in zusammengefaßter Form. Für die genauen Berechnungen und verwendeten Daten der Einzelgebiete sei auf FEHR, FÖHSE 1997 verwiesen.

*Dänisches Einzugsgebiet*

Für das Einzugsgebiet Odense Å entfällt die Berechnung dieses Szenarios. Es werden daher auch keine Kosten kalkuliert.

## 3.2.3 Ermittlung der Trophie und der P-Bioverfügbarkeit

Ein weiterer Aspekt dieses Projektes war die Bestimmung der ökologischen Wirksamkeit der Nährstoffe mit dem Ziel, die für die Eutrophierung wichtigsten Quellen zu ermitteln. Die ökologische Wirksamkeit beinhaltet dabei sowohl die unterschiedliche Bioverfügbarkeit der Einträge in Abhängigkeit von ihrer Herkunft (quellenspezifische Bioverfügbarkeit) als auch die gewässerspezifische Umsetzung der Nährstoffe in Algenbiomasse. Grundsätzlich spielt für die ökologische Wirksamkeit auch die Jahreszeit des Eintrags der Nährstoffe eine wichtige Rolle. Die Integration dieses Faktors in die Nährstoffbilanz war hier jedoch noch nicht möglich.

Voraussetzung für die Benennung der ökologisch wirksamsten P-Quellen ist eine umfassende chemische Analytik der Gewässer und die Durchführung von Algenwachstumstests. Zur Bestimmung der quellenspezifischen P-Bioverfügbarkeit wurden die wesentlichen Phosphor-

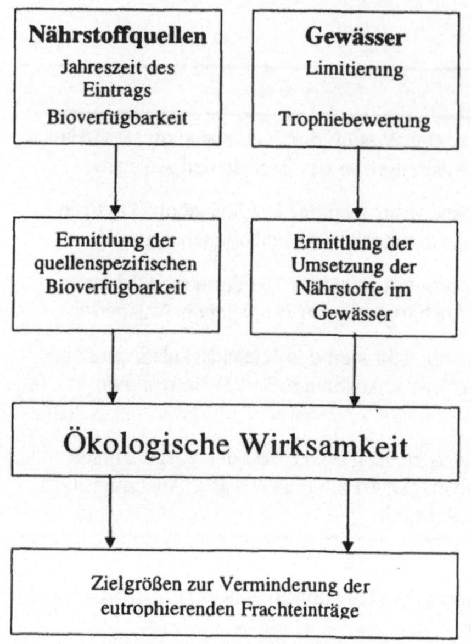


**Abb. 3-5** Ökologische Wirksamkeit von Nährstoffeinträgen

quellen im Einzugsgebiet Ilmenau beprobt und analysiert. Ergänzend wurde die P-Bioverfügbarkeit in den Gewässern Ilmenau, Böhme und Lager Hase bestimmt. Die gewässerspezifischen Umsetzungen der Nährstoffe wurden mit den Parametern Chlorophyll-a, Eutrophierungspotential und Limitierender Faktor beschrieben.

Auf die Ermittlung einer Stickstoff-Bioverfügbarkeit wurde verzichtet, da Stickstoffverbindungen durch die dynamischen Umsetzungen kurz bis mittelfristig als 100% bioverfügbar anzusehensind. Das methodische Vorgehen ist zusammenfassend in der Abb. 3-4 dargestellt.

Die ökologischen Wirksamkeit ist demnach das Resultat von jeweils zwei Untersuchungsreihen, die zum einen an den Eintragspfaden (Nährstoffquellen, quellenspezifische P-Bioverfügbarkeit), zum anderen an der Situation der Gewässer ansetzen (gewässerspezifische Trophiebewertung). Eine ausführliche Darstellung der Methoden liegt bei GERDES u. KUNST (1997b) vor.

### 3.2.3.1 Chemische Analytik

Mit der wasserchemischen Analytik wurden die Gewässer Ilmenau, Hase und Böhme und die Eintragspfade charakterisiert. Folgende, in der Nährstoffbilanz enthaltenen Eintragspfade (s. Kap. 3.2.1.2) wurden stichprobenartig beprobt:

- Kläranlagen,
- Mineraldünger,
- Grundwasser,
- Dränageabläufe,
- Kanalisation,

- Gülle,
- Regenwasser,
- Ackerkrume.

Die Probennahme aus dem Fluß erfolgte in monatlichen Abständen. Intensiv untersucht wurde die Ilmenau. Die Untersuchungsgewässer Lager Hase und Böhme wurden je vier mal zu unterschiedlichen Jahreszeiten beprobt. Eine zunächst vorgesehene kontinuierliche Messung an den Untersuchungsgewässern hat sich als nicht zweckmäßig erwiesen.

Die chemische Analytik (nach DIN 38404/05) umfaßte Temperatur, CSB, Leitfähigkeit, $O_2$, pH, $NO_2$, $NO_3$, und $NH_4$. Die zuerst genannten drei Parameter werden in diesem Bericht nicht weiter behandelt.

Um eine Aussage über die Herkunft bioverfügbarer Phosphorverbindungen machen zu können, bedurfte es einer genauen Charakterisierung der jeweiligen Proben. Zu diesem Zweck wurden sie einer genauen chemischen Analyse unterzogen. Die P-Analytik wurde durchgeführt in Anlehnung an die Methodik von HUPFER (1993) sowie KROGSTAD & LØVSTAD (1991). Gemessen wurde neben Gesamt-P auch Organisch-P, Anorganisch-P, Lösliches P, Partikuläres P, Löslich Reaktives P (LRP) und Löslich Nicht Reaktives P (LNRP). Chlorophyll-a wurde in allen Untersuchungsgewässern während der Vegetationsperiode gemessen nach DIN 38404/05.

Bodenproben (Ackerkrume) wurden stichprobenartig im Einzugsgebiet Ilmenau auf potentiell erosionsanfälligen Ackerflächen entnommen. Die Proben wurden luftgetrocknet und über 315 µm gesiebt, um die Korngrößenseparierung bei Erosionsereignissen zu berücksichtigen. Anschließend erfolgte eine Analyse auf Gesamt-P.

#### 3.2.3.2 Algenwachstumstests

In den Gewässerproben und aus den Eintragspfaden wurden Eutrophierungspotential, Wachstumslimitierender Faktor sowie Phosphor-Bioverfügbarkeit bestimmt. Dafür wurden Algenwachstumstests eingesetzt, wie im folgenden dargestellt:

Als Testorganismus diente im wesentlichen die kokkale Grünalge *Scenedesmus subspicatus*. Vergleichende Untersuchungen wurden durchgeführt mit anderen Spezies (*Chlorella vulgaris, Cyclotella menighiniana, Anabena spp., Scenedesmus quadricauda, Nitschia spp.)*. Es stellte sich heraus, daß diese Arten nur bedingt als Biotestorganismen geeignet sind aufgrund zu geringer Wachstumsraten unter Laborbedingungen. Untersuchungen mit mehreren Testorganismen in einem Ansatz (Multi-Spezies-Test) haben sich als schwer interpretierbar erwiesen und sind deshalb ebenfalls nicht weiter verfolgt worden (BÜTOW 1997). Es konnte nachgewiesen werden, daß *Scenedesmus subspicatus* - aufgrund seiner Unempfindlichkeit gegenüber Milieuschwankungen und seiner einfachen Handhabbarkeit - als Testorganismus für Wasseruntersuchungen am besten geeignet ist. Die grundsätzliche Durchführung der Algentests erfolgte in Anlehnung an die DIN 38404/05 sowie die EN 28692. Die Versuchsdauer betrug in der Regel 10 Tage, außer wenn das Wachstum zu diesem Zeitpunkt noch nicht abgeschlossen war (bis 14 Tage). Die abschließende Biomassenbestimmung erfolgte spektrometrisch. Algentoxische Proben wurden nach KÄLLQVIST & BERGE (1990) identifiziert.

Mit den Algentests konnten folgende Parameter beschrieben werden:

*Eutrophierungspotential*

Das Eutrophierungspotential (EP) beschreibt die maximal bildbare Biomasse des Testwassers unter optimalen Wachstumsbedingungen. Wasserproben werden mit Algen beimpft, inkubiert und die gebildete Biomasse als [Chl.-a] ermittelt.

*Wachstumslimitierender Faktor*

In der Regel sind entweder Phosphor oder Stickstoff wachstumslimitierend, d.h. einer dieser Nährstoffe bestimmt die Wachstumsintensität. Die Ermittlung dieses Parameters erfolgt nach PATTARD & STEINHÄUSER (1992). Je nach Gewässer erfolgt bei bestimmten N/P-Verhältnissen (hier: anorg. N/LRP) ein Limitierungswechsel. Sind diese gewässerspezifischen N/P-Grenzkonzentrationen einmal ermittelt, läßt sich der momentane Limitierungszustand jederzeit aus dem gemessenen N/P-Verhältnis ermitteln, ohne weitere Algentests durchführen zu müssen.

*Phosphor-Bioverfügbarkeit*

Die Phosphor-Bioverfügbarkeit beschreibt den Anteil an Gesamt-P, welcher kurz- bis mittelfristig algenverfügbar ist. Gesamt-P ist ein Summenparameter, indem die zahlreichen unterschiedlichen P-Spezies zusammengefaßt sind. Nur ein Teil dieser Verbindungen wird ökologisch wirksam und trägt zum Algenwachstum bei. Dieser Anteil wird hier als Bioverfügbares P (BVP) in µg/l bzw. % von Gesamt-P bestimmt (KÄLLQVIST & BERGE (1990), GERDES & KUNST (1995)).

Das Testprinzip gründet sich auf der Tatsache, daß unter P-limitierten Bedingungen das Algenwachstum in einer linearen Abhängigkeit zur P-Konzentration erfolgt. Ermittelt wird der Anteil an Gesamt-P, der innerhalb von 10 - 14 Tagen maximal verfügbar ist.

#### 3.2.3.3 Ermittlung und Anwendung der quellenspezifischen Bioverfügbarkeit

*Quellenspezifische Bioverfügbarkeit*

Aus den Meßreihen der Phosphor-Bioverfügbarkeit an/in den verschiedenen Eintragspfaden bzw. -quellen wurde der Mittelwert der prozentualen Bioverfügbarkeit aus der Summe der nicht toxischen Einzelproben berechnet.

Der so ermittelte Wert diente als Grundlage für die Formulierung von Bioverfügbarkeitskoeffizienten (50% mittlere Bioverfügbarkeit ergibt einem Bioverfügbarkeitskoeffizienten von 0,5) (GERDES & KUNST 1997b).

*Einbindung der quellenspezifischen P-Bioverfügbarkeit in die Nährstoffbilanz*

Um den annuellen Eintrag an BVP zu berechnen wurde der Wert für die quellenspezifische P-Bioverfügbarkeit mit dem berechneten annuellen Eintrag (Gesamt-P) aus den einzelnen Phosphorquellen multipliziert. Für Kläranlagen erfolgte eine getrennte Ermittlung der P-Bioverfügbarkeit, je nach Art der P-Elimination. Die z.B. im Einzugsgebiet Ilmenau vorhandenen Kläranlagen ergaben in Abhängigkeit des P-Eliminationsverfahrens entsprechend unterschiedliche Koeffizienten. Berechnet wurde dann eine mittlere P-Bioverfügbarkeit für die im Einzugsgebiet anfallenden kommunalen Abwässer. Für einige Bilanzkategorien war eine Probennahme nicht möglich. Für die Einträge aus den verschiedenen Kategorien für "Zwischenabfluß" wurde der Koeffizient für Grundwasser gemittelt mit den entsprechenden Werten für Ackerdränage, Grünlanddränage bzw. Ortskanalisation. Der Koeffizient für "Landwirtschaftliche Betriebe" errechnete sich aus der Mittelung der Ergebnisse für Mineraldünger und Weidewirtschaft (Gülle).

Mit Hilfe der Bioverfügbarkeitskoeffizienten kann die Phosphorbilanz um eine ökologische Komponente erweitert werden.

#### 3.2.3.4 Ermittlung der gewässerspezifischen Trophieverhältnisse

Die ökologische Wirksamkeit von Nährstoffeinträgen in Fließgewässer hängt maßgeblich von gewässerspezifischen Faktoren, wie Fließgeschwindigkeit, Fraßdruck durch Zooplankton, Beschattungsgrad etc. ab. Nur ein gewisser Anteil der unter optimalen Wachstumsbedingungen maximal bildbaren Algenbiomasse wird im Gewässer tatsächlich umgesetzt. Über das Verhältnis des im Labor ermittelten Eutrophierungspotentials (EP) mit der tatsächlich im Fluß gebildeten Biomasse (oder auch tatsächliche Trophie; TT) läßt sich die Umsetzungsrate ermitteln. Sie beschreibt, wieviel Prozent der vorhandenen Nährstoffe tatsächlich zur Bildung von Algen im Gewässer beitragen.

Mit Hilfe des Limitierenden Faktors läßt sich beschreiben, welcher Nährstoff in dem jeweils untersuchten Gewässer das Algenwachstum reguliert. Die Kenntnis dieses Parameters ermöglicht es gezielter steuernd auf die Algenentwicklung einwirken zu können. Ist z.B. Phosphor wachstumsregulierend, hätte die Reduktion der Stickstoffeinträge keinen Einfluß auf das Algenwachstum.

Für den Fall, daß Phosphor limitierend wirkt, sind es die Konzentrationen an bioverfügbarem P, die die Algenentwicklung steuern. Da auch im Gewässer P-Umsetzungsprozesse wirksam werden, wodurch bioverfügbares P festgelegt oder freigesetzt werden kann, wurde dieser Parameter auch in den Untersuchungsgewässern gemessen.

Aus der Kombination der Parameter Eutrophierungspotential, tatsächliche Trophie, Limitierender Faktor und P-Bioverfügbarkeit läßt sich die ökologische Wirksamkeit der Nährstoffe im Gewässer abschätzen (GERDES & KUNST 1997b).

### 3.2.4 Einzugsgebietsspezifische Gewässergüteziele für die untersuchten Gewässer

Eine mit diesem Projekt zu beantwortenden Fragestellung zielt auf das Erreichen von Gewässergütezielen ab. Die angestrebte Gewässergüte kann dabei unterschiedliche Ziele verfolgen:

- Schutz der Meere,
- Schutz der aquatischen Lebensgemeinschaften im Fließgewässer,
- Schutz vor Eutrophierung im Fließgewässer.

**Tab. 3-17** Maximal tolerierbare Einträge als Güteziele zum Schutz der Meere

| | Eintrag 1985 t/a | | angestrebtes Reduktionsziel % | | max. tolerierbarer Eintrag t/a | |
|---|---|---|---|---|---|---|
| | N | P | N | P | N | P |
| Ilmenau | 1400 | 152 | 50 | 50 | 700 | 76 |
| Böhme | 1291 | 104 | 50 | 50 | 645 | 52 |
| Lager Hase | 2282 | 134 | 50 | 50 | 1141 | 67 |
| Knockster Tief | 902 | 74 | 50 | 50 | 451 | 37 |
| Odense Å | 1194 | 80 | 50 | 80 | 597 | 16 |

Für jedes Einzugsgebiet lassen sich dieses Ziele benennen. Wie sie abgeleitet werden, wird im folgenden erläutert.

*Schutz der Meere*

Zum Schutz der Meere sind - wie in Kap. 3.1.3 dargelegt - zahlreiche Programm, Gesetze und Aktionspläne verabschiedet worden. Auf der 3. Nordseeschutzkonferenz 1990 in Den Haag war beschlossen worden, die Einträge der Jahre 1985 bis 1995 um 50% zu senken. In Dänemark strebt der 1987 eingeführte Aktionsplan für Gewässer bis 1993 eine N-Reduktion um 50% und eine P-Reduktion um 80% an. Aus diesen Reduktionszielen, die bisher nicht erreicht worden sind, lassen sich maximal tolerierbare Einträge ableiten. Sie sind in Tab. 3-17 dargestellt. Die Einträge des Jahres 1985 errechnen sich aus den am Pegel gemessenen Frachten zuzüglich der Nährstoffmengen, die zwar in das Gewässer gelangen, jedoch infolge von Abbau- und Rückhalteprozessen im Gewässer nicht am Pegel ankommen (25% der N- und 50% der P-Einträge). Die Frachten des Jahres 1985, die hier zugrunde gelegt werden, sind nach KONVANG und BRUHN (1995) ermittelt worden.

*Schutz der aquatischen Lebensgemeinschaften im Fließgewässer*

**Tab. 3-18** Angestrebte N- und P-Konzentrationen (Güteziele) in den fünf Einzugsgebieten zum Schutz der aquatischen Lebensgemeinschaften

| Einzugsgebiet | N-Konzentration (mg/l) | P-Konzentration (mg/l) |
|---|---|---|
| Ilmenau | 5 | 0,1 |
| Böhme | 5 | 0,1 |
| Lager Hase | 5 | 0,1 |
| Knockster Tief | 4 | 0,1 |
| Odense Å (bei MQ) | 3,6 - 3,9 | 0,05 - 0,07 |

**Tab. 3-19** Güteziele der N- und P-Konzentrationen und Zielgrößen der Nährstofffrachten und -einträge zum Schutz der aquatischen Lebensgemeinschaften

| | | **Ilmenau** | **Böhme** | **Knockster Tief** | **Lager Hase** | **Odense Å** |
|---|---|---|---|---|---|---|
| Jahresabfluß (MQ) | Mio. $m^3/a$ | 261 | 180 | 82 | 158 | 132 |
| Quotient (SoHj./WiHj.) | | 0,65 | 0,66 | 0,37 | 0,44 | |
| | | | | | | |
| N-Konz. bei MNQ (Ziel) | mg/l | 5 | 5 | 4 | 5 | |
| N-Konz. bei MQ (Ziel) | mg/l | 3,25 | 3,3 | 1,48 | 2,2 | 4,0 - 4,5 |
| tolerierbare N-Fracht | t/a | 848 | 593 | 121 | 348 | 504 - 566 |
| tolerierbarer N-Eintrag | t/a | 1130 | 791 | 162 | 464 | 530 - 596 |
| | | | | | | |
| P-Konz. bei MNQ (Ziel) | mg/l | 0,1 | 0,1 | 0,1 | 0,1 | |
| P-Konz. bei MQ (Ziel) | mg/l | 0,065 | 0,066 | 0,037 | 0,044 | 0,18 - 0,20 |
| tolerierbare P-Fracht | t/a | 17,0 | 11,9 | 3,0 | 7,0 | 23,3 - 26,0 |
| tolerierbarer P-Eintrag | t/a | 34,0 | 23,8 | 6,0 | 14,0 | 23,8 - 26,5 |

Güteziele zum Schutz der aquatischen Lebensgemeinschaften werden in Konzentrationen angegeben. Die in der projektbegleitenden Arbeitsgruppe beteiligten StÄWA haben die in Tab. 3-18 zusammengestellten Güteziele genannt, die für MNQ, also für Zeiten geringer Abflüsse gelten .

Das zur Nährstoffbilanzierung verwendete Programm MOBINEG berechnet Einträge und Frachten als jährliche Frachten. Eine Unterscheidung z.B. nach Sommer- und Winterhalbjahr ist zur Zeit noch nicht implementiert. Es ist daher erforderlich, die Güteziele für MNQ auf Güteziele für MQ umzurechnen, um einen Vergleich mit den Ergebnissen der Nährstoffbilanzierung zu ermöglichen. Aus den Abflußmessungen der einzelnen Gewässer wurde deshalb der Quotient Abfluß Sommerhalbjahr (April bis September) zu Abfluß Winterhalbjahr (Oktober bis März) berechnet. Dann wurde angenommen, daß sich die Konzentrationen im Gewässer umgekehrt zu diesem Verhältnis verhalten, d.h. bei MQ infolge des höheren Abflusses eine geringere Kon-

**Tab. 3-20** Maximal tolerierbare Einträge und Frachten zum Schutz vor Eutrophierung

| | **Ziel mg/l** | | **max. tolerierbarer Eintrag t/a** | |
|---|---|---|---|---|
| | **N** | **P** | **N** | **P** |
| Ilmenau | 0,5 - 2 | 0,05 | 130 - 522 | 13 |
| Böhme | 0,5 - 2 | 0,05 | 90 - 360 | 9 |
| Lager Hase | 0,5 - 2 | 0,05 | 79 - 317 | 8 |
| Knockster Tief | 0,5 - 2 | 0,05 | 41 - 164 | 4 |
| Odense Å | 0,5 - 2 | 0,05 | 72 - 288 | 7 |

**Tab. 3-21** Maximal tolerierbare Nährstoffeinträge in die Untersuchungsgewässer

| Gewässer | Schutzziel | tolerierbarer Eintrag | |
|---|---|---|---|
| | | N [t/a] | P [t/a] |
| Ilmenau | Meere | 700 | 76 |
| | aquat. Lebensgemeinschaften | 1130 | 34 |
| | keine Eutrophierung | 130 - 522 | 13 |
| Böhme | Meere | 645 | 52 |
| | aquat. Lebensgemeinschaften | 791 | 24 |
| | keine Eutrophierung | 90 - 360 | 9 |
| Lager Hase | Meere | 1141 | 67 |
| | aquat. Lebensgemeinschaften | 464 | 14 |
| | keine Eutrophierung | 79 - 317 | 8 |
| Knockster Tief | Meere | 451 | 37 |
| | aquat. Lebensgemeinschaften | 162 | 6 |
| | keine Eutrophierung | 41 - 164 | 4 |
| Odense Å | Meere | 708 | 33 |
| | aquat. Lebensgemeinschaften | 533 - 578 | 14 - 20 |
| | keine Eutrophierung | 72 - 288 | 7 |

zentration im Gewässer vorliegen muß, um bei MNQ das gewünschte Güteziel einhalten zu können.

Die so ermittelten Konzentrationen zum Schutz der aquatischen Lebensgemeinschaften sind in Tab. 3-19 zusammengestellt. Über den Abfluß MQ lassen sich diese Konzentrationen in tolerierbare Frachten bzw. - unter Berücksichtigung von Rückhalt und Abbau im Gewässer - in tolerierbare Einträge in das Gewässer umrechnen (s. Tab. 3-19).

Für die Odense Å nannte Fyns Amt Güteziele, die für MQ gelten, d.h. eine Umrechnung war hier nicht erforderlich.

*Schutz vor Eutrophierung im Fließgewässer*

Anthropogen bedingte Nährstoffeinträge führen vielfach zu einer Eutrophierung unserer Gewässer. WUHRMANN (1964) nannte die in Tab. 3-20 enthaltenen Grenzwerte, bei denen nicht mit einer Eutrophierung der Fließgewässer zu rechnen ist. Auch diese Werte wurden durch Multiplikation mit MQ und Berücksichtigung von Abbau- und Rückhalteprozessen im Gewässer in tolerierbare Einträge umgerechnet.

Von allen drei genannten Gütekriterien ist dieses das strengste, d.h. die maximal tolerierbaren Einträge sind sehr niedrig. Tab. 3-21 zeigt die aus den drei Schutzzielen abgeleiteten Stoffeinträge, die maximal tolerierbar sind, wenn das jeweilige Güteziel erreicht werden soll.

Die in Kap. 3.3 und 3.4 beschriebenen Ergebnisse der Nährstoffbilanzierung werden mit dem Ziel zum Schutz der aquatischen Lebensgemeinschaften verglichen.

# 3.3 Ergebnisse aus den verschiedenen Einzugsgebieten

## 3.3.1 Ilmenau

### 3.3.1.1 Charakterisierung des Einzugsgebietes

*Gewässer*

Die Ilmenau repräsentiert die naturräumliche Region Lüneburger Heide und Wendland. Das Untersuchungsgebiet erstreckt sich über das Einzugsgebiet der Quellflüsse Gerdau und Stederau sowie der Ilmenau bis zum Pegel Bienenbüttel südlich von Lüneburg. Das Gewässer weist

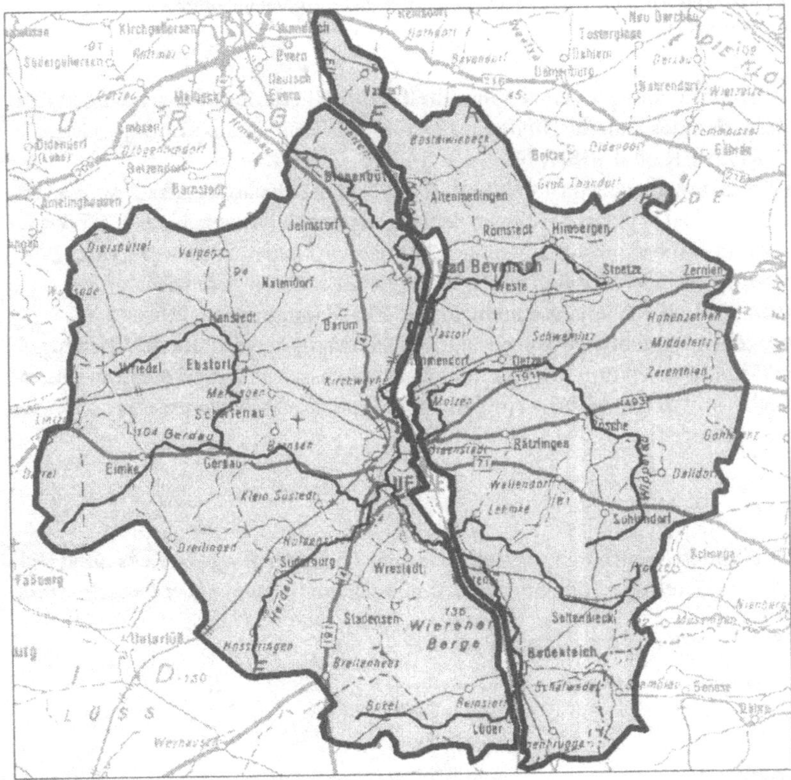


**Abb. 3-6** Das Einzugsgebiet der Ilmenau

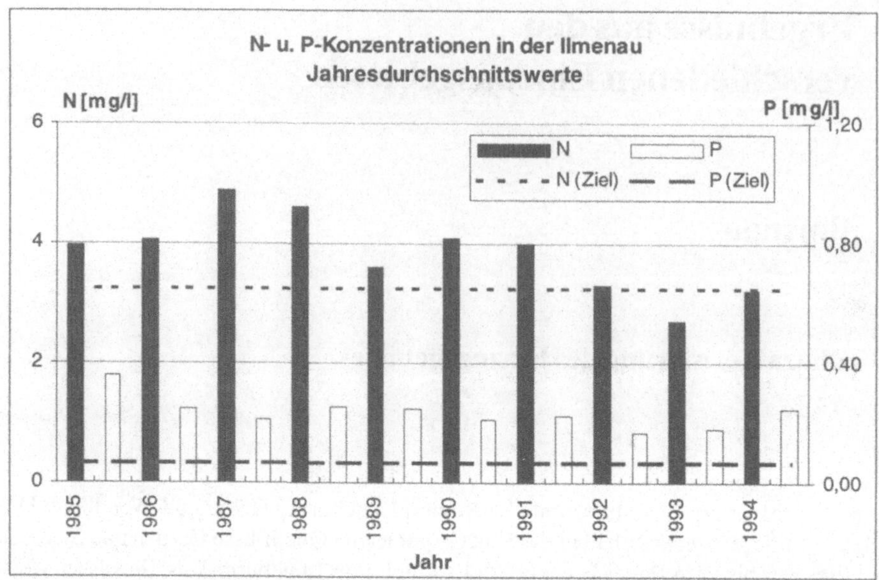


**Abb. 3-7** N- und P-Konzentrationen der vergangenen Jahre in der Ilmenau (Jahresdurchschnittswerte)

keine naturfernen Abschnitte auf. Die Gewässergüte liegt in Klasse II (mäßig belastet). Im Fließgewässerschutzsystem des Landes Niedersachsen ist die Ilmenau als Hauptgewässer 1. Priorität eingestuft. (RASPER et al. 1991, NLÖ 1995).

Trotz des großen Einzugsgebietes von 1.434 km² ist die Nährstoffbelastung der Ilmenau vergleichsweise gering. Die N- und P-Konzentrationen der vergangenen Jahre sind in Abb. 3-7 dargestellt. Die angestrebte mittlere N-Konzentration von 3,25 mg/l wird in den Jahren 1993 und 1994 unterschritten, während eine P-Konzentration von 0,065 mg/l z.Zt. nicht erreicht wird.

Die Kennwerte des Abflußgeschehens sind in Tab. 3-22 zusammengestellt.

In diesem Einzugsgebiet erreicht nicht die gesamte Grundwasserneubildung den Meßpegel. Die Entnahmen von Grundwasser zur Gewinnung von Trinkwasser und zur Beregnung landwirtschaftlicher Flächen sowie ein Abstrom in den Elbe-Seitenkanal betragen etwa 20% der gesamten Sickerwassermenge.

### *Geologie und Böden*

Das Einzugsgebiet der Ilmenau umfaßt im wesentlichen das Uelzener Becken. Es handelt sich dabei um ein eiszeitliches Gletscherzungenbecken. Das Becken wird von einer Grundmoräne

**Tab. 3-22** Abflußkennwerte der Ilmenau (Pegel Bienenbüttel)

| | |
|---|---|
| MQ | 8,3 cbm/s |
| Basisabfluß | 5,7 cbm/s |
| gebietsspezifische Abflußspende | 5,9 l/s*qkm |
| durchschnittliche Grundwasserneubildung | 178 mm/a |

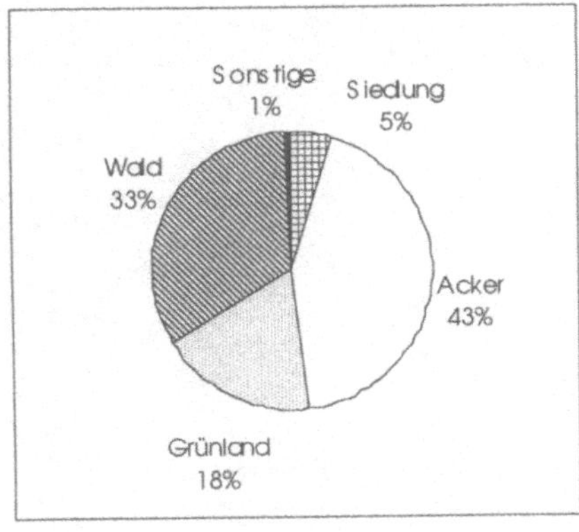


**Abb. 3-8** Landnutzung im Einzugsgebiet Ilmenau

gebildet, die von Stauch- und Endmoränen umgeben ist. Alle Quellflüsse der Ilmenau streben der Beckenmitte zu (BRÜHMANN 1982). Geschiebelehme, Flottsande und Schmelzwassersande bilden die Ausgangsgesteine der Bodenentwicklung neben Anmooren und Niedermooren in den Bachtälern.

Aus diesen Substraten entwickelten sich unter den gegebenen klimatischen Verhältnissen überwiegend Braunerden, die z.T. großräumig podsoliert sind oder unter dem Einfluß von Staunässe stehen.

*Landnutzung*

Die Landnutzung mit ihren Flächenanteilen ist in Abb. 3-8 dargestellt.

Das Uelzener Becken wird aufgrund der hohen Fruchtbarkeit der Böden schon seit langem intensiv ackerbaulich genutzt. Dort, wo Geschiebedecksande die Böden überlagern, sowie auf den Höhenzügen der Endmoräne überwiegt die forstwirtschaftliche Nutzung. Kiefernforsten verdrängten den ehemaligen Eichen-Birkenwald. In den versumpften Niederungen der Bachtäler stockte Erlenbruchwald, der inzwischen weitgehend durch die landwirtschaftliche Nutzung verdrängt wurde.

Die größte Stadt im Einzugsgebiet ist Uelzen mit ca. 36.000 Einwohnern.

*Kläranlagen*

Im Einzugsgebiet gibt es 18 kommunale Kläranlagen mit insgesamt 403.000 Einwohnergleichwerten. 6.800 Einwohner sind an Kleinkläranlagen angeschlossen. Die Industriebetriebe sind sämtlich Indirekteinleiter, darunter auch die Zuckerfabrik in Uelzen.

*Landwirtschaft*

Das Einzugsgebiet der Ilmenau wird intensiv ackerbaulich genutzt. Mit 14% liegt der Grünlandanteil vergleichsweise niedrig. Kartoffeln, Zuckerrüben und Gerste bestimmen die Fruchtfolge. Trotz der leichten Böden werden hohe Erträge erzielt. Ein entscheidender Faktor zur Sicherung der Erträge ist die intensive Beregnung auf mehr als 60% der Ackerfläche. Die Veredelung spielt in diesem Gebiet kaum eine Rolle. Der Viehbesatz führt zu etwa 0,4 DE/ha im Durchschnitt der landwirtschaftlichen Nutzfläche.

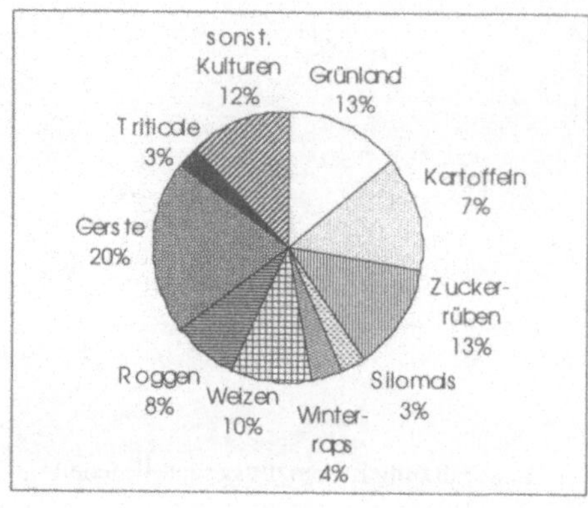


**Abb. 3-9** Landwirtschaftliche Nutzung im Einzugsgebiet Ilmenau

## 3.3.1.2 Untersuchungen der Trophie und der P-Bioverfügbarkeit

*Ergebnisse der Gütebewertung*

Um die Gütebewertung abzurunden, wurden neben den im untersuchten Einzugsgebiet gelegenen Meßstellen Hansen (Gerdau), Niendorf II (Stederau), Veerßen, Emmendorf und Bienenbüttel (Ilmenau) auch Untersuchungen an der unterhalb des Untersuchungsgebietes hinter Lüneburg gelegenen Meßstelle Hohensand (Ilmenau) durchgeführt. Die Ilmenau kann im bearbeiteten Einzugsgebiet als ein schwach eutrophes Gewässer eingeschätzt werden. Mit einer mittleren Nährstoffkonzentration von 3,0 mg/l min-N (90 Perzentil 4,12 mg/l) und 177 µg/l P (90 Perzentil 260 µg/l) in 1996 an der Meßstelle Bienenbüttel läßt sich die Wasserqualität als mäßig bis erhöht belastet einschätzen (UBA 1997). Vergleichsweise wären mit den vorhandenen Nährstoffkonzentrationen in einem Stillgewässer stark eutrophe Verhältnisse zu erwarten, die jedoch im Oberlauf eines Fließgewässers wie der Ilmenau nicht auftreten.

Anhand der gemessenen Chlorophyll-a-Konzentrationen, die im Maximum an der Meßstelle Bienenbüttel bei 33 µg/l Chl.-a liegen, muß die Ilmenau in diesem Bereich als schwach eutroph eingeschätzt werden. Der Fluß kann von trophischer Seite als eher makrophytendominiert bezeichnet werden; allerdings tritt größerer Pflanzenwuchs nur in unbeschatteten Regionen auf. Die Messungen der pH- und Sauerstofftagesgänge während der Hauptvegetationsperiode (Abb. 3-10) - bewertet als Maß für die Auswirkungen der gesamten pflanzlichen Produktion auf das Ökosystem - ergaben kaum pH-Schwankungen und eine $O_2$-Konzentration, die nicht unter 8 mg/l sank. Die geringen Schwankungen des pH-Wertes lassen auf eine gute Pufferkapazität des Wassers, der Sauerstoffgang auf stabile ökologische Verhältnisse schließen. Erst wenn die Konzentration unter 4 - 5 mg/l sinkt, sind Beeinträchtigungen der Biozönose zu erwarten.

Der Vergleich der tatsächlichen Trophie (TT) mit dem Eutrophierungspotential (EP) verdeutlicht die geringe Umsetzung der vorhandenen Nährstoffe durch planktische Algen in der Ilmenau. (Abb. 3-11). Nur 2,4% der potentiellen Biomasse werden im Mittel aller Meßstellen zur Zeit des intensivsten Algenwachstums tatsächlich gebildet. Nach dem Zusammenfließen von Gerdau und Stederau erfolgt im weiteren Flußverlauf ein leichter Anstieg der Chl.-a-Konzentrationen bis zur Meßstelle Bienenbüttel. Hinter Lüneburg (Meßstelle Hohensand) sinkt die Chl.-

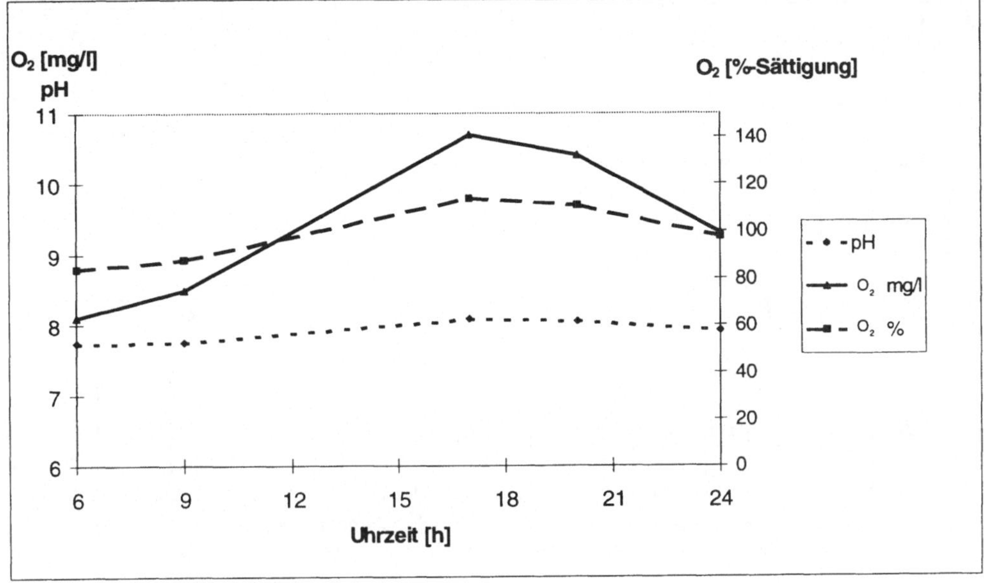


**Abb. 3-10** Tagesgang für Sauerstoff und pH, Ilmenau, Meßstelle Bienenbüttel, zur Zeit maximaler Vegetation (05.06.1996)

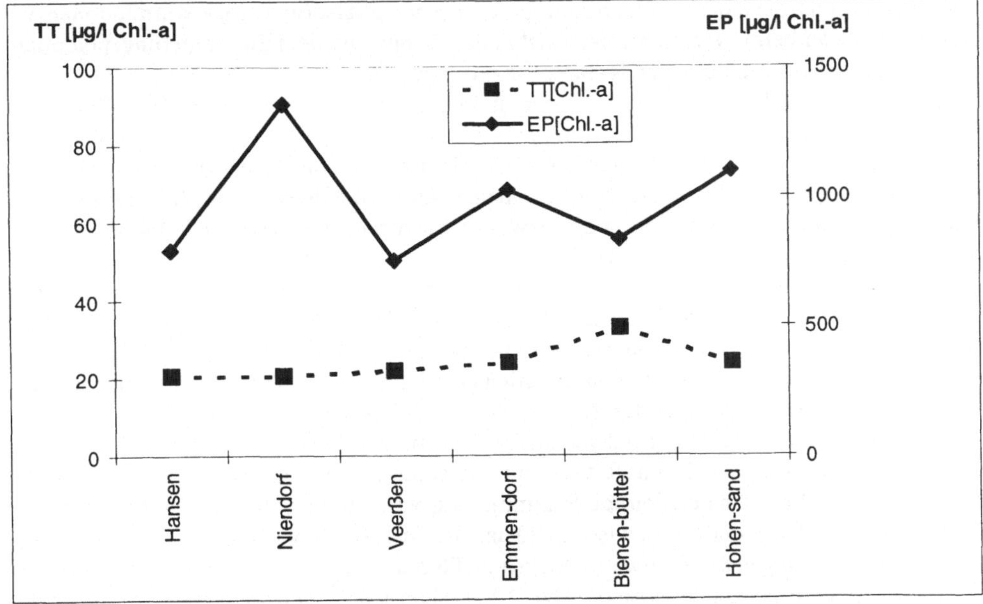


**Abb. 3-11** Tatsächliche Trophie (TT) zur Zeit maximaler Algenkonzentrationen in der Ilmenau (21.05.96) im Vergleich mit maximal bildbarer Biomasse (Eutrophierungspotential; EP)

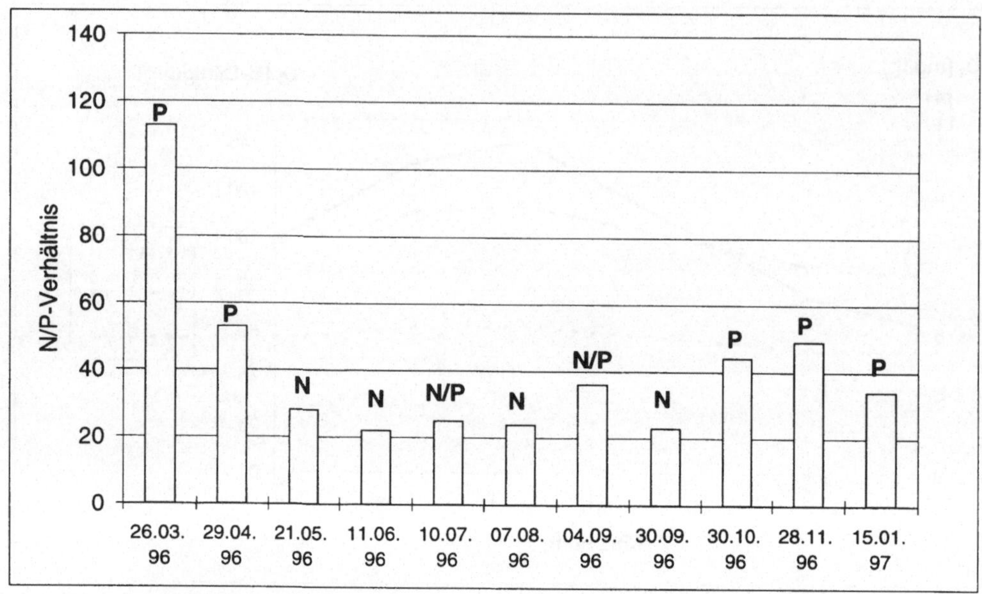


**Abb. 3-12** Limitierender Faktor und Verhältnis min-N/LRP, Ilmenau, Meßstelle Bienenbüttel, im Jahresgang

a-Konzentration trotz eines erhöhten Eutrophierungspotentials. Eindeutige Korrelationen ergaben sich weder beim Vergleich von tatsächlicher Trophie mit dem Eutrophierungspotential, noch mit den korrespondierenden N- bzw. P-Konzentrationen.

Da die tatsächliche Trophie insbesondere in Fließgewässern neben den Nährstoffkonzentrationen auch beeinflußt wird durch variable klimatische, hydrologische und ökologische Faktoren, ist eine ursächliche Verknüpfung von Nährstoffkonzentrationen und Trophie schwer möglich. Außer Frage steht, daß auch wenn andere Faktoren die Intensität des Algenwachstums mit beeinflussen, die Konzentration des bzw. der wachstumslimitierenden Nährstoffe einen maßgeblichen Anteil am Ausmaß der Primärproduktion im Fluß haben.

Die Untersuchung des Limitierenden Faktors (Abb. 3-12) ergab eine N- bzw. P-Limitierung in den Sommermonaten und eine P-Limitierung in den Wintermonaten. Während der Vegetationsperiode kann Stickstoff als wesentlicher wachstumssteuernder Nährstoff angesehen werden. Eine Verminderung der N-Konzentrationen in den Sommermonaten würde eine Verminderung des Algenwachstums in der Ilmenau nach sich ziehen.

Anhand der hier ermittelten flußspezifischen N- bzw. P-Grenzkonzentration lassen sich limitierende Nährstoffe in Zukunft auch ohne Algentest ermitteln. Bei einem N- bzw. P-Verhältnis > 40 liegt eine eindeutige P-Limitierung vor, sinkt es unter 20, so liegt eine N-Limitierung vor. Liegt der Wert zwischen 20 und 40, wirken sowohl N als auch P limitierend.

Die Untersuchungen zur P-Bioverfügbarkeit im Fluß ergaben im Jahresmittel Werte um 60%, an der Meßstelle Bienenbüttel 50% (s. Abb. 3-13). Signifikante jahreszeitliche Schwankungen konnten dabei nicht beobachtet werden. Im Flußverlauf ist im Jahresmittel ein Anstieg der P-Bioverfügbarkeit unterhalb der großen Kläranlagen (Uelzen und Lüneburg) zu verzeichnen, der sicherlich auf den Eintrag insbesonderer hoch verfügbarer P-Verbindungen zurückzuführen ist.

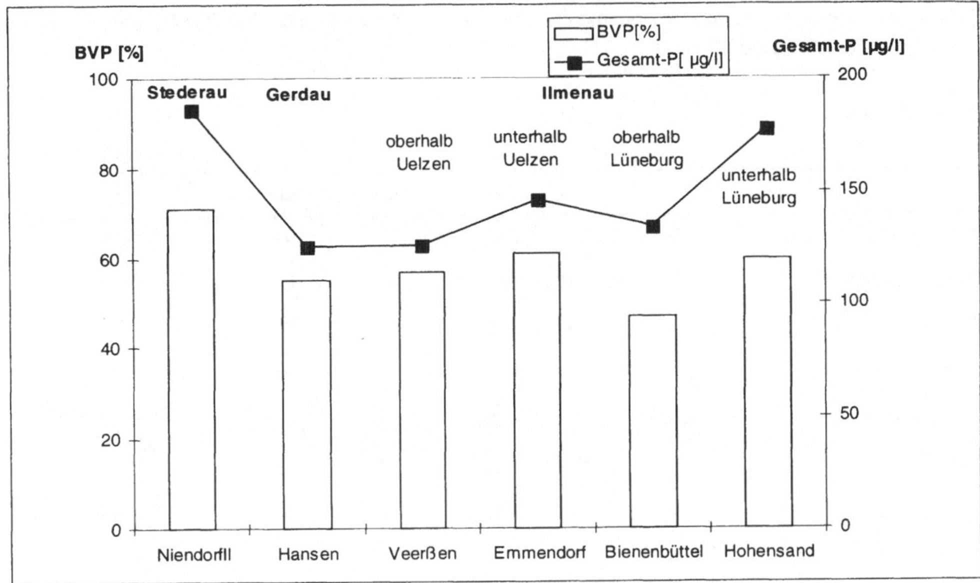


**Abb. 3-13** P-Bioverfügbarkeit Ilmenau im Flußverlauf, Mittelwerte 1996, n = 11

Die Abnahme der Bioverfügbarkeit im Flußverlauf unterhalb der Kläranlage Uelzen um mehr als 15% läßt sich zurückführen auf eine Verdünnung mit weniger verfügbaren P-Verbindungen aus diffusen Quellen und auch auf eine Festlegung hochverfügbarer Orthophosphate im Sediment.

Zusammenfassend läßt sich aus den Untersuchungsergebnissen ableiten, daß eine Frachtverminderung von Stickstoff und Phosphorverbindungen aus dem Einzugsgebiet Ilmenau nur zu einer leichten Verbesserung der Gewässergüte der Ilmenau beitragen wird.

Eine Verminderung der Nährstoffkonzentrationen insbesondere in den Sommermonaten wird zu einem leicht eingeschränkten Makrophyten- und Algenwachstum führen. Meßbare ökologische Auswirkungen von Maßnahmen zur Frachtverminderung sind nicht regional, sondern eher im Bereich größerer trophischer Belastung, wie es in der Elbe und der Nordsee gegeben ist, zu erwarten.

*Untersuchungen zur quellenspezifischen P-Bioverfügbarkeit*

Insgesamt wurden 191 Proben der wesentlichen Eintragspfade im Einzugsgebiet Ilmenau analysiert. Dabei ergaben sich deutliche Unterschiede sowohl hinsichtlich der Gesamt-P-Konzentration als auch der spezifischen Bioverfügbarkeit, wie Tab. 3-23 zeigt.

Von den diffusen Quellen wurden die höchsten Gesamt-P-Konzentrationen für Grundwasser und Ortskanalisationen ermittelt. Im Gegensatz zu der für Ortskanalisationen verwendeten repräsentativen Probenanzahl von 46 ist bei der Interpretation der Grundwasserkonzentrationen zu bedenken, daß nur 3 Meßstellen beprobt wurden. Dies gilt auch für den ermittelten Bioverfügbarkeitskoeffizienten. Acker- und Grünlanddränagen zeigten eine geringe mittlere Gesamt-P-Konzentration (122,4 bzw. 133,1 µg/l), wobei zum Teil große Un-

**Tab. 3-23** Gesamt-P-Konzentration und P-Bioverfügbarkeit unterschiedlicher Quellen im Einzugsgebiet Ilmenau

| **Probenkategorie** | **n** | **Ges.P [µg/l]** | | **BVP [%]** | | **Bioverfügbarkeitskoeffizient** |
|---|---|---|---|---|---|---|
| | | | **min.** | **mittel** | **max.** | |
| Kläranlagen | 39 | 1422 | 45 | 74 | 98 | 0,74 |
| Mineraldünger | 3 | 45350* | 39 | 63 | 87 | 0,63 |
| Grundwasser | 3 | 339,5 | 41 | 54 | 77 | 0,54 |
| Grünlanddränagen | 29 | 133,1 | 19 | 54 | 94 | 0,54 |
| Ortskanalisationen | 46 | 308,5 | 20 | 53 | 94 | 0,53 |
| Gülle | 4 | 41000 | 25 | 52 | 68 | 0,52 |
| Ackerdränagen | 39 | 122,4 | 4,5 | 43 | 97 | 0,43 |
| Ackerkrume (Gesamt-P [µg/g TS]) | 24 | 705 | 9 | 30 | 57 | 0,3 |
| Regenwasser | 4 | 66,9 | 19 | 26 | 33 | 0,26 |
| Mittel (über die Frachtanteile gewichtet) | | | | | | 0,53 |

terschiede zwischen den einzelnen Standorten gemessen wurden. Bei allen diffusen Quellen traten in Abhängigkeit von der Probennahmestelle signifikante Unterschiede in der P-Bioverfügbarkeit auf, die in keinem Zusammenhang mit der Gesamt-P-Konzentration stehen. Das heißt, eine hohe P-Konzentration in den Dränage- bzw. Ortskanalproben bedeutet nicht zwangsläufig eine hohe Bioverfügbarkeit. Die Unterschiede liegen vielmehr in der unterschiedlichen Zusammensetzung der einzelnen Wasserproben hinsichtlich der P-Fraktionen begründet, die sich mit Hilfe der chemischen Analytik nicht abbilden lassen.

Anhand der Fülle der möglichen Einflußgrößen wird deutlich, daß standortspezifische Unterschiede zu erwarten sind, deren Ausmaß nur mit Hilfe des hier verwendeten Verfahrens zu ermitteln ist. Eine einheitliche Aussage ist aus diesem Grund nur durch die Mittelung der im gesamten Einzugsgebiet gemessenen Proben möglich.

Eine gewisse Schwankungsbreite zeigte sich auch bei der Analyse von Proben der gleichen Standorte zu unterschiedlichen Zeitpunkten. Sowohl die Gesamt-P-Konzentration als auch die P-Bioverfügbarkeit schwanken im Jahresverlauf, was insbesondere auf klimatische und hydrographische Unterschiede zurückzuführen ist. Durch die Beprobung der Untersuchungsstandorte im Jahresverlauf wurden diese Schwankungen im Mittel aller Proben ebenso vergleichmäßigt wie regionale und bodenartbedingte Unterschiede. Das gleiche gilt auch für die Kategorie "Ortskanalisationen".

Bei den untersuchten Kläranlagen wurde, wie Abb. 3-14 zeigt, eine mittlere P-Bioverfügbarkeit von 74% ermittelt. Unterschiede zeigten sich beim Vergleich von Anlagen mit unterschiedlicher P-Elimination.

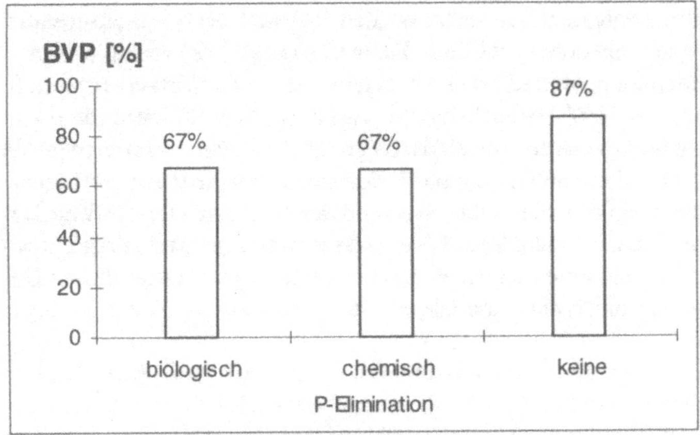


**Abb. 3-14** P-Bioverfügbarkeit in Kläranlagenabläufen in Abhängigkeit von derP-Eliminationsart

Sowohl in Anlagen mit chemischer, als auch mit biologischer P-Elimination wurde eine mittlere P-Bioverfügbarkeit von 67% gemessen. Im Gegensatz dazu waren die P-Verbindungen aus Anlagen ohne P-Elimination zu 87% bioverfügbar. Hieraus wird deutlich, das eine P-Elimination auf Kläranlagen, unabhängig von der Methodik, zu einer Reduktion von insbesondere hoch bioverfügbaren P-Verbindungen führt.

Bei den untersuchten handelsüblichen Mineraldüngern ergaben sich Unterschiede hinsichtlich P-Bioverfügbarkeit im wesentlichen durch ihre unterschiedliche Löslichkeit. Die hier auf-

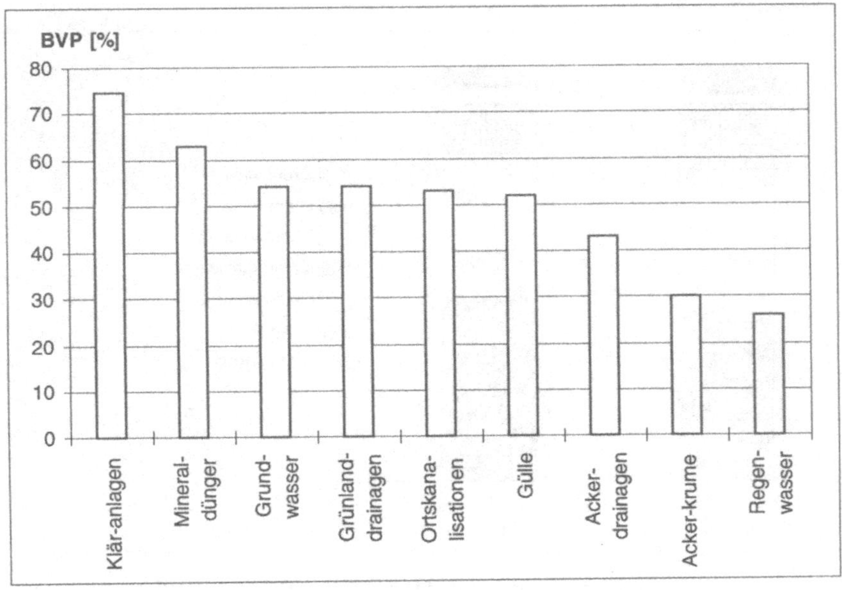


**Abb. 3-15** P-Bioverfügbarkeit unterschiedlicher Quellen im Einzugsgebiet Ilmenau

geführten Bioverfügbarkeiten beziehen sich deshalb auf den P-Anteil der Trockensubstanz. Betrachtet man die Verfügbarkeit von bereits gelöstem Dünger, so liegt diese weitaus höher.

Bei den untersuchten Böden von potentiell erosionsgefährdeten Ackerflächen ergab sich eine mittlere Bioverfügbarkeit von 30%. Berücksichtigt wurden hier nur Flächen, die nicht direkt vor der Probennahme gedüngt wurden. Auch frisch gedüngte Flächen wurden beprobt und analysiert. Dabei zeigte sich, daß unabhängig von P-Konzentration die P-Bioverfügbarkeit mit 57% hier weitaus höher liegt als bei nicht frisch gedüngten Standorten (30%). Der Grund dafür liegt wahrscheinlich darin, daß der im Porenwasser frisch gelöste Dünger noch nicht an Bodenteilchen adsorbieren konnte und deshalb eher verfügbar ist. Unter diesen Gesichtspunkten ist ein P-Düngung auf erosionsanfälligen Standorten nur zu Zeiten geringer Erosionsgefahr zu empfehlen.

Die Unterschiede der P-Bioverfügbarkeit zwischen den einzelnen beprobten Quellen reicht von 26% bei Regenwasser bis hin zu 74% für Kläranlagen ohne P-Elimination (Abb. 3-15). Es wird deutlich, daß die Zusammensetzung und die Qualität und somit auch das Gefährdungspotential der verschiedenen Phosphorverbindungen aus den untersuchten Quellen stark variiert.

*Ermittlung der Jahresfracht an bioverfügbarem P*

Die ermittelten Bioverfügbarkeitskoeffizienten (Tab. 3-23) wurden übertragen auf die Berechnung der annuellen Gesamt-P Einträge, um daraus die Einträge an BVP zu bestimmen (Abb. 3-16). Aus diesen Berechnungen ergibt sich, daß nur etwa 53% der Gesamt-P-Einträge biologisch verfügbar sind.

Betrachtet man die relative Bedeutung der einzelnen Quellen im Vergleich zu den Gesamteinträgen (Abb. 3-16), so wird deutlich, daß sich durch die Betrachtung der BVP-Einträge

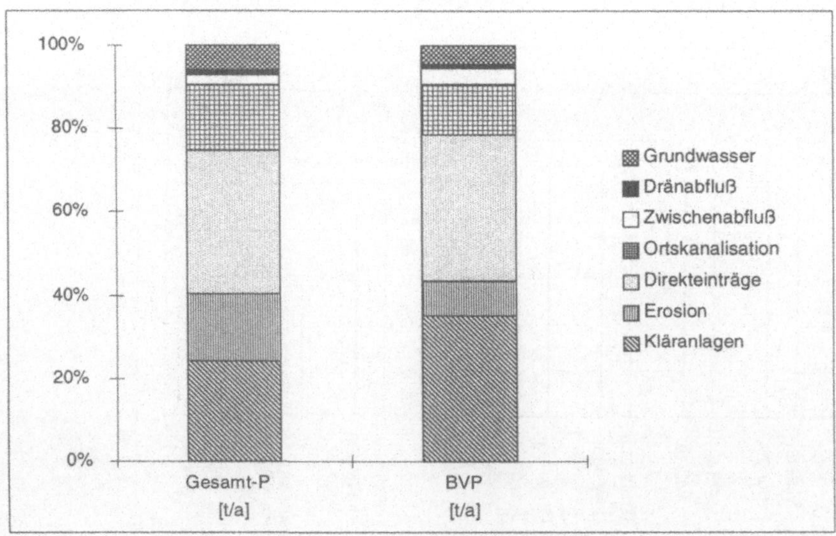


**Abb. 3-16** Relative Bedeutung unterschiedlicher P-Quellen. Vergleich der annuellen Gesamt-P- und BVP-Einträge aus dem Einzugsgebiet Ilmenau (1989 - 1994)

die Bedeutung der einzelnen Quellen im Vergleich zu den Gesamteinträgen ändert. Die nur gering verfügbaren P-Verbindungen aus Erosionsabläufen und Regenwasser verlieren an Bedeutung, während die relative Bedeutung der hochbioverfügbaren Kläranlagenabläufe ansteigt. Die Aussagekraft der Nährstoffbilanz wird durch die Implementierung des Faktors "P-Bioverfügbarkeit" verbessert.

#### 3.3.1.3 Ergebnisse der Nährstoffbilanzierung (einschließlich Szenarien)

*Ist-Zustand*

Der Ist-Zustand repräsentiert die Nährstoffbelastung der Ilmenau im Durchschnitt der Jahre 1989 - 1994. Die Stickstoff- und Phosphoreinträge wurden mit Hilfe der in Kapitel 3.2 beschriebenen EDV-gestützten Methode ermittelt. Die verwendeten Daten stammen aus dem Einzugsgebiet der Ilmenau bis zum Pegel Bienenbüttel. Die mit dem Programm sehr differenziert nach Abflußpfaden und Herkunft errechneten Einträge sind für diesen Bericht zusammengefaßt worden. Den punktuellen Einträgen aus Kläranlagen und Kanalisation sind die diffusen Einträge aus der Landwirtschaft und durch Erosion gegenübergestellt. Die Direkteinträge, soweit sie sich nicht unmittelbar auf die Landwirtschaft zurückführen lassen, sind in der Rubrik "Sonstiges" enthalten.

In die Ilmenau gelangten im Durchschnitt der Jahre 1989 - 1994 1.341 t Gesamt-Stickstoff und etwa 90 t Gesamt-Phosphor. Abb. 3-17 zeigt die Verteilung dieser Nährstoffmengen auf die unterschiedlichen Herkünfte. Die Landwirtschaft stellt sowohl beim Stickstoff als auch beim Phosphor die größte Belastungsquelle dar. Auffällig ist die Bedeutung der Landwirtschaft für die N-Fracht des Gewässers: Fast zwei Drittel der N-Einträge sind der Landwirtschaft zuzuschreiben. Insbesondere der N-Bilanzüberschuß auf Ackerflächen ist für N-Einträge in die Gewässer von großer Wichtigkeit. Im Einzugsgebiet der Ilmenau liegt der Bilanzüberschuß bei 106 kg N/ha*a. Entspre-

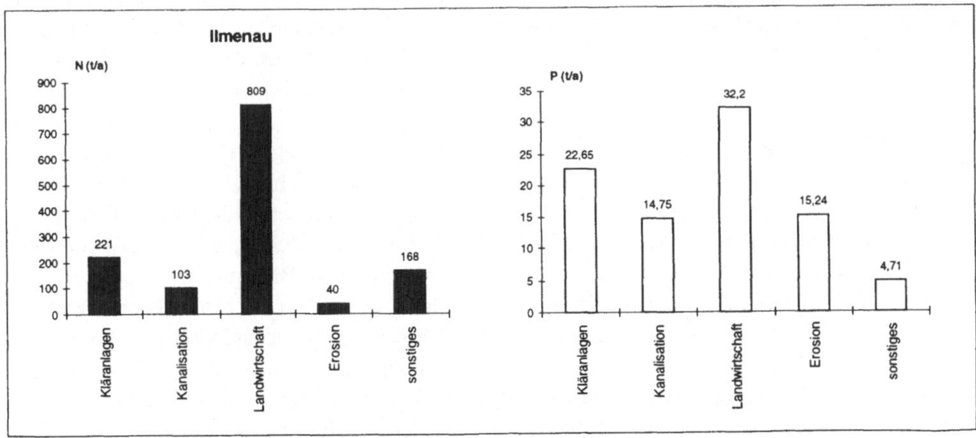


**Abb. 3-17** Durchschnittliche Nährstoffeinträge in die Ilmenau aus unterschiedlichen Quellen in den Jahren 1989 - 1994

chend geringer ist die relative Bedeutung der Kläranlagen und der Kanalisation für die Nährstoffbelastung. Obwohl 13% der Ackerfläche im Einzugsgebiet als erosionsgefährdet gelten und ein durchschnittlicher Bodenabtrag von 5,2 t/ha*a zu verzeichnen ist, spielt dieser Eintragspfad für die N-Belastung der Ilmenau kaum eine Rolle.

Anders hingegen ist die Situation bei den P-Einträgen. Im Vergleich zu den übrigen Einträgen erreicht die P-Belastung durch erodiertes Bodenmaterial einen Anteil von 17% an der Gesamt-P-Menge. Aber auch die Kläranlagen (25% der P-Einträge) und die Kanalisation (16% der P-Einträge) stellen bedeutende Belastungsfaktoren dar.

Die Wälder, die 33% Flächenanteil im Einzugsgebiet besitzen, tragen zur Nährstofffracht über den direkten Streufall in das Gewässer bei. Beim Stickstoff liefern die Wälder einen Beitrag von ca. 7% der Gesamt-N-Fracht, beim Phosphor von ca. 4% der gesamten P-Menge. Diese Einträge sind in der Rubrik "Sonstiges" enthalten.

Insgesamt ist die Nährstoffbelastung der Ilmenau im Vergleich zu den anderen untersuchten Gewässern gering, obwohl es sich um das größte der untersuchten Einzugsgebiete handelt. Bezogen auf 1 ha Einzugsgebietsfläche werden in die Ilmenau 9,5 kg N und 0,64 kg P eingetragen.

Die zukünftige Bewirtschaftung der Ilmenau sollte sich an den hier aufgezeigten Belastungsschwerpunkten orientieren. Welche Maßnahmen hier in Hinblick auf die Reinhaltung der Ilmenau zu bevorzugen sind, verdeutlicht der folgende Abschnitt.

*Bewirtschaftungsszenarien*

Zur Verbesserung der Gewässergüte sind Maßnahmen erforderlich, deren Effizienz anhand von Szenarien überprüft werden kann. Wie in Kapitel 3.2 beschrieben, ist im hier angewandten EDV-gestützten Verfahren die Berechnung von Szenarien vorgesehen. Drei Szenarien behandeln Maßnahmen im Bereich der Landwirtschaft, zwei weitere den Ausbau sowohl der kommunalen und der Kleinkläranlagen als auch der industriellen Kläranlagen.

Die Ergebnisse der Szenarienberechnung im Vergleich zum Ist-Zustand zeigt Abb. 3-18. Szenario 1 stellt die Einhaltung der Regeln einer ordnungsgemäßen Landbewirtschaftung dar. Dieses Szenario beschreibt die Nährstoffbelastung, die eintreten würde, wenn die Düngung die Empfehlung der Landwirtschaftskammer zu einzelnen Kulturarten nicht übersteigen würde. Dann würde der N-Bilanz-Überschuß auf Ackerflächen statt bisher ca. 106 kg N/ha nur noch etwa 80 kg N/ha betragen. Nach wie vor würde mehr, als es dem Entzug der Pflanzen entspricht, gedüngt werden. Dennoch hätte diese Maßnahme eine Reduktion des N-Eintrags um ca. 16% und des P-Eintrags um 33% zur Folge.

Die Reduktion der P-Einträge ist hauptsächlich auf die Vermeidung von Direkteinträgen durch weidendes Vieh und von landwirtschaftlichen Hofflächen zurückzuführen. Beide Einträge sind im Rahmen einer ordnungsgemäßen Landbewirtschaftung zu verhindern. Eintragspfade, die eine Bodenpassage einschließen, also z.B. Zwischenabfluß von Ackerflächen, spielen auch bei hoher P-Versorgung der Böden keine große Rolle, da der P-Rückhalt der Böden so hoch ist.

Szenario 2 zeigt die Wirkung des ökologischen Landbaus, wenn er flächendeckend eingeführt würde. Die N-Düngung erfolgt nun nur noch über Wirtschaftsdünger und über den Anbau von Leguminosen. Mit 4 kg N/ha besteht praktisch kein Bilanzüberschuß mehr. Im Vergleich zum Ist-Zustand würde sich der N-Eintrag um fast die Hälfte und der P-Eintrag um 36% reduzieren.

In Szenario 3 werden weitere Maßnahmen zum Schutz der Gewässer durchgeführt. Neben dem flächendeckenden ökologischen Landbau werden Drainagen aufgegeben und Maß-

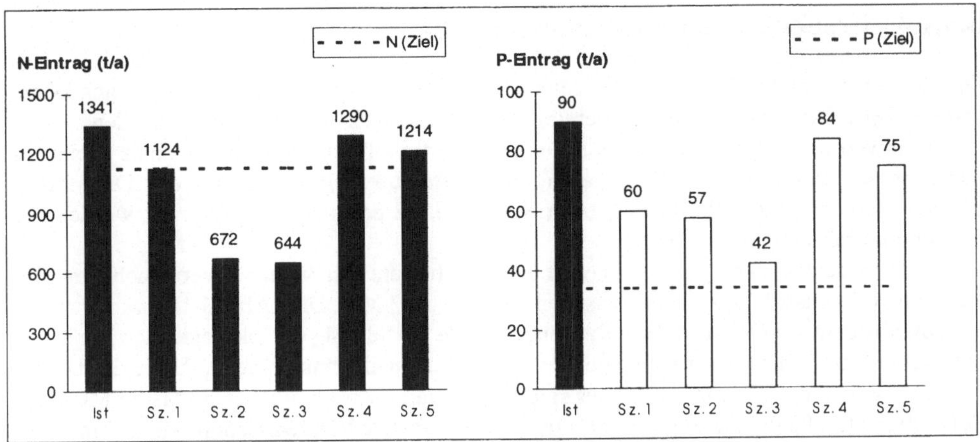


**Abb. 3-18** Einfluß unterschiedlicher Bewirtschaftungsmaßnahmen auf die N- und P-Einträge in die Ilmenau im Vergleich zu den angestrebten Zielen

nahmen zur Vermeidung von Erosion, d.h. Gewässerrandstreifen, Untersaaten, Bodenbearbeitung etc. vorgenommen. Die Nährstoffeinträge reduzieren sich dadurch weiter. Die Unterschiede zu Szenario 2 (ökologischer Landbau) sind insbesondere auf die Durchführung von Erosionsschutzmaßnahmen zurückzuführen, die sich besonders auf die P-Einträge auswirken.

Bei diesen drei Szenarien, die sich ausschließlich mit Maßnahmen im landwirtschaftlichen Bereich beschäftigen, wird der Stoffeintrag aus Kläranlagen und Kanalisation unverändert wie im Ist-Zustand belassen.

Die Szenarien 4 und 5 befassen sich mit dem Ausbau der Kläranlagen. Die diffusen Einträge aus land- und forstwirtschaftlich genutzten Gebieten verbleiben in gleicher Höhe wie im Ist-Zustand. In Szenario 4 wird angenommen, daß alle Kläranlagen entsprechend den gesetzlichen Vorgaben der Abwasser-Rahmenrichtlinie ausgebaut sind. Der Effekt auf die Nährstoffeinträge ist bei diesem Szenario äußerst gering und erreicht beim Stickstoff eine Minderung um 4%, beim Phosphor um 6,5%. Hieraus läßt sich schließen, daß die Kläranlagen im Einzugsgebiet der Ilmenau, immerhin handelt es sich um 22 Anlagen, weitgehend den gesetzlichen Vorschriften folgend ausgebaut sind.

Szenario 5 berücksichtigt eine weitere Verbesserung der Reinigungsleistung aller Kläranlagen, die auch die Reinigungsleistung der Kleinkläranlagen umfaßt, deren Beitrag zur Gesamtnährstoffmenge jedoch nur sehr gering ist. Sowohl die N- als auch die P-Einträge werden auf diese Weise weiter reduziert. Im Vergleich zum Ist-Zustand sinkt der N-Eintrag um 10%, der P-Eintrag sogar um fast 17%.

Zusammenfassend ist festzustellen, daß schon allein die Einhaltung einer ordnungsgemäßen Landbewirtschaftung mehr zur Minderung der N- und P-Belastung der Ilmenau beiträgt als der Ausbau der Kläranlagen. Allein dadurch wird das N-Güteziel erreicht. Um auch das angestrebte Güteziel zu unterschreiten, sind weitergehende gewässerschonende Maßnahmen (Szenario 3) in Verbindung mit einem Ausbau der Kläranlagen über das gesetzlich vorgeschriebene Maß hinaus erforderlich.

### 3.3.1.4 Ergebnisse der Kostenberechnung

Die fünf ausgewählten Szenarien wurden bisher unter dem Aspekt ihrer ökologischen Wirksamkeit betrachtet. Es soll jedoch auch ihre ökonomische Effizienz bewertet werden.

Dazu werden die jährlichen Kosten für die Bewirtschaftungsmaßnahmen eines Szenarios berechnet und ihrem Nutzen (Reduzierung der Stoffeinträge) gegenübergestellt. Die Methodik der Berechnungen wurde bereits in Kapitel 3.2.2 erläutert. Im weiteren werden die Berechnungsergebnisse dargestellt.

Die Umsetzung der vorgeschlagenen Bewirtschaftungsmaßnahmen verursacht im Einzugsgebiet Ilmenau Jahreskosten zwischen 1,4 und ca. 63 Mio. DM (Abb. 3-19).

Am kostenintensivsten sind die flächendeckende Einführung des ökologischen Landbaus (Szenario 2) bzw. die weitergehenden Gewässerschutzmaßnahmen wie Aufgabe der Dränagen, Beregnung etc. (Szenario 3). Hier spiegeln die Jahreskosten von ca. 54 bis 63 Mio. DM deutlich die Größe des Einzugsgebietes und seine intensive Landwirtschaft wider. Eine Umstrukturierung auf ökologischen Landbau führt daher zu hohen Einkommensverlusten, d.h. Kosten. Von den weitergehenden Bewirtschaftungsmaßnahmen machen sich vor allem die Aufgabe der Dränagen (2,8 Mio. DM/a) bzw. Aufgabe der Beregnung (2,6 Mio. DM/a) als Kostenfaktor bemerkbar.

Die Einhaltung der ordnungsgemäßen Landwirtschaft (Szenario 1) verursacht vergleichsweise geringe Kosten in Höhe von ca. 1,4 Mio. DM pro Jahr.

Mit ca. 16 bis 23 Mio. DM liegen die jährlichen Aufwendungen für den Ausbau der Kläranlagen nach gesetzlichen Vorgaben (Szenario 4) bzw. nach weitergehenden Anforderungen (Szenario 5) zwischen den Kosten für die vorgenannten Maßnahmen.

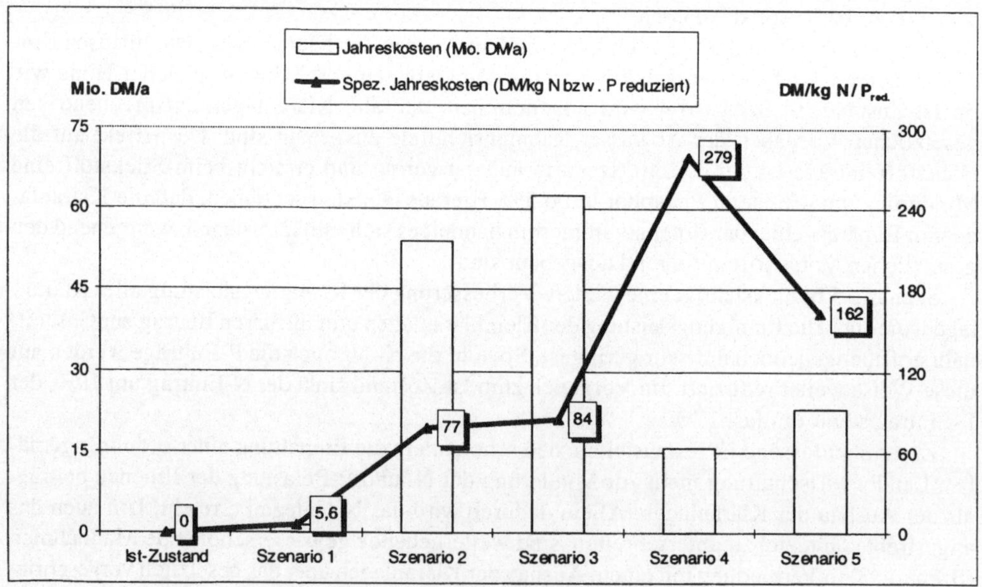


**Abb. 3-19** Jahreskosten und spezifische Jahreskosten (DM/kg N bzw. $P_{reduziert}$) bei Umsetzung der Szenarien 1 - 5 im Einzugsgebiet Ilmenau

Der Kosten-Nutzen-Vergleich zeigt dagegen ein völlig anderes Bild. Bezieht man die Jahreskosten auf die Reduzierung der Nährstoffeinträge, so ergeben sich deutlich geringere stoffspezifische Jahreskosten für die landwirtschaftlichen Maßnahmen als für die Erweiterung der Abwasserreinigung.

Der relativ teure Kläranlagenausbau (Szenario 4 und 5) hat wegen der nur geringen Nährstoffreduzierung eine vergleichsweise niedrige ökonomische Effizienz. Mit ca. 160 bis 280 DM/kg N bzw. $P_{reduziert}$ sind die spezifischen Jahreskosten hier zwei- bis dreimal so hoch wie für die Umstellung auf ökologischen Landbau und für die weitergehenden Gewässerschutzmaßnahmen (ca. 80 DM/kg N bzw. $P_{reduziert}$).

Als ökonomisch günstigste Bewirtschaftungsmaßnahme ist die Einhaltung der ordnungsgemäßen Landbewirtschaftung im Einzugsgebiet zu nennen. Die sehr geringen stoffspezifischen Kosten von weniger als 6 DM kg N bzw. $P_{reduziert}$ unterstreichen die hohe ökologische Wirksamkeit bei gleichzeitig niedrigen Jahreskosten.

### 3.3.1.5 Vorschläge für Bewirtschaftungsmaßnahmen

Im Vergleich zu den übrigen hier untersuchten Einzugsgebieten und im Verhältnis zu dessen Größe gelangen nur wenig Nährstoffe in die Ilmenau. Trotzdem ist das Güteziel gegenwärtig nicht erreicht. Insbesondere die P-Einträge sind zu senken.

Durch die Berechnung von Szenarien wird deutlich, welche Maßnahmen an der Ilmenau sinnvoll sind, um die angestrebten Güteziele zu erreichen:

- verbesserte und intensivere Beratung der Landwirte,
- Reduzierung der N-Düngung zur Senkung der Bilanzüberschüsse auf landwirtschaftlich genutzten Flächen,
- Vermeidung von Direkteinträgen aus der Landwirtschaft in Gewässer (Gewässerrandstreifen, Weidezäune),
- Erosionsschutzmaßnahmen auf etwa 8.000 ha Ackerfläche (hangparalleles Pflügen, Zwischenfruchtanbau) und Anlage von Erosionsschutzstreifen auf ca. 49 km Gewässerlänge.

Eine verbesserte P-Elimination bei den 26 kommunalen Kläranlagen ist erforderlich, um auch das P-Güteziel zu erreichen. Die Extensivierung im landwirtschaftlichen Bereich reduziert den P-Eintrag nicht ausreichend. Der Ausbau der Kläranlagen ist jedoch so teuer, daß vorrangig Maßnahmen im Bereich Landwirtschaft umgesetzt werden sollten.

## 3.3.2 Böhme

### 3.3.2.1 Charakterisierung des Einzugsgebietes

*Gewässer*

Die Böhme zählt zur naturräumlichen Region Lüneburger Heide und Wendland. Bis zur Einmündung in die Aller hat die Böhme eine Fließstrecke von 68 km zurückgelegt. Das durchschnittliche Gefälle beträgt 0,90 ‰. Das Einzugsgebiet ist 562,13 km$^2$ groß (RASPER et al. 1991).

Über weite trecken ist die Böhme als naturnah oder bedingt naturnah zu bewerten. Der Flußgrund besteht überwiegend aus Sand, weniger aus Kies und Schlamm. Im Fließgewässerschutzsystem des Landes Niedersachsen ist die Böhme als Hauptgewässer 2. Priorität eingestuft (RASPER et al. 1991). Die Gewässergüte liegt in Klasse II, abschnittsweise in Klasse II-III (NLÖ 1995). Die N- und P-Konzentration als Jahresdurchschnittswerte zeigt Abb. 3-21. Die Verbesserung der Güte in den letzten Jahren ist hauptsächlich auf den Ausbau

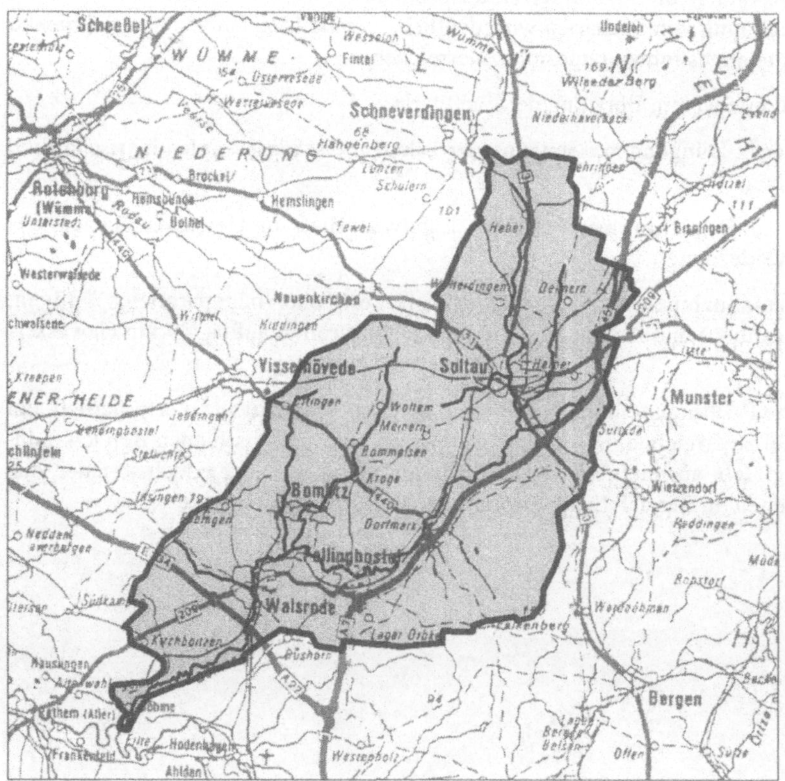


**Abb. 3-20** Das Einzugsgebiet der Böhme

der Kläranlagen zurückzuführen. Dennoch werden die angestrebten Güteziele von 3,3 mg N/l und 0,066 mg P/l als mittlere Konzentrationen nicht erreicht.

Die Abflußkennwerte sind in Tab. 3-24 zusammengestellt.

*Geologie und Böden*

Geologisch wird die Südheide in erster Linie durch die Altmoränenlandschaft der Saaleeiszeit geprägt und durch die Böhme in hochflächenartige Geestplatten unterteilt. Lediglich in der Umgebung von Walsrode kommen einige durch Gletscherdruck aufgepreßte Tertiärschollen vor. Im Südwesten schließt sich das Aller-Urstromtal an, das im Nordosten von einem schmalen Dünengürtel begrenzt wird. Seitliche Ausläufer dieser Dünen ziehen sich am Unterlauf der Böhme bis südlich von Walsrode.

Im gesamten Böhmegebiet dominieren sandige Geestböden, aus denen sich je nach Grundwasserstand terrestrische und semiterrestrische Böden sowie Moorböden entwickelten. So kommen entlang der Talauen in der Regel frische bis feuchte, in tieferen Lagen auch nasse, grundwasserbeeinflußte Sandböden vor. In Flußnähe sind diese Böden örtlich mit Auesanden vergesellschaftet, die gelegentlich bei Hochwasser auch heute noch abge-

**Tab. 3-24** Abflußkennwerte der Böhme (Pegel Hollige)

| | |
|---|---|
| MQ | 5,7 cbm/s |
| Basisabfluß | 3,9 cbm/s |
| gebietsspezifische Abflußspende | 10,5 l/s*qkm |
| durchschnittliche Grundwasserneubildung | 322 mm/a |

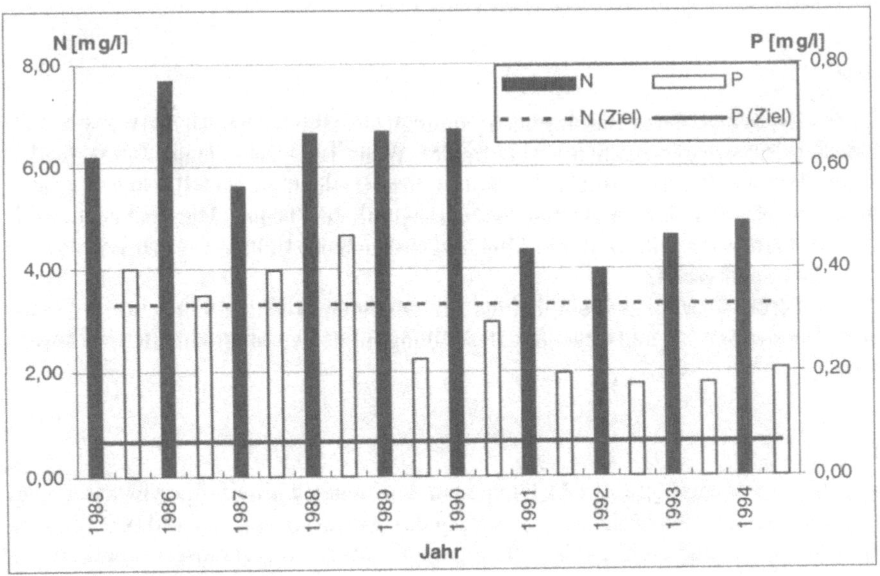


**Abb. 3-21** N- und P-Konzentration der vergangenen Jahre in der Böhme (Jahresdurchschnittswerte)

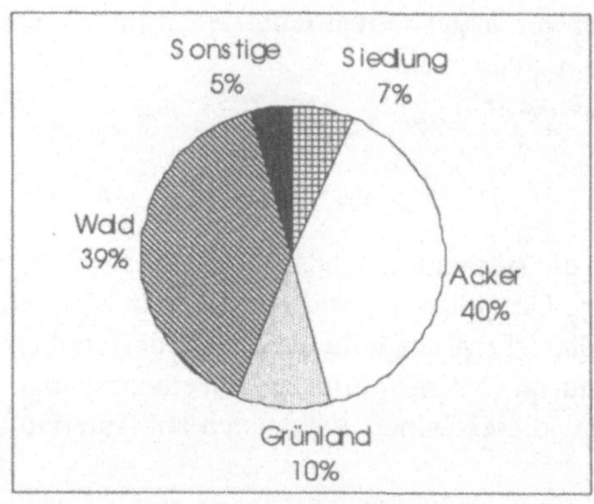


**Abb. 3-22** Landnutzung im Einzugsgebiet der Böhme

setzt werden. In der Regel stellen diese Böden ökologisch besonders wertvolle Bereiche dar, in denen z.B. Röhrichtbestände, Feuchtwiesen sowie Birken- und Erlenbruchbestände anzutreffen sind.

Die grundwasserfernen ebenen bis welligen Geestböden werden dagegen überwiegend ackerbaulich und forstwirtschaftlich genutzt. Diese sind im gesamten Einzugsgebiet flächendeckend vorhanden.

*Klima*

Das Klima ist deutlich maritim geprägt mit kühlen Sommern und milden Wintern. Die Lufttemperatur im Jahresmittel liegt bei 8 bis 8,5° C. Die Niederschlagshöhe beträgt im langjährigen Mittel 812 mm im Einzugsgebiet. Bei einer Verdunstung (HAUDE) von 578 mm fällt die klimatische Wasserbilanz in der Mehrzahl der Jahre positiv aus.

*Landnutzung*

Der Norden des Einzugsgebietes ist mit seinen sandigen Geestböden natürlicherweise Standort für Stieleichen-Birken- und Buchen-Eichenwälder. Weite Teile waren lange Zeit verheidet. Heute herrscht hier forstwirtschaftliche Nutzung mit ausgedehnten Nadelforsten vor, aber auch Heide, kleine Moore sowie eingestreut landwirtschaftliche Flächen. Die trockenen, nährstoffarmen Dünensande im Unterlauf und Mündungsbereich der Böhme werden vorwiegend als extensives Grünland genutzt.

Südlich von Soltau überwiegen lehmhaltige Böden, deren Fruchtbarkeit schon früh eine ackerbauliche Nutzung mit sich brachte. Die Besiedlung folgte den Möglichkeiten, Ackerbau zu betreiben.

*Kläranlagen*

Im Einzugsgebiet der Böhme gibt es 13 Kläranlagen, von denen 2 jeweils die Abwässer eines Industriebetriebes klären. Die übrigen 11 entsorgen das Abwasser von fast 150.000 Einwohnern. 1.000 Einwohner sind nicht an das öffentliche Kanalnetz angeschlossen, sondern entsorgen über Kleinkläranlagen. Durch Verbesserung der Reinigungsleistung der Kläranlagen hat sich die Gewässergüte der Böhme in den letzten Jahren deutlich verbessert.

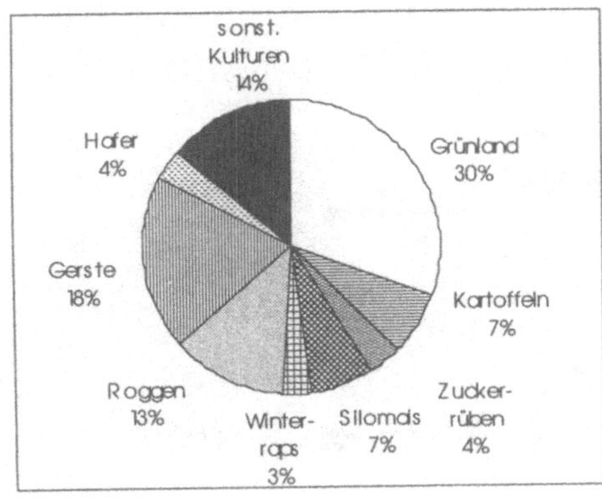


**Abb. 3-23** Landwirtschaftliche Nutzung im Einzugsgebiet Böhme

*Landwirtschaft*

Die Landwirtschaft im Einzugsgebiet der Böhme ist vielfältig gestaltet. Etwa ein Drittel der landwirtschaftlichen Fläche wird als Grünland genutzt. Der Viehbesatz liegt im Durchschnitt des Gebietes bei etwa 0,8 DE/ha. Beim Ackerbau zeigt der hohe Anteil an Gerste und Roggen sowie der unbedeutende Anteil Weizen das Vorkommen leichter Böden an. Der Zuckerrübenbau beschränkt sich auf etwa 4% der Fläche.

### 3.3.2.2 Untersuchungen der Trophie und der P-Bioverfügbarkeit

Zur Beurteilung der Trophie und deren Auswirkungen wurden neben den Meßstellen Tetendorf, Brock, Hollige und Böhme im Einzugsgebiet Böhme auch zwei Meßstellen im nachfolgenden Gewässer, der Aller, beprobt. Die Meßstelle Eilte liegt direkt oberhalb des Zusammenfließens von Böhme und Aller, die Meßstelle Rethem direkt unterhalb.

Die Böhme kann im untersuchten Einzugsgebiet als schwach eutrophes Gewässer eingeschätzt werden. Die Nährstoffkonzentrationen an der Meßstelle Böhme liegen im Jahresmittel bei 125 µg/l Gesamt-P und 2,78 mg/l anorg.-N. Damit läßt sich die Wasserqualität von der Nährstoffseite als mäßig belastet einschätzen (UBA 1997). Die Chlorophyllgehalte erreichen ihren Maximalwert an der Meßstelle Böhme im Mai und liegen bei 30 µg/l Chl.-a. Im Flußverlauf bis zur Einmündung in die Aller (zwischen den Meßstellen Eilte und Rethem) kommt es zu einem stetigen Anstieg von Chl.-a. Im Mittel aller Meßstellen werden 3,8% der potentiellen Algenbiomasse tatsächlich gebildet. Obwohl in der Aller sowohl Eutrophierungspotential als auch tatsächliche Trophie weitaus höher liegen als in der Böhme, liegt die Umsetzung dort im Mittel nur bei 2,2%. Die Böhme kann von trophischer Seite als makrophytendominiert bezeichnet werden. Submerse Makrophyten treten bei einem Beschattungsgrad von ca. 10% zwischen den Meßstellen Hollige und Böhme auf, allerdings nicht in Konzentrationen, die als bedenklich anzusehen wären.

Die Messung des pH- und Sauerstoff-Tagesganges während der Hauptvegetationsperiode (15.08) ergab einen stabilen pH-Wert bei 7,6 und eine $O_2$-Konzentration, die nicht unter 7,5 mg/l sank. Meßbare ökologische Auswirkungen der pflanzlichen Produktion liegen demnach an der Böhme nicht vor. Die Aller erfährt durch den Einfluß der Böhme eine Reduzierung sowohl des Eutrophierungspotentials als auch der tatsächlichen Trophie.

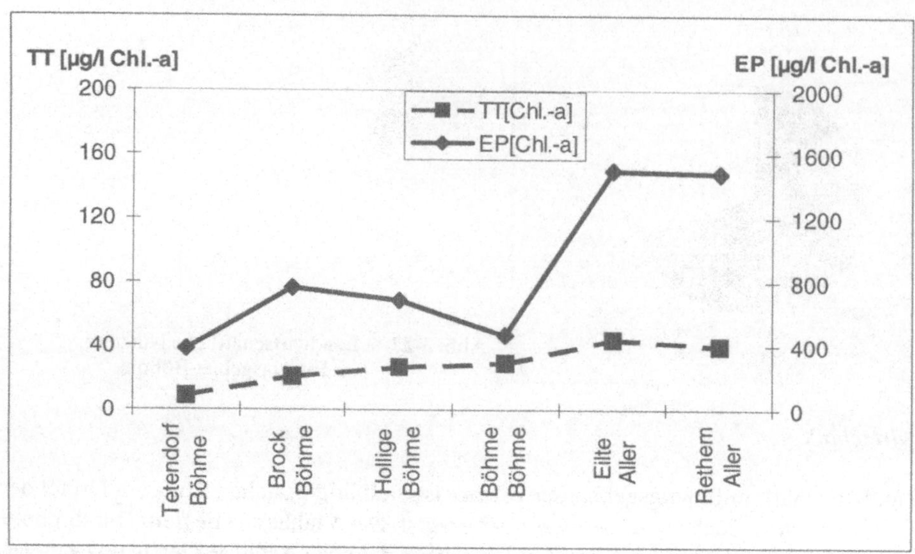


**Abb. 3-24** Tatsächliche Trophie (TT) zur Zeit maximaler Algenkonzentrationen in der Böhme (13.05.1997) im Vergleich mit maximal bildbarer Biomasse (Eutrophierungspotential; EP)

Die Böhme ist an allen Meßstellen trotz einiger Schwankungen tendenziell als P-limitiert anzusehen. Im Bereich zwischen 45 und 65 liegt eine Mischlimitierung vor. Nur im Oktober lag bei N- bzw. P-Verhältnissen zwischen 31 und 45 eine durchgehende N-Limitierung vor.

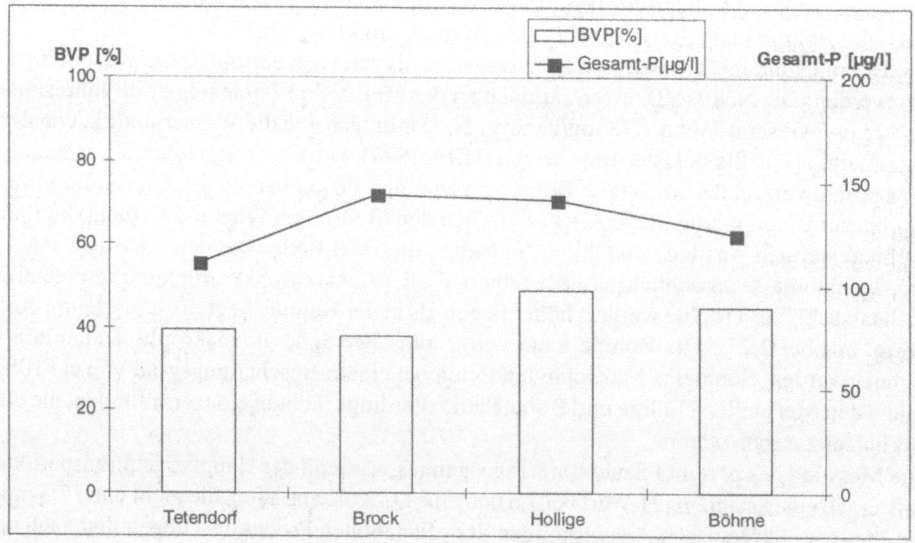


**Abb. 3-25** P-Bioverfügbarkeit Böhme und Gesamt-P-Konzentrationen im Flußverlauf, Mittelwerte 1996, n = 4

Die im Fluß gemessene P-Bioverfügbarkeit (Abb. 3-25) liegt im Oberlauf der Böhme bis zur Meßstelle Brock bei etwa 40%. Dieser Wert liegt begründet im dominierenden Einfluß von schwach verfügbaren Phosphorverbindungen aus überwiegend diffusen Quellen. Obwohl sich die Gesamt-P-Konzentration bis zur Meßstelle Hollige kaum ändert, ist ein Anstieg der Verfügbarkeit bis auf 49% zu beobachten, der zurückzuführen ist auf den Einfluß der Einträge an hoch bioverfügbarem P aus den Kläranlagen Walsrode, Fallingbostel und Bomlitz. Im weiteren Verlauf der Böhme bis zur Meßstelle Böhme wird ein Teil dieser Verbindungen in organischer Substanz bzw. im Sediment festgelegt, so daß die Bioverfügbarkeit sinkt.

Zusammenfassend läßt sich feststellen, daß eine Verminderung der Nährstoffeinträge in die Böhme sich aufgrund der geringen Umsetzungsrate nur in geringem Maße auf die Intensität des Algenwachstums auswirken wird. Eine Reduzierung der P-Einträge hätte eine größere Wirkung auf die Chlorophyll-a-Konzentration als die Verminderung der Stickstoffeinträge. Auswirkungen einer Frachtverminderung dürften eher in Aller, Weser und Nordsee wirksam werden.

#### 3.3.2.3 Ergebnisse der Nährstoffbilanzierung (einschließlich Szenarien)

*Ist-Zustand*

Für das Einzugsgebiet der Böhme stellt der Durchschnitt der Jahre 1991 bis 1994 den Ist-Zustand der Nährstoffeinträge dar. Wie in Kapitel 3.2 beschrieben, wurden die N- und P-Einträge, die auf unterschiedlichen Wegen und aus unterschiedlichen Herkünften die Böhme belasten, ermittelt. Zusammengefaßt zu den Gruppen Kläranlagen, Kanalisation, Landwirtschaft, Erosion und Sonstiges sind sie in Abb. 3-26 graphisch dargestellt.

Insgesamt gelangen jährlich etwa 1.290 t N und ca. 39 t P in die Böhme. Dabei stammen 72% des Stickstoffs und 43% des Phosphors aus der Landwirtschaft. Die Bedeutung der Kläranlagen für die N-Belastung tritt mit ca. 14% deutlich hinter die der Landwirtschaft zurück. Beim Phosphor hingegen tragen die Kläranlagen zu mehr als 26% und die Kanalisation 22% zur Gesamt-P-Belastung bei. Aufgrund der geringen Hangneigung im Einzugsgebiet ist der Bodenabtrag von Ackerflächen so gering, daß die Erosion im Verhältnis zu den sonstigen Eintragspfaden zu vernachlässigen ist.

Der durchschnittliche N- und P-Eintrag je Hektar Einzugsgebiet errechnet sich zu 24 kg N und 0,71 kg P. Damit ist der flächenspezifische Eintrag in die Böhme deutlich höher als in den Einzugsgebieten Ilmenau und Knockster Tief. Eine Ursache dieser Einträge ist sicherlich in dem hohen N-Bilanzüberschuß der Ackerflächen in Höhe von 152 kg N/ha zu sehen. Bei einem Viehbesatz im Einzugsgebiet von 0,8 DE/ha gelangen auf jeden Hektar landwirtschaftliche Nutzfläche im Durchschnitt 56 kg N/ha aus Wirtschaftsdüngern. Außerdem fallen die Erträge vieler Feldfrüchte im Vergleich zum Durchschnitt Niedersachsens niedriger aus.Diese Aspekte verdeutlichen, daß ein relativ hoher Bilanzüberschuß in diesem Gebiet durchaus denkbar ist. Betrachtet man dazu die vorherrschenden Standorteigenschaften, d.h. Sandböden geringer Wasserspeicherfähigkeit sowie hohe Niederschläge, so muß man zu dem Schluß kommen, daß das Stickstoffauswaschungspotential erheblich ist.

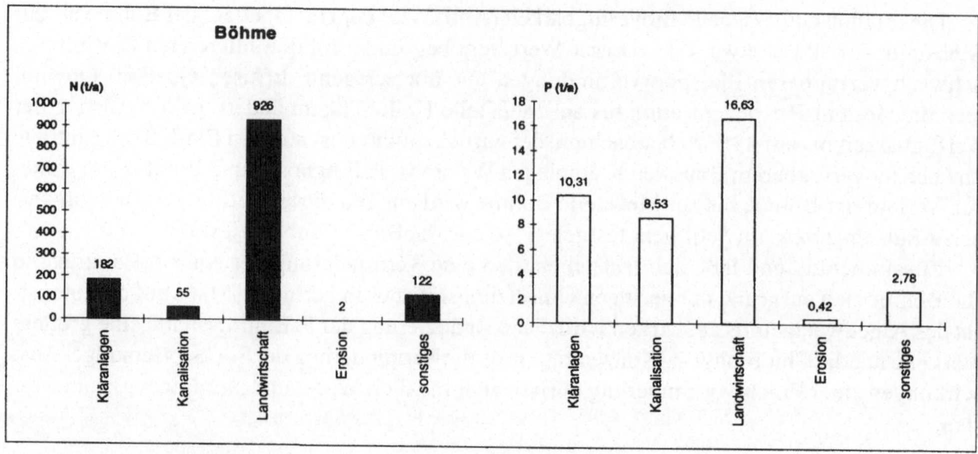


**Abb. 3-26** Durchschnittliche N- und P-Einträge in die Böhme in den Jahren 1991 - 1994 (Ist-Zustand)

Es bleibt festzuhalten, daß im Einzugsgebiet der Böhme die Landwirtschaft besonders zur N-Belastung des Gewässers beiträgt. Bei den P-Einträgen dominieren zwar auch die Einträge aus der Landwirtschaft, jedoch besteht sowohl im Bereich der Kläranlagen als auch der Kanalisation noch ein erheblicher Handlungsbedarf.

*Bewirtschaftungsszenarien*

Um verschiedene Maßnahmen, die zur Verbesserung der Gewässergüte möglich sind, auf ihre Wirksamkeit im Einzugsgebiet Böhme zu überprüfen, wurden insgesamt 5 Szenarien berechnet. Jedes Szenario stellt eine Kombination unterschiedlicher Maßnahmen dar, wobei die Szenarien 1 bis 3 ihren Schwerpunkt in der Landwirtschaft haben und Szenario 4 und 5 im Kläranlagenausbau (s. Abb. 3-27).

Szenario 1 zeigt eine Landbewirtschaftung, die sich strikt an einer pflanzenbedarfsgerechte Düngung orientiert. Mit sämtlichen mineralischen und organischen Düngemitteln und Sekundärrohstoffen wird nicht mehr N zugeführt, als es der Empfehlung der Landwirtschaftskammer entspricht. Der N-Bilanzüberschuß würde dadurch auf etwa 95 kg/ha Ackerfläche sinken. Außerdem werden sämtliche Direkteinträge aus der Landwirtschaft, z.B. durch weidendes Vieh, konsequent vermieden. Insgesamt reduziert dieses Maßnahmenpaket den N-Eintrag um 27% und den P-Eintrag um 38% des Ist-Zustandes.

Die Einführung einer ökologischen Landbewirtschaftung im gesamten Einzugsgebiet ist in Szenario 2 simuliert. Es wird angenommen, daß die Viehhaltung und damit der Anfall an Wirtschaftsdünger in Höhe von 0,8 DE/ha wie im Ist-Zustand fortgeführt wird. Weitere Gaben erfolgen dann noch über den Anbau von Leguminosen. Der N-Bilanzüberschuß auf Ackerflächen sinkt auf 48 kg N/ha. Im Vergleich zum Ist-Zustand und zum Szenario 1 verringern sich die Nährstoffeinträge weiter. Mit 682 t N und 22 t P gelangen nur noch ca. 45% der Nährstoffmengen wie derzeit in das Gewässer.

Zusätzlich zum ökologischen Landbau werden in Szenario 3 weitergehende Gewässerschutzmaßnahmen verwirklicht. Durch die Einführung des ökologischen Landbaus ist der -N-Bilanzüberschuß so gering, daß auch der N-Austrag über Dränrohre keine allzu große Bedeu-

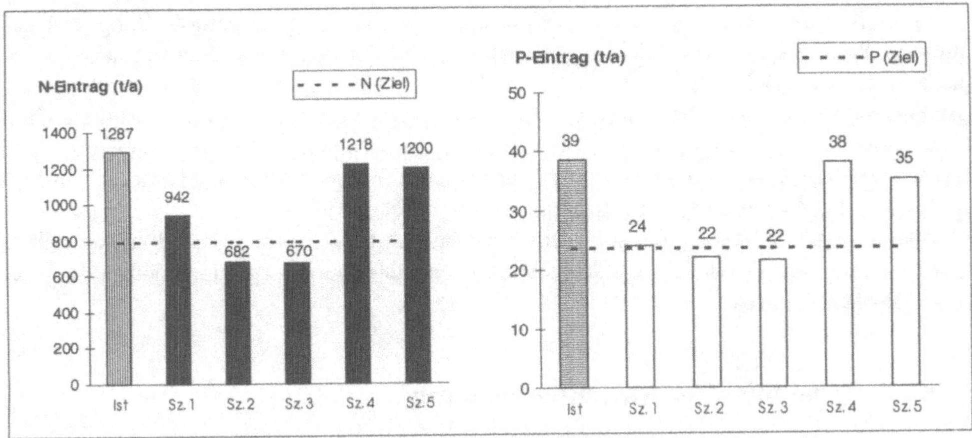


**Abb. 3-27** Einfluß unterschiedlicher Bewirtschaftungsmaßnahmen auf die N- und P-Einträge in die Böhme im Vergleich zu den angestrebten Zielen

tung mehr hat. Da die Ackerflächen im Einzugsgebiet der Böhme kaum erosionsgefährdet sind, hat die Durchführung von Erosionsschutzmaßnahmen nur wenig Auswirkungen auf die Gesamt-Nährstoffbelastung der Böhme. Ökologischer Landbau plus weitergehende Gewässerschutzmaßnahmen bewirken daher im Einzugsgebiet der Böhme nur eine geringfügige Verbesserung der Nährstoffbelastung. So sinkt der N-Eintrag um ca. 12 t und der P-Eintrag um 0,4 t im Vergleich zum ökologischen Landbau alleine (Szenario 2).

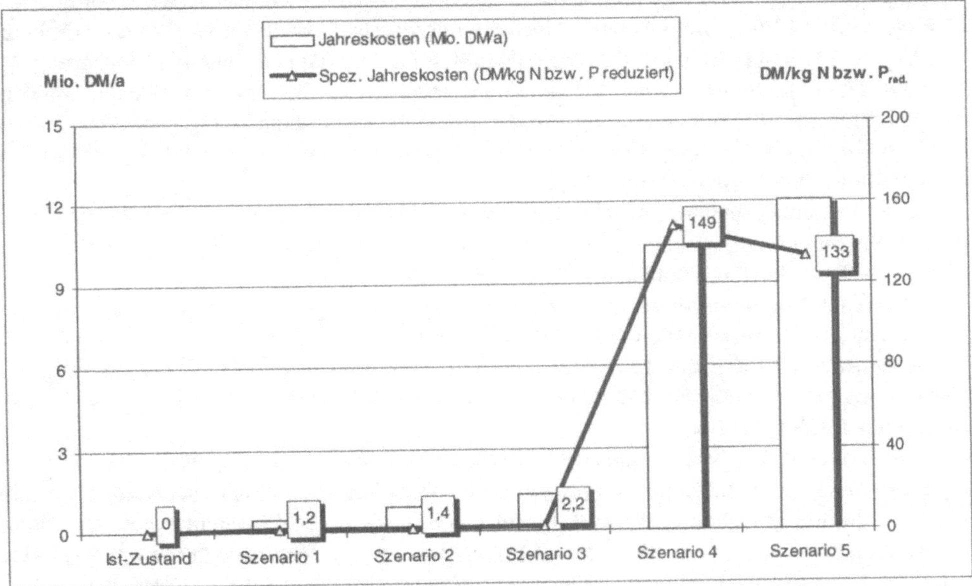


**Abb. 3-28** Jahreskosten und spezifische Jahreskosten (DMkg N bzw. $P_{reduziert}$) bei Umsetzung der Szenarien 1 - 5 im Einzugsgebiet Böhme

Szenario 4 und 5 demonstrieren den Effekt einer verbesserten Reinigungsleistung der Kläranlagen. Wenn alle Kläranlagen die gesetzlich vorgeschriebenen Ablaufkonzentrationen einhalten, reduzieren sich der N-Eintrag um ca. 5% und der P-Eintrag um ca. 1,5% im Vergleich zum Ist-Zustand. Werden die Richtlinien für Kläranlagen verschärft und deutlich geringere Konzentrationen im Kläranlagenablauf gefordert und darüber hinaus auch die Kleinkläranlagen verbessert, ergeben sich die in Abb. 3-27 für Szenario 5 dargestellten Stoffeinträge. Im Vergleich zum Ist-Zustand sinken die Einträge um ca. 7% N und 9% P.

Die angestrebten Güteziele sind an der Böhme erreichbar, wenn die landwirtschaftliche Nutzung in weiten Teilen des Einzugsgebietes extensiviert würde - z.B. durch Umstellung auf ökologischen Landbau.

### 3.3.2.4 Ergebnisse der Kostenberechnung

Die vorgeschlagenen Bewirtschaftungsmaßnahmen sollen - neben ihrer ökologischen Wirksamkeit - auch auf ihre ökonomische Effizienz geprüft werden. Dazu werden die jährlichen Aufwendungen der Maßnahmen ihrem Nutzen (Reduzierung der Stoffeinträge) gegenübergestellt.

Für das Einzugsgebiet Böhme veranschaulicht die Abbildung 3-28, welche Jahreskosten und stoffspezifischen Kosten bei Umsetzung der Maßnahmen anfallen. Es zeigt sich eine deutliche Zweiteilung der Kosten. Während die Maßnahmen im landwirtschaftlichen Bereich (Szenario 1 - 3) Jahreskosten in Höhe von ca. 0,4 bis 1,4 Mio. DM verursachen, müssen für den Ausbau der Kläranlagen (Szenario 4 und 5) zwischen 10,4 und 12 Mio. DM aufgewendet werden.

Auffällig sind die geringen Unterschiede derJahreskosten für die Umsetzung der ordnungsgemäßen Landwirtschaft (0,43 Mio. DM) und für die Einführung des ökologischen Landbaus (0,87 Mio. DM). Ursache sind die unterdurchschnittlichen Erträge und Einkommen der landwirtschaftlichen Betriebe an der Böhme. Die flächendeckende Einführung des ökologischen Landbaus ist daher für viele Betriebe nicht mit Einkommensverlusten, sondern z.T. mit höheren Einkommen verbunden. Lediglich bei den flächenmäßig gering vertretenen Marktfrucht- und Veredlungsbetrieben der Landkreise Celle und Soltau-Fallingbostel fallen Kosten durch Einkommensverluste an.

Bei den weitergehenden Maßnahmen (Szenario 3) entstehen vor allem zusätzliche Kosten durch Umwandlung der Acker- in Grünlandnutzung und Aufgabe der Dränagen unter Grünland. Die Jahreskosten erhöhen sich dadurch auf 1,36 Mio. DM.

Ähnliche Relationen zeigen auch die spezifischen Kosten dieser drei Szenarien. Die Einhaltung der ordnungsgemäßen Landwirtschaftist mit 1,2 DM/kg N bzw. $P_{reduziert}$ ökonomisch etwas günstiger als die Einführung des ökologischen Landbaus (1,4 DM/kg N bzw. $P_{reduziert}$ ). Die weitergehenden Maßnahmen (Szenario 3) weisen mit 2,2 DM/kg N bzw. $P_{reduziert}$ eine etwas schlechtere Effizienz auf.

Aus ökonomischer Sicht ungünstig ist dagegen ein Ausbau der Kläranlagen im Einzugsgebiet zu bewerten. Die Nährstoffeinträge ins Gewässer werden hier nur geringfügig vermindert. Aufgrund der hohen Jahreskosten von mehreren Mio. DM ergeben sich dann stoffspezifische Kosten von ca. 130 - 150 DM/ kg N bzw. $P_{reduziert}$. Sie liegen etwa um den Faktor 100 höher als die entsprechenden Kosten der vorgenannten Maßnahmen (Szenario 1 - 3).

Insgesamt sind die Maßnahmen im landwirtschaftlichen Bereich sowohl aus ökonomischer wie auch aus ökologischer Sicht einem Ausbau der Kläranlagen vorzuziehen.

#### 3.3.2.5 Vorschläge für Bewirtschaftungsmaßnahmen

Die Stoffeinträge in die Böhme sind im gegenwärtigen Zustand so hoch, daß das angestrebte Güteziel nicht erreicht wird. Die Berechnung der Szenarien hat gezeigt, daß ein weiterer Ausbau der Kläranlagen nicht genügt, um das Güteziel zumindest annähernd zu erreichen.

Die Bewirtschaftungsmaßnahmen im Einzugsgebiet Böhme sollten sich daher zukünftig auf den Bereich Landwirtschaft konzentrieren. Im einzelnen wird vorgeschlagen:

- Reduzierung der N-Düngung, z.B. durch Einführung des ökologischen Landbaus in weiten Teilen des Einzugsgebietes,
- Anrechnung aller organischer Stoffe bei der N-Bilanzierung auf landwirtschaftlichen Nutzflächen,
- verbesserte und intensivere Beratung der Landwirte zur Umsetzung einer am Pflanzenentzug orientierten Düngung,
- Vermeidung von Direkteinträgen durch Gewässerrandstreifen und Weidezäune.

Erosionsschutzmaßnahmen sind im Einzugsgebiet der Böhme nur auf vereinzelten Flächen bzw. lokal begrenzt (Anlage von Erosionsschutzstreifen auf einer Gewässerlänge von 2,2 km) erforderlich. Insgesamt sind durch Maßnahmen im Bereich Landwirtschaft allein die angestrebten Güteziele erreichbar.

# 3.3.3 Lager Hase

## 3.3.3.1 Charakterisierung des Einzugsgebietes

*Gewässer*

Das Einzugsgebiet der Lager Hase ist von mehreren Gewässern durchzogen, die erst wenige Kilometer vor dem Gebietsauslaß die Lager Hase bilden. Flußabwärts geht die Lager Hase hinter dem Pegel Uptloh in die Große Hase über. Im wesentlichen sind es der Fladderkanal, der Bakumer Bach, die Brokbäke, der Vechtaer Moorbach, der Dinklager Mühlenbach mit Zuflüssen sowie die Aue, die das Einzugsgebiet entwässern. Die eigentliche Lager Hase besitzt daher nur eine relativ kurze Fließstrecke .

Die Gewässergüte der Lager Hase liegt in Güteklasse II-III und III. Die Zuflüsse, die das Einzugsgebiet durchziehen, befinden sich ebenfalls in Klasse II-III, wobei jedoch mehrere Gewässer vor allem im Oberlauf nur Güteklasse III aufweisen.

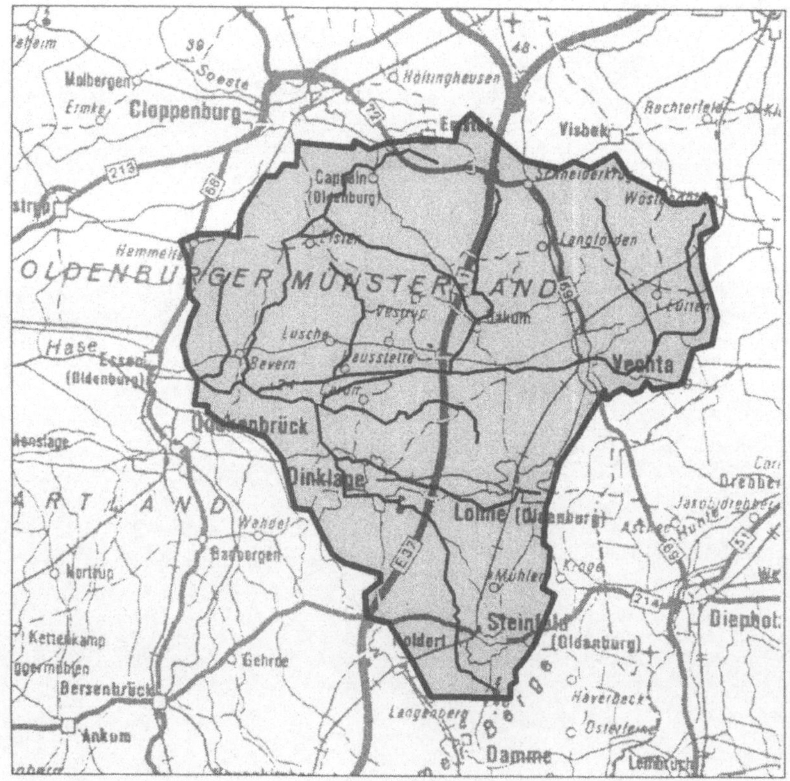


**Abb. 3-29** Das Einzugsgebiet der Lager Hase

Die am Pegel Uptloh in den vergangenen Jahren gemessenen N- und P-Konzentrationen in der Lager Hase sind in Abb. 3-30 dargestellt. Die im Jahresdurchschnitt angestrebten Güteziele von 2,2 mg N/l und 0,04 mg P/l werden deutlich überschritten.

Die Abflußkennwerte des Gewässers sind in Tab. 3-25 zusammengestellt.

*Geologie und Böden*

Die Fladderniederung teilt das Einzugsgebiet der Lager Hase naturräumlich in zwei Hälften. Der nördliche Teil zählt zur Cloppenburger Geest. Er wird bestimmt durch ein flachwelliges, z.T. mit Flottsand überdecktes Grundmoränenplateau. Auf höher gelegenen Stand-orten entwickelten sich Braunerden, z.T. auch podsoliert. Auch Dünen sind durch Verwehungen entstanden. In den Niederungen macht sich der Einfluß des Grundwassers bemerkbar. Es entstanden Moore und Erlenbrüche. Standorte der Erlenbruch- und feuchten bis nassen Eichen-Hainbuchenwälder sind inzwischen meist als Grünland genutzt. Im Süden nahe der Fladderniederung überwiegen aufgrund der besseren Abflußverhältnisse die trockeneren Standorte.

Die Fladderniederung selbst und das nach Süden angrenzende Gebiet gehören zum Bersenbrücker Land. Es handelt sich um ein überwiegend tief gelegenes, grundwassernahes Gebiet, daß z.T. durch die Nebengewässer der Hase überschwemmt wird. Dadurch sind auch

**Tab. 3-25** Abflußkennwerte der Lager Hase (Pegel Uptloh)

| | |
|---|---|
| MQ | 5,0 cbm/s |
| Basisabfluß | 2,0 cbm/s |
| gebietsspezifische Abflußspende | 9,9 l/s*qkm |
| durchschnittliche Grundwasserneubildung | 279 mm/a |

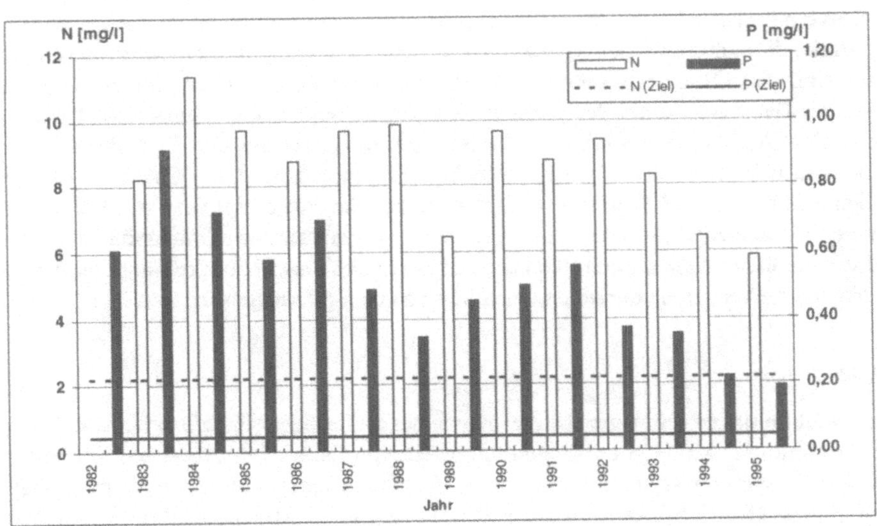


**Abb. 3-30** N- und P-Konzentrationen der vergangenen Jahre in der Lager Hase (Jahresdurchschnittswerte)

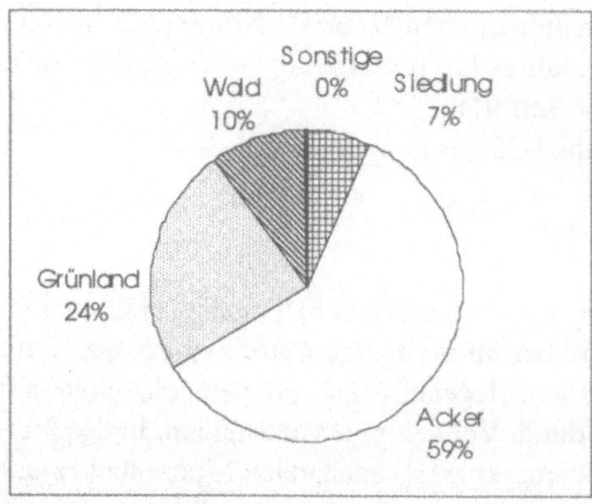


**Abb. 3-31** Landnutzung im Einzugsgebiet Lager Hase

fruchtbare Aueböden entstanden, die aufgrund der geringen Flurabstände vergleyt sind. Ansonsten überwiegen Sande und Talsande mit basenarmen, meist stark podsolierten Böden. Diese Standorte tragen natürlicherweise Stieleichen-Birkenwald und sind zum großen Teil längere Zeit verheidet gewesen. In der Nähe alter Siedlungen finden sich Eschböden.

*Klima*

Im Vergleich zur Böhme ist das Klima weniger maritim geprägt, allerdings nicht so trocken wie das Einzugsgebiet der Ilmenau. Die mittlere Niederschlagshöhe beträgt 774 mm. Die Verdunstung nach HAUDE liegt im langjährigen Mittel bei 579 mm.

*Landnutzung*

Der Wechsel von trockenen und feuchten bis nassen Standorten sowie von sandigen bis lehmigen Bodenverhältnissen bestimmt die Nutzung im Einzugsgebiet. In den Niederungen findet sich Grünlandnutzung auf den grundwassernahen Standorten. Durch Entwässerungsmaßnahmen sind diese Standorte aber auch vielfach ackerfähig geworden. Höher gelegene Sandflächen der Geest oder durch Verwehung entstandene Dünen sind oftmals mit Kiefernforsten bestanden. Auf der sandig-lehmigen Geest wird infolge der höheren Fruchtbarkeit der Böden Ackerbau betrieben. Vor allem im südlichen Einzugsgebiet ist die Landschaft durch Hecken, kleine Gebüsche und Waldstücke gegliedert. Das Einzugsgebiet wird von West nach Ost durch die Fladderniederung zerteilt, in der die früher vorherrschende Grünlandnutzung auf den grundwassernahen Flächen durch Dränage zugunsten des Ackerbaus verdrängt wurde.

Die flächenhafte Verteilung der unterschiedlichen Nutzungsformen zeigt Abb. 3-31.

*Kläranlagen*

Insgesamt 14 Kläranlagen leiten gereinigtes Abwasser in die Lager Hase bzw. ihre Zuflüsse ein. Zehn kommunale Anlagen entsorgen hauptsächlich häusliches Abwasser für insgesamt 194.000 Einwohnerwerte, darunter auch die Kläranlagen von Vechta und Lohne. Außerdem gibt es 4 Betriebe der Lebensmittelbranche, die ihr Abwasser selbst klären. Mit mehr als 15.000 Einwohnern, die nicht an das öffentliche Abwassernetz angeschlossen

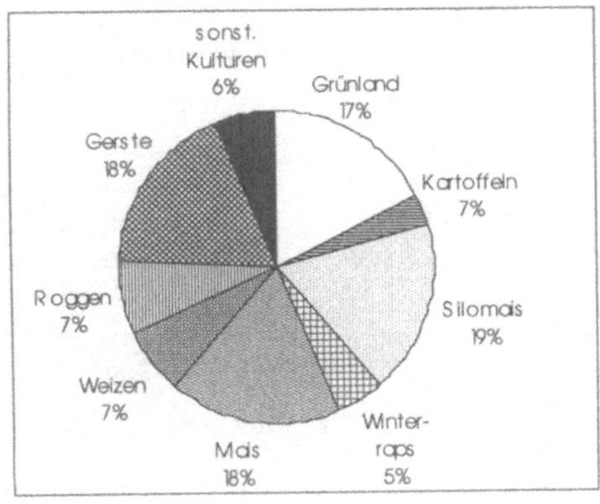


**Abb. 3-32** Landwirtschaftliche Nutzung im Einzugsgebiet Lager Hase

sind, gibt es im Einzugsgebiet der Lager Hase im Vergleich zu den übrigen Einzugsgebieten die meisten Kleinkläranlagen.

*Landwirtschaft*

Das Einzugsgebiet der Lager Hase liegt im Zentrum der Veredelungswirtschaft in Norddeutschland. Der Viehbesatz im Durchschnitt des Einzugsgebietes liegt bei ca. 3,3 DE/ha. Bei überwiegender Stallhaltung ist der Grünlandanteil mit 17% gering. Im Ackerbau dominiert die Futtergewinnung. Mais wird auf insgesamt etwa 36% der landwirtschaftlichen Nutzfläche angebaut.

### 3.3.3.2 Untersuchungen der Trophie und der P-Bioverfügbarkeit

Neben den Meßstellen Fladderkanal, Dinklager Mühlenbach und Uptloh, die im untersuchten Einzugsgebiet liegen, wurde auch die Meßstelle Enenkamp im nachfolgenden Gewässer, der Großen Hase, beprobt. Die Trophie in der stark anthropogen geprägten Lager Hase und ihren Nebengewässern manifestiert sich im wesentlichen durch starke Bestände an submersen Makrophyten, insbesondere im Fladderkanal. Die Chl.-a-Konzentrationen liegen mit Werten um 30 µg/l zur Zeit des intensivsten Wachstums im Bereich mäßiger Trophie.

Das mit Abstand größte Eutrophierungspotential wurde mit 2.000 µg/l Chl.-a im Dinklager Mühlenbach gemessen. Dort erfolgt allerdings mit 1,0% die geringste Umsetzung der Nährstoffe. Die größten Chl.-a Konzentrationen wurden in der Großen Hase gemessen, obwohl dort der geringste Wert für das Eutrophierungspotential gemessen wurde (Umsetzungsrate 10,6%).

Aufgrund der hohen N-Konzentrationen im gesamten Einzugsgebiet und des daraus resultierenden hohen N- bzw. P-Verhältnisses ist das Algenwachstum vollständig P-limitiert. Nbzw. P-Grenzkonzentrationen konnten deshalb nicht ermittelt werden. Liegen die N- bzw. P-Verhältnisse > 55 ist in jedem Fall von einer P-Limitierung auszugehen.

Die P-Bioverfügbarkeit liegt im gesamten Bereich der Lager Hase unter 50%, zum Großteil sogar unter 40%. Diese relativ geringen P-Verfügbarkeiten sind begründet im vergleichsweise großen Anteil an partikulärem P in den Untersuchungsgewässern (im Mittel aller Meßstellen 75% von Gesamt-P) Die höchste Verfügbarkeit tritt im Dinklager Mühlenbach auf und nimmt im weiteren Verlauf der Hase kontinuierlich ab.

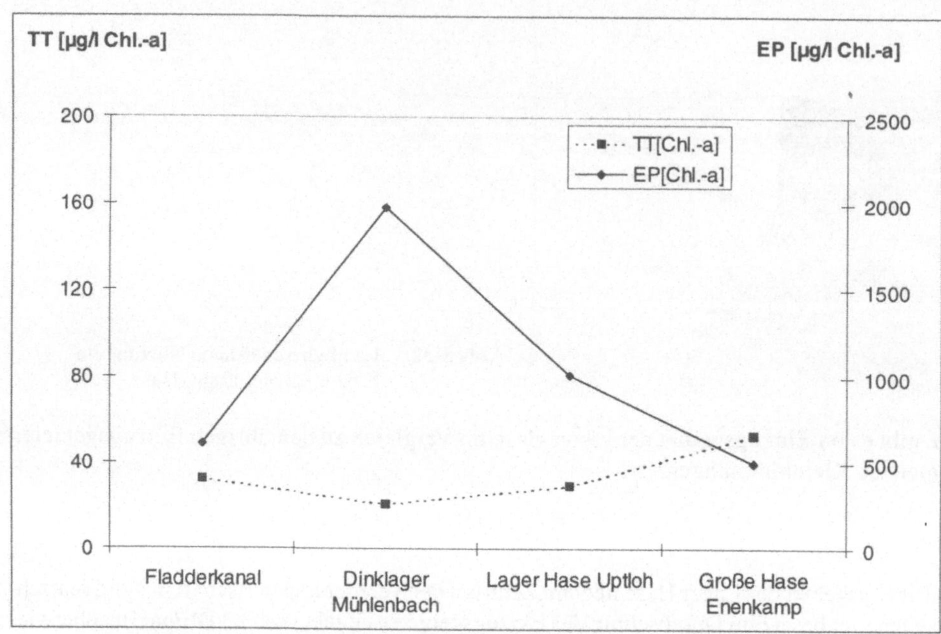


**Abb. 3-33** Tatsächliche Trophie (TT) zur Zeit maximaler Algenkonzentrationen in der Lager Hase (03.06.1996) im Vergleich mit maximal bildbarer Biomasse (Eutrophierungspotential; EP)

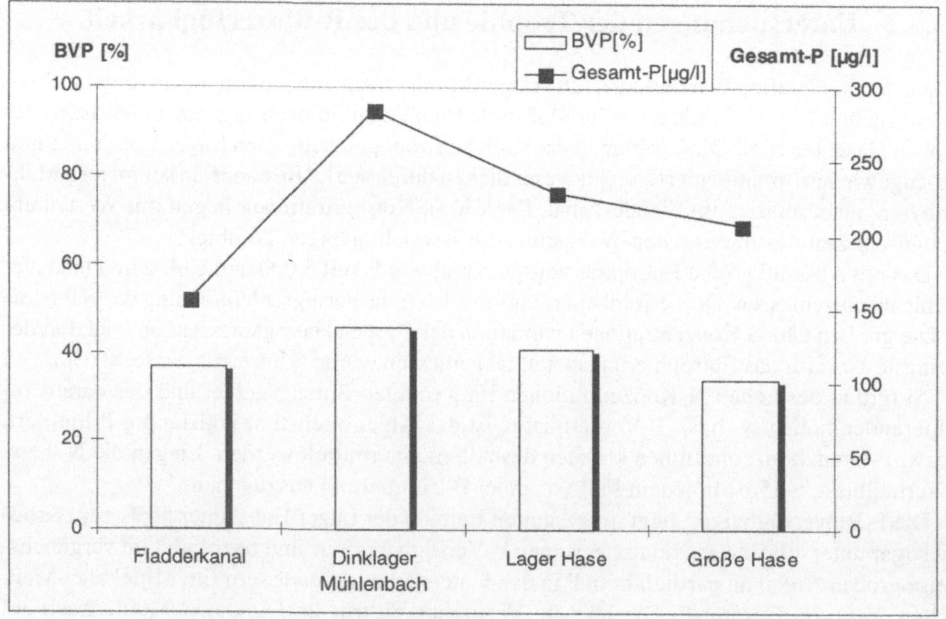


**Abb. 3-34** Bioverfügbarkeit Einzugsgebiet Lager Hase und Gesamt-P-Konzentrationen im Flußverlauf, Mittelwerte 1996, n = 4

Zusammenfassend kann festgestellt werden, daß eine Reduzierung der Nährstoffeinträge im Einzugsgebiet Lager Hase zu einer Reduzierung des Makrophyten- und des Algenwachstums im Fluß und den Nebengewässern beitragen wird. Durch die durchgängige P-Limitierung wird das Algenwachstum anfangs nur durch die Verminderung der insbesondere hochbioverfügbaren P-Einträge reguliert werden können. Insbesondere im weiteren, eher algendominierten Verlauf der Hase, in der Ems und der Nordsee werden verminderte Nährstoffeinträge auch zu einem eingeschränkten Algenwachstum führen.

#### 3.3.3.3 Ergebnisse der Nährstoffbilanzierung

*Ist-Zustand*

Zur Bilanzierung der Nährstoffeinträge in die Lager Hase wurde die in Kapitel 3.2 beschriebene Methode verwendet. Die erforderlichen Eingabedaten stammen aus dem Zeitraum 1990 - 94. Sie repräsentieren den Ist-Zustand.

Das Einzugsgebiet der Lager Hase liegt in einem Schwerpunkt der Veredelungswirtschaft in Niedersachsen. Nährstoffüberschüsse kennzeichnen dieses Gebiet. Bei einem Viehbesatz von mehr als 3 DE/ha reicht die landwirtschaftliche Nutzfläche nicht aus, die Wirtschaftsdünger im Gebiet auszubringen. Nach Auskunft der Landwirtschaftsvertreter vor Ort werden etwa 2,2 DE/ha im Gebiet ausgebracht, während der Rest nach außerhalb gebracht wird. Die Berechnung des Ist-Zustandes erfolgte daher mit der Annahme, daß auf die Acker- und Grünlandflächen im Gebiet im Durchschnitt 2,2 DE/ha jährlich verteilt werden.

Die Stoffeinträge in die Lager Hase zeigt Abb. 3-35. Insgesamt gelangen jährlich 1.804 t N und 127 t P in das Gewässer. Es handelt sich dabei um die höchsten Nährstoffmengen aller hier untersuchten Flüsse. Umgerechnet auf die Einzugsgebietsgröße trägt jeder Hektar mit 36 kg N und 2,5 kg P zur Nährstoffbelastung bei.

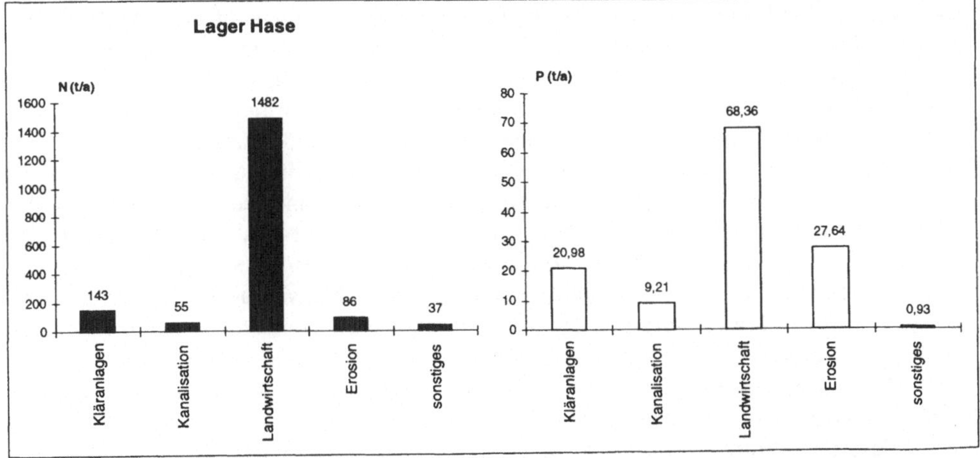


**Abb. 3-35** Durchschnittliche Nährstoffeinträge in die Lager Hase in den Jahren 1990 - 1994

82% der Stickstoffeinträge stammen aus der Landwirtschaft. Einen wesentlichen Anteil daran hat vermutlich der N-Bilanzüberschuß in Höhe von 170 kg N/ha Ackerfläche, der durch den hohen Anfall von Wirtschaftsdüngern entsteht. Bei einem Ackeranteil von fast 60% macht sich dieser Bilanzüberschuß deutlicher in der Nährstoffbilanz bemerkbar als in anderen Gebieten. Außerdem ist zu bedenken, daß mit 10% nur wenig Wald im Einzugsgebiet vorkommt. Waldgebiete weisen jedoch nach wie vor geringe Stoffausträge auf und vermindern so den Gesamteintrag aus einem Einzugsgebiet.

Alle übrigen Eintragspfade zusammen stellen nur 18% der N-Belastung.

Auch beim Phosphor spielt die Landwirtschaft eine große Rolle. Mehr als die Hälfte aller Einträge stammt aus dieser Quelle. Im Gegensatz zum Stickstoff fällt jedoch auf, daß Kläranlagen und Bodenerosion für erhebliche Stoffeinträge sorgen. Mit 21 t P pro Jahr ist die Lager Hase im Vergleich zu den übrigen Einzugsgebieten durch die Kläranlagen deutlich belastet. Relativ zu den P-Einträgen aus der Landwirtschaft sind es jedoch nur 16,5%. Der Beitrag der Kanalisation ist mit ca. 7% gering. Dies liegt vor allem an der relativ hohen Belastung der Lager Hase aus anderen Quellen.

Von allen Einzugsgebieten, die hier untersucht wurden, ist die Lager Hase als einzige in erheblichem Maße erosionsgefährdet. Abgeschwemmte Bodenteilchen verursachen immerhin fast 22% der Gesamt-P-Belastung.

In diesem Gebiet zeigen sich deutlich die Folgen einer intensiven Landbewirtschaftung. Damit deutet sich hier der Schwerpunkt der Maßnahmen zur Verbesserung der Gewässergüte an, die nachfolgend über Bewirtschaftungsszenarien beschrieben werden.

*Bewirtschaftungsszenarien*

Es wurden insgesamt 5 Szenarien mit den Handlungsschwerpunkten Kläranlagen oder Landwirtschaft berechnet. Ziel dieser Szenarien ist es, die Durchführung von Maßnahmen zur Verbesserung der Gewässergüte zu simulieren. Die Minderung der Stoffeinträge durch das jeweilige Maßnahmenpaket im Vergleich zum Ist-Zustand zeigt Abb. 3-36.

In Szenario 1 wird angenommen, daß durch intensive Beratung der Landwirte eine ordnungsgemäße Landbewirtschaftung erfolgt. Im Vergleich zum Ist-Zustand, in dem angenommen wird, daß die Landwirte sich nicht immer an die Empfehlungen der Landwirtschaftskammer halten, beinhaltet ordnungsgemäße Landwirtschaft eine N- und P-Düngung, die sich unter Einbeziehung aller Nährstoffquellen strikt an die Empfehlung der Kammer zu den einzelnen Kulturen hält. Außerdem werden in diesem Szenario sämtliche Direkteinträge, die unmittelbar aus der Landwirtschaft stammen, durch entsprechende Maßnahmen vermieden. Mit diesem Szenario wird die Einhaltung aller gesetzlichen Bestimmungen simuliert, die in Zusammenhang mit Stoffeinträgen aus der Landwirtschaft relevant sind. Damit sinkt z.B. der N-Bilanzüberschuß auf 106 kg N/ha Acker. Insgesamt reduziert sich durch diese Maßnahmen der N-Eintrag um 33% und der P-Eintrag um mehr als 50% im Vergleich zum Ist-Zustand. Dieser deutliche Effekt, insbesondere beim Phosphor, läßt sich auch darauf zurückführen, daß die Direkteinträge aufgrund der weit verbreiteten Tierproduktion überdurchschnittlich hoch sind und im Ist-Zustand fast die Hälfte der P-Einträge ausmachen.

Die flächendeckende Einführung des ökologischen Landbaus sieht Szenario 2 vor. Der Viehbesatz ist nach den Rahmenrichtlinien für ökologische Anbauverbände (AGÖL 1996) auf 1,4 DE/ha beschränkt. Im Einzugsgebiet der Lager Hase fallen zur Zeit durchschnittlich 3,0 DE/ha an. Es wäre daher notwendig, den Viehbesatz zu reduzieren, so daß insgesamt

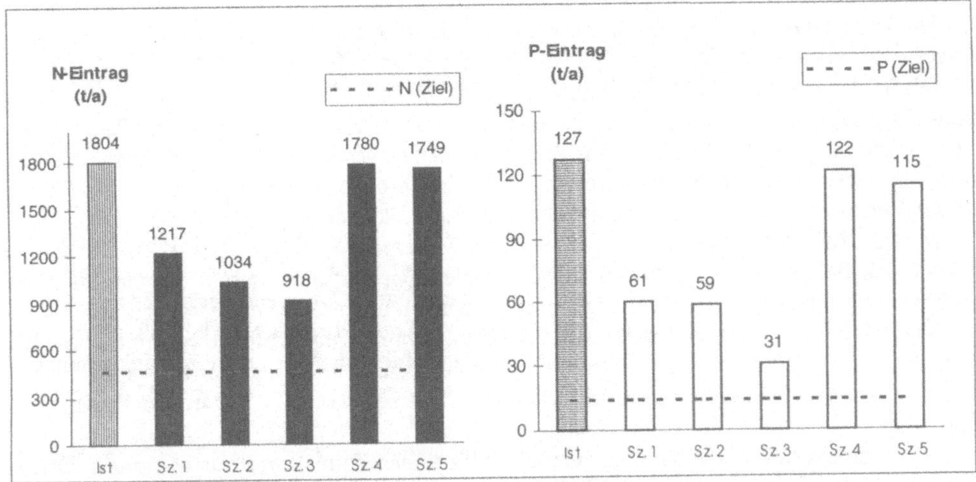


**Abb. 3-36** Einfluß unterschiedlicher Bewirtschaftungsmaßnahmen auf die N- und P-Einträge in die Lager Hase (dargestellt anhand von Szenarien) im Vergleich zu den angestreten Zielen

weniger Wirtschaftsdünger anfallen würde. Der N-Überschuß von Ackerflächen würde nur noch 80 kg/ha betragen.

In Szenario 3 ist ebenfalls flächendeckend der ökologische Landbau eingeführt. Darüber hinaus werden aber noch weitere Maßnahmen zum Schutz der Gewässer vor Stoffeinträgen umgesetzt. Das wichtigste Ziel dieses Szenarios ist die Vermeidung von Bodenerosion, die im Gebiet der Lager Hase mit 22% an der Gesamt-P-Belastung des Gewässers beteiligt ist. Szenario 3 verdeutlicht, daß die Erosionsschutzmaßnahmen zu einem zusätzlichen Rückgang der P-Einträge führen. Im Vergleich zum Ist-Zustand ist der P-Eintrag nun auf 25% gesunken. Auch die N-Einträge verringern sich infolge dieser weitergehenden Maßnahme zum Gewässerschutz, wenn auch nicht in dieser Größenordnung. Im Vergleich zum Ist-Zustand sind die N-Einträge auf etwa die Hälfte gesunken.

In Szenario 4 und 5 erfolgte eine Verbesserung der Reinigungsleistung der Kläranlagen. Der Ausbau aller Kläranlagen gemäß der aktuellen gesetzlichen Vorschrift zeigt Szenario 4. Die N-Einträge sinken um 1,5% und die P-Einträge um 4,4%. Einen weiteren Ausbau der Kläranlagen, um die Ablaufkonzentrationen noch weiter zu senken, sieht Szenario 5 vor. Jetzt wird auch bei den Kleinkläranlagen eine verbesserte Reinigungsleistung angestrebt. Im Vergleich zum Ist-Zustand verringern sich die N-Einträge um 3% und die P-Einträge um fast 10%.

Es bleibt jedoch festzuhalten, daß mit keinem Szenario die angestrebten Güteziele erreicht werden. Weitere Maßnahmen sind vor allem im Bereich Landwirtschaft erforderlich.

#### 3.3.3.4 Ergebnisse der Kostenberechnung

Mit Berechnung der Jahreskosten bzw. der stoffspezifischen Kosten lassen sich die vorgeschlagenen Bewirtschaftungsmaßnahmen hinsichtlich ihrer ökonomischen Effektivität bewerten. Die Ergebnisse dieser Berechnungen sind in Abb. 3-37 dargestellt und werden im folgenden erläutert. (Zur Berechnungsmethode s. Kapitel 3.2.2).

Die Umsetzung der vorgeschlagenen Bewirtschaftungsmaßnahmen ist im Einzugsgebiet Lager Hase mit Jahreskosten zwischen ca. 0,7 und 33 Mio. DM verbunden.

Die höchsten Kosten fallen durch die flächendeckende Einführung des ökologischen Landbaus (Szenario 2) bzw. für die weitergehenden Gewässerschutzmaßnahmen (Szenario 3) an. Für die sehr intensive Landwirtschaft in diesem Gebiet, insbesondere die Veredlungswirtschaft, bedeutet diese Maßnahme erhebliche Einkommensverluste. Der entsprechende Ausgleich dieser Verluste addiert sich zu den hohen Gesamtjahreskosten von ca. 30,5 Mio. DM.

Mit 32,6 Mio. DM liegen die Jahreskosten der weitergehenden Gewässerschutmaßnahmen noch etwas höher. Die zusätzlichen Kosten werden hier vor allem durch Umwandlung von Acker- in Grünlandflächen und Aufgabe der Dränagen unter Grünland hervorgerufen.

Vergleichsweise geringe Kosten von 0,67 Mio. DM pro Jahr entstehen bei Einhaltung der ordnungsgemäßen Landbewirtschaftung (Szenario 1). Für den Ausbau der Kläranlagen nach gesetzlichen bzw. weitergehenden Anforderungen müssen etwa 10 - 14 Mio. DM aufgewendet werden.

Die Jahreskosten der Kläranlagenerweiterung liegen damit zwar nur bei einem Drittel bzw. der Hälfte der Kosten für die Einführung des Ökolandbaus. Mit dem Ausbau der Kläranlagen wird jedoch auch nur eine geringe Reduzierung der Nährstoffeinträge erzielt. Die spezifischen Kosten des Ausbaus betragen daher rund 200 - 300 DM/kg N bzw. $P_{reduziert}$ und sind fast um den Faktor 100 höher als die flächendeckende Einführung des Ökolandbaus bzw. die weitergehenden Gewässerschutzmaßnahmen (ca. 35 DM/kg N bzw. $P_{reduziert}$).

Die Einhaltung der ordnungsgemäßen Landbewirtschaftung zeigt die höchste ökonomische Effizienz der ausgewählten Bewirtschaftungsmaßnahmen. Die spezifischen Kosten liegen hier mit 1 DM pro zurückgehaltenem kg N bzw. P etwa bei 3,3% der entsprechenden Kosten für die anderen landwirtschaftlichen Maßnahmen (Szenario 2 und 3).

### 3.3.3.5 Vorschläge für Bewirtschaftungsmaßnahmen

Von allen hier untersuchten Gewässern ist die Nährstoffbelastung der Lager Hase aus jedem Hektar Einzugsgebiet durchschnittlich am größten. Das Einzugsgebiet ist durch erhebliche Nährstoffüberschüsse aus der Veredelungswirtschaft gekennzeichnet.

Aus der Berechnung der Szenarien lassen sich folgende Bewirtschaftungsmaßnahmen für die Lager Hase ableiten:

- intensive Beratung der Landwirte,
- Reduzierung der N-Düngung,
- Reduzierung des Viehbesatzes von 3 auf (möglichst weniger als) 1,4 DE/ha,
- Durchführung von Erosionsschutzmaßnahmen auf 6.900 ha Ackerfläche (hangparalleles Pflügen, Zwischenfruchtanbau) und Anlage von Erosionsschutzstreifen auf einer Gewässerlänge von 56 km,
- Vermeidung von Direkteinträgen durch Weidetiere und von landwirtschaftlichen Hofflächen.

Soweit diese Maßnahmen in den Szenarien verwirklicht sind, führen sie zu deutlich verringerten Stoffeinträgen. Jedoch werden selbst durch eine Umstellung auf ökologischen Land-

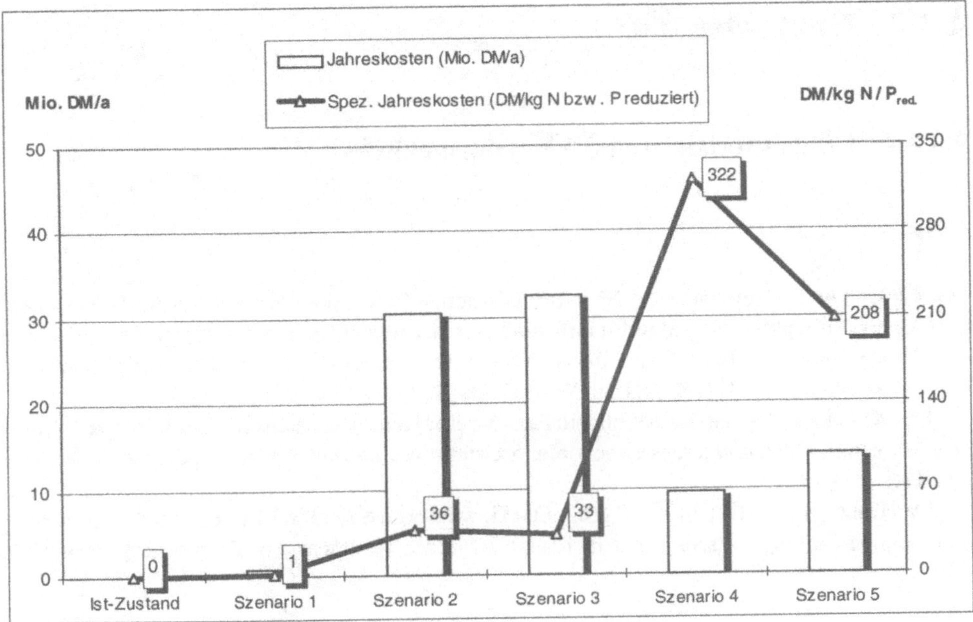


**Abb. 3-37** Jahreskosten und spezifische Jahreskosten (DM/kg N bzw. $P_{reduziert}$) bei Umsetzung der Szenarien 1 - 5 im Einzugsgebiet Lager Hase

bau und der damit verbundenen Einschränkung der Viehhaltung auf 1,4 DE/ha sowie weitergehenden Gewässerschutmaßnahmen (Vermeidung von Erosion, Verschließen von Dränagen) weder für Stickstoff noch für Phosphor die Güteziele zum Schutz der aquatischen Lebensgemeinschaften erreicht. Auch die Kombination von landwirtschaftlichen Maßnahmen mit dem Ausbau der Kläranlagen genügt nicht. Offensichtlich muß der Nährstoffüberschuß noch weiter sinken, z.B. indem die Tierhaltung auf unter 1,4 DE/ha reduziert wird, wodurch jedoch erhebliche Kosten als Entschädigungsleistungen an die Landwirte entstehen.

# 3.3.4 Knockster Tief

## 3.3.4.1 Charakterisierung des Einzugsgebietes

*Gewässer*

Das Knockster Tief repräsentiert die naturräumliche Einheit Watten und Marschen. Es ist kein natürliches Fließgewässer, sondern aufgrund seiner Lage unterhalb des Meeresspiegels muß das Wasser mittels Sielbetrieb oder durch Pumpen seewärts befördert werden. Im Sommer wird ein Wasserstand von - 1,27 m NN, im Winter von - 1,47 m NN angestrebt.

Das Knockster Tief ist das wichtigste Entwässerungstief zwischen Großem Meer und Knock (Außen-Ems). Altes und neues Greetsieler Sieltief und Pewsumer Tief münden in das Knockster Tief.

Das Einzugsgebiet ist 349 km² groß. Die Gewässergüte liegt in Klasse II-III (kritisch belastet), einige Seitengewässer sogar in Klasse III (stark verschmutzt). Bei der Bewertung der

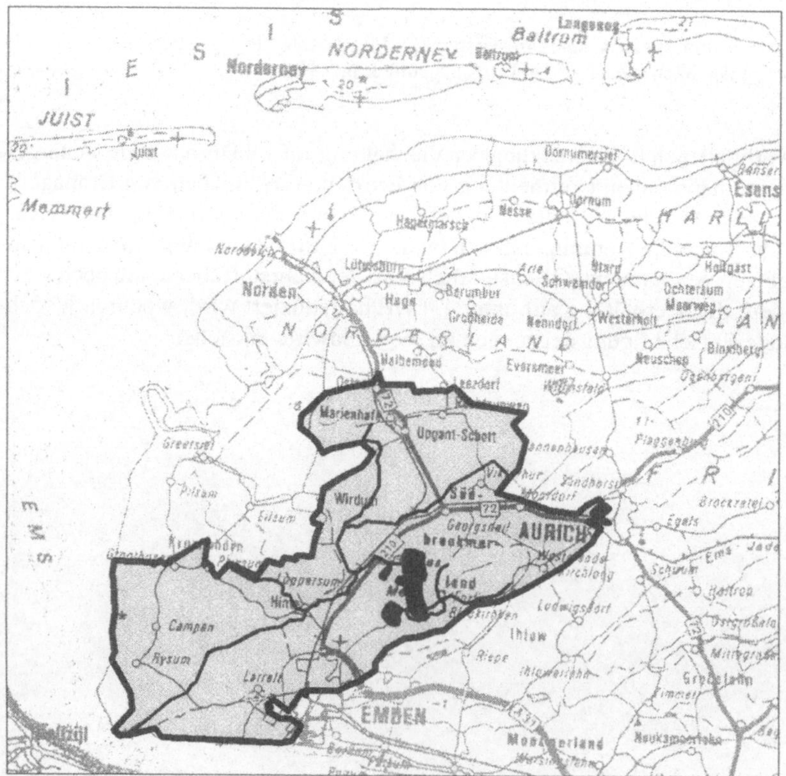


**Abb. 3-38** Das Einzugsgebiet Knockster Tief

**Tab. 3-26** Abflußkennwerte des Knockster Tiefs (Pegel Knock)

| | |
|---|---|
| MQ | 2,6 cbm/s |
| Basisabfluß | 2,59 cbm/s |
| gebietsspezifische Abflußspende | 7,5 l/s*qkm |
| durchschnittliche Grundwasserneubildung | 254 mm/a |

Gewässergüte ist die Fruchtbarkeit der Marschböden zu berücksichtigen, die natürlicherweise zu einer höheren Nährstoffbelastung der Gewässer beiträgt als bei den Geestgewässern. Die N- und P-Konzentrationen der vergangenen Jahre zeigt Abb. 3-39. Die angestrebten Güteziele von 1,48 mg N/l und 0,04 mg P/l im Jahresdurchschnitt werden weit überschritten.

Die Abflußkennwerte sind in Tab. 3-26 zusammengestellt. Aufgrund des Sielbetriebes ist die Beschreibung des Abflußgeschehens komplexer als für natürliche Fließgewässer. Wegen der geringen Flurabstände ist der Basisabfluß durch einen erheblichen Grundwassereinstrom gekennzeichnet. Ein Zwischenabfluß findet praktisch nicht statt.

*Geologie und Böden*

Das Einzugsgebiet des Knockster Tiefs liegt mit seinem südwestlichen Teil im Bereich der Emsmarschen, der übrige Teil gehört zur Ostfriesischen Geest. Die in die Emsmündung hineinragenden Marschen gehören zur naturräumlichen Einheit "Krumme Hörn". Sie bestehen aus jungen, kalkreichen marinen Sedimenten und sind überwiegend grundwasserbeeinflußt, z.T. auch durch Stau-

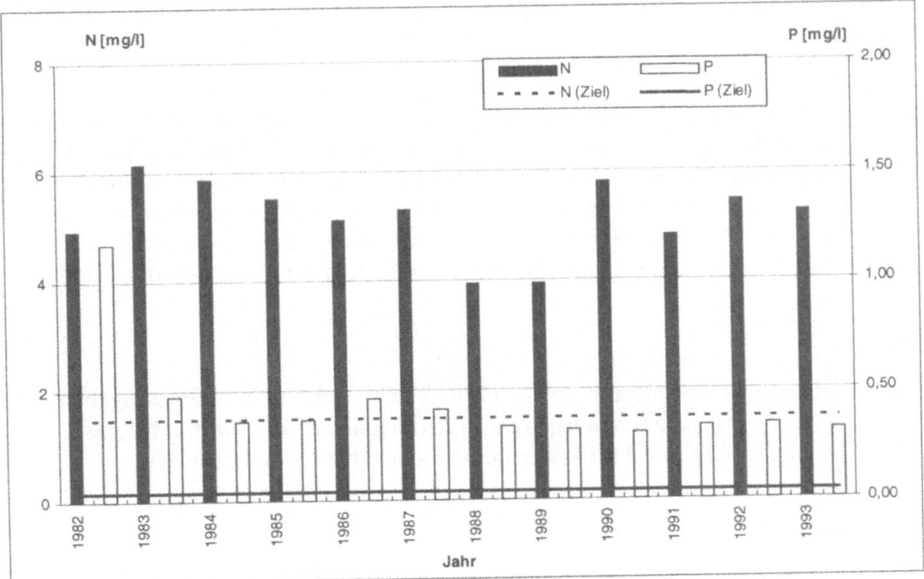


**Abb. 3-39** N- und P-Konzentrationen der vergangenen Jahre im Knockster Tief (Jahresdurchschnittswerte)

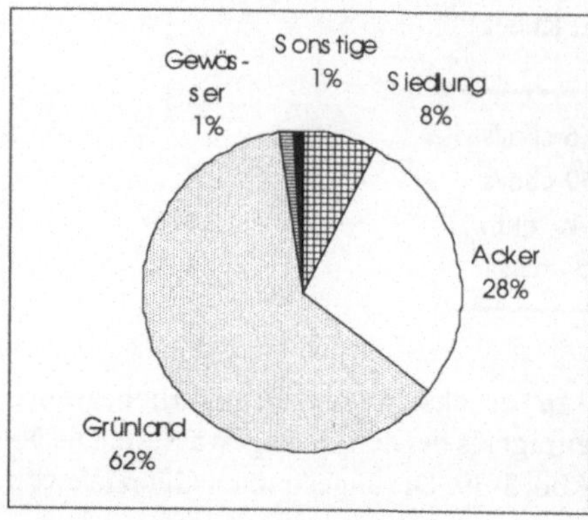


**Abb. 3-40** Landnutzung im Einzugsgebiet

nässe geprägt. Der nordöstliche Teil des Einzugsgebietes ist durch einen Wechsel von Flachmooren und schmalen Geestrücken gekennzeichnet, die nach Südwesten ausgerichtet sind.

*Klima*

Das Klima ist deutlich maritim geprägt. Charakteristisch sind hohe Niederschläge, hohe Luftfeuchte, starke Bewölkung und überdurchschnittlich hohe Windgeschwindigkeiten. Der ozeanische Einfluß führt zu einer langen Vegetationsperiode mit vergleichsweise wenigen Frosttagen. Die hohen Niederschläge im Juli und August begünstigen die Grünlandnutzung. Die mittleren Niederschlagsmengen liegen bei 825 mm. Demgegenüber steht eine Verdunstung (HAUDE) von 469 mm.

*Landnutzung*

Die potentiell natürliche Vegetation der weiten Flachmoorflächen ist Erlenbruch- und Erlen-Birkenbruchwald. Siedlungen und Ackerbau konzentrierten sich von jeher auf die höher gelegene Geest und verdrängten dort frische bis feuchte Stieleichen-Birkenwälder. Die Marschböden der "Krummen Hörn" bilden fruchtbares Ackerland; kleinflächig gibt es auch Weiden. Wo jedoch aufgrund der Bodenart keine Dränung möglich ist, werden die Marschen als Grünland genutzt. Die alten Marschendörfer sind alle als Wurtensiedlung entstanden. Waldflächen sind nicht vorhanden. Die Landnutzung des Einzugsgebietes ist in Abb. 3-40 dargestellt.

*Kläranlagen*

Industriebetriebe, die ihr Abwasser in das Knockster Tief einleiten, sind im Einzugsgebiet nicht vorhanden. Sieben kommunale Kläranlagen entsorgen das anfallende Abwasser für etwa 28.200 Einwohner. Weitere 9.643 Einwohner klären ihr Abwasser über Kleinkläranlagen.

*Landwirtschaft*

Das Einzugsgebiet Knockster Tief mit seinen Marschböden und geringen Flurabständen ist ein von der Milchwirtschaft geprägtes Gebiet. 65% der landwirtschaftlichen Nutzfläche sind Grünland. Auf den fruchtbaren Marschböden findet jedoch je nach Entwicklungszustand der

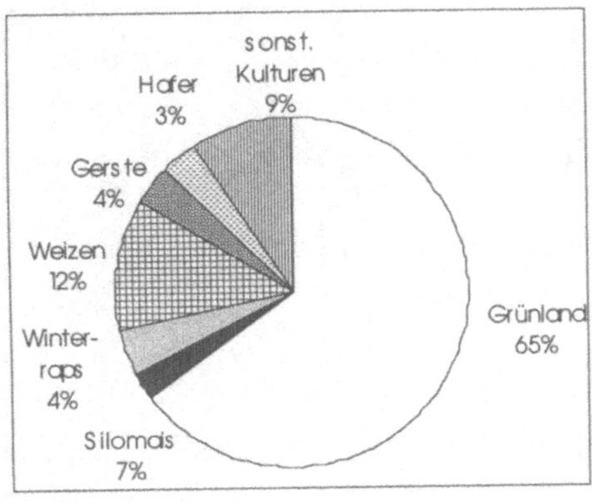


**Abb. 3-41** Landwirtschaftliche Nutzung im Einzugsgebiet

Böden und Entwässerungsmöglichkeiten auch intensiver Ackerbau statt. Der Anbau von Weizen erreicht einen Flächenanteil von 12%. Die flächenmäßige Bedeutung anderer Feldfrüchte tritt dahinter zurück.

### 3.3.4.2 Ergebnisse der Nährstoffbilanzierung

*Ist-Zustand*

Der durchschnittliche Nährstoffeintrag in den Jahren 1989 - 1993 in das Knockster Tief repräsentiert bei den folgenden Betrachtungen den Ist-Zustand. Insgesamt gelangten in diesem Zeitraum aus dem Einzugsgebiet bis zum Pegel Knock jährlich 601 t Stickstoff und ca. 39 t Phosphor in das Gewässer. Im Vergleich zu den übrigen hier untersuchten Einzugsgebieten handelt es sich damit um die geringste Nährstoffmenge, wobei jedoch zu bedenken ist, daß es sich auch um das kleinste Gebiet handelt. Umgerechnet auf die Größe des Einzugsgebietes trägt jeder Hektar mit 17,2 kg N und 1,11 kg P zur Nährstoffbelastung des Gewässers bei.

Von allen untersuchten Eintragspfaden stellt die Landwirtschaft den größten Teil der Stoffeinträge. Abb. 3-42 zeigt, daß 80% der N-Einträge aus dem Verursacherbereich Landwirtschaft stammen. Einträge aus Kläranlagen und Kanalisation tragen zur N-Belastung 9 bzw. 7% und zur P-Belastung jeweils etwa 20% bei. Ein Erosionsproblem gibt es im Bereich des Knockster Tiefs aufgrund des sehr ebenen Geländes nicht. Es wird immer wieder vermutet, daß Hochwasserereignisse, vor allem, wenn sie unmittelbar nach einer Düngung oder Gülleausbringung auftreten, durch Abschwemmen der Nährstoffe in die vielen Gräben zur Gewässerbelastung in erheblichem Maße beitragen. Es ist jedoch auch denkbar, daß es aufgrund der kaum vorhandenen Reliefenergie nicht zu einem Oberflächenabfluß kommt. Mit sinkendem Wasserstand in den Gräben und Wieken versickert das überstehende Wasser in den Untergrund und die ausgebrachten Düngemittel werden eingewaschen.

Im Vergleich zu den übrigen Einzusgebieten ist der Anteil Moorböden, der landwirtschaftlich genutzt wird, mit etwa 11% relativ hoch. Die Nutzung als Grünland, insbesondere aber als Ackerland, fördert den Abbau der organischen Substanz. Die dabei freiwerdende N-Menge kann mehrere 100 kg N pro Hektar betragen (SCHEFFER 1988). Setzt man eine Mineralisationsrate von 200 kg N/ha*a an, kommt dies einer zusätzlichen Düngung in Höhe von durchschnittlich

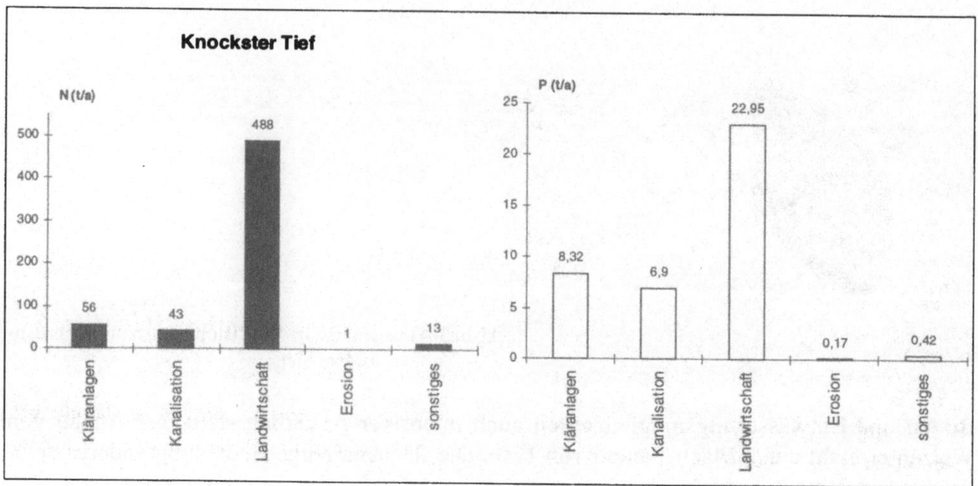


**Abb. 3-42** Durchschnittliche N- und P-Einträge in das Knockster Tief in den Jahren 1989 - 1993

22 kg N/ha landwirtschaftliche Nutzfläche gleich. Bezieht man diese Mineralisationsrate bei der Berechnung der N-Bilanz ein, ergibt sich für Ackerflächen ein Bilanzüberschuß von 144 kg N/ha.

Die Produktion von Milch spielt im Einzugsgebiet Knockster Tief eine große Rolle. In Milchviehbetrieben sind N-Bilanzüberschüsse von 200 kg N/ha und mehr keine Seltenheit. Das hier angewandte Modell sieht unter Grünland eine relativ geringe N-Auswaschung vor, die pauschal für jedes Gebiet gleich hoch angesetzt wird. Bei sehr hohen Bilanzüberschüssen auf Grünland könnte demnach die Auswaschung zu niedrig ermittelt werden. Da die Modellergebnisse mit den Meßwerten am Pegel recht gut übereinstimmen, ist hier möglicherweise die pauschale Annahme über die N-Auswaschung unter Grünland im Ergebnis zwar korrekt, jedoch weniger auf niedrige Bilanzüberschüsse, sondern vielmehr auf gute Filtereigenschaften der Marschböden sowie Denitrifikationsvorgänge in den hydromorphen Böden zurückzuführen.

Die Flurabstände im Einzugsgebiet sind überwiegend sehr gering und werden über die Schöpfwerke z.T. künstlich eingestellt. Dadurch kommt es praktisch nicht zur Bildung eines Zwischenabflusses wie auch die Abflußkennwerte in Abschnitt 3.3.4.1 zeigen. Entsprechend gering ist die Bedeutung des Zwischenabflusses für den Stoffeintrag.

Zusammenfassend bleibt festzuhalten, daß die Kläranlagen im Einzugsgebiet Knockster Tief durchaus noch ein Potential zur Verringerung der P-Belastung des Gewässer beinhalten. Im Hinblick auf die Stickstoff- und Phosphorbelastung besteht ein erheblicher Handlungsbedarf in der Landwirtschaft.

*Bewirtschaftungsszenarien*

Zur Verbesserung der Gewässergüte im Knockster Tief sind Maßnahmen erforderlich, die vor allem die Bereiche Landwirtschaft und Kläranlagen betreffen. Um abschätzen zu können, welche Maßnahmen im Einzugsgebiet Knockster Tief am sinnvollsten umgesetzt werde sollten, wurden insgesamt 5 Szenarien berechnet. Die Ergebnisse, d.h. die Verringerung der Gesamt-N- bzw. P-Einträge im Vergleich zum Ist-Zustand (1989 - 1993) zeigt Abb. 3-43. Die Szenarien 1 bis 3 veranschaulichen den Effekt von Maßnahmen im Bereich Landwirtschaft, Szenario 4 und 5 beziehen sich auf die Verbesserung der Reinigungsleistung von Kläranlagen.

In Szenario 1 werden die Nährstoffeinträge für ordnungsgemäße Landbewirtschaftung berechnet. Dieses Maßnahmenpaket umfaßt eine Düngung, die unter Berücksichtigung sämtlicher mineralischer und organischer Gaben die Empfehlung der Landwirtschaftskammer zu den einzelnen Kulturen nicht überschreitet. Dadurch sinkt der N-Bilanzüberschuß auf Ackerflächen von 150 kg N/ha im Ist-Zustand auf 73 kg N/ha. Außerdem wird durch entsprechende Maßnahmen der Direkteintrag von Nährstoffen durch weidende Tiere, durch Düngerstreuen und von Hofflächen vermieden. Insgesamt reduziert sich die N-Belastung um 30% und die P-Belastung um mehr als 50% im Vergleich zum Ist-Zustand. Der Eintrag aus Kläranlagen bleibt in gleicher Höhe wie im Ist-Zustand.

In Szenario 2 ist ökologischer Landbau flächendeckend im gesamten Einzugsgebiet eingeführt. Die Stickstoffzufuhr ist nur über den Anbau von Leguminosen und über Wirtschaftsdünger möglich. Dadurch sinkt der N-Bilanz-Überschuß auf 42 kg N/ha Ackerfläche. Bei diesem Szenario wird angenommen, daß der Viehbesatz von durchschnittlich 0,83 DE/ha, der überwiegend aus der Milchviehhaltung stammt, in dieser Höhe beibehalten wird. Aufgrund der relativ geringen Ackerfläche im Einzugsgebiet steht wenig Fläche zum Anbau von Leguminosen zur Verfügung. Im Vergleich zum Ist-Zustand würde die flächendeckende Einführung des ökologische Landbaus die N-Einträge um fast 40% und die P-Einträge um 60% reduzieren.

Weitergehende Maßnahmen des Gewässerschutzes werden in Szenario 3 umgesetzt. Erosionsschutzmaßnahmen sind in diesem Szenario vorgesehen, aber sie sind in diesem Einzugsgebiet nicht vordringlich erforderlich. Aufgrund des ebenen Geländes sowie des geringen Ackeranteils spielt der Bodenabtrag in das Gewässer für die Nährstoffbelastung fast keine Rolle. Hingegen stellt die hier auch vorgesehene Aufgabe der Drainagen unter Acker und Grünland für die Landwirtschaft eine erhebliche Einschränkung dar. 35% des Ackerlandes und 20% des Grünlandes sind gedränt. Im Ist-Zustand fließt aus den Dränrohren fast 17% der Gesamt-N-Einträge. Insgesamt führen diese weitergehenden Maßnahmen dazu, daß im Vergleich zu Szenario 2 weitere 8 t N nicht in das Knockster Tief gelangen. Bei den P-Einträgen ist

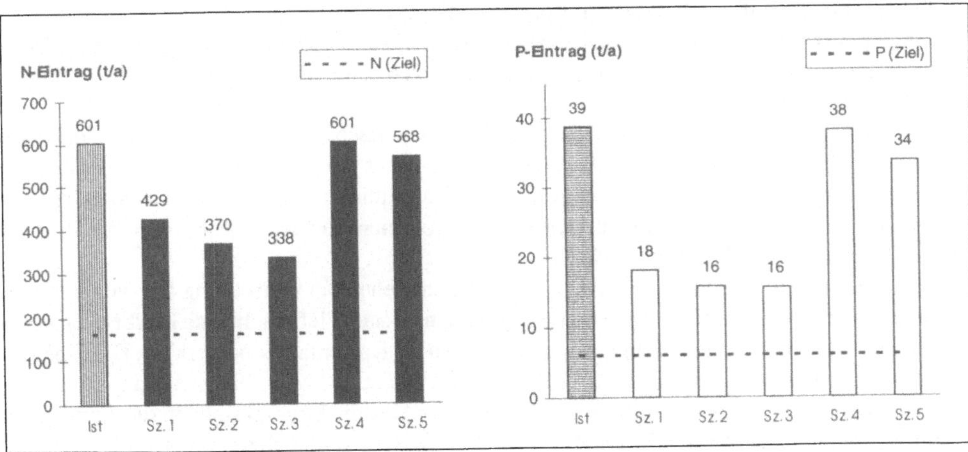


**Abb. 3-43** Einfluß unterschiedlicher Bewirtschaftungsmaßnahmen auf die N- und P-Einträge in das Knockster Tief (dargestellt anhand von Szenarien) im Vergleich zu den angestrebten Zielen

nur eine Minderung um 0,2 t/a festzustellen, denn die Erosion ist für die Stoffeinträge in diesem Einzugsgebiet ohne Belang.

Szenario 4 stellt den Ausbau aller Kläranlagen gemäß der gesetzlichen Vorschriften dar. Im Vergleich zum Ist-Zustand verändert dieses Szenario die Stoffeinträge praktisch nicht. Offensichtlich ist der Ausbauzustand der Kläranlagen soweit fortgeschritten, daß die gesetzlich vorgeschriebenen Ablaufwerte schon jetzt eingehalten werden.

In Szenario 5 wird eine weitere Verbesserung der Reinigungsleistung der Kläranlagen angenommen. Durch Denitrifikations- und Nitrifikationsanlagen sowie durch eine P-Elimination sinken die Stoffeinträge. Im Vergleich zum Ist-Zustand ist damit eine N-Reduktion um 5,5% und eine P-Reduktion um 13% erreicht.

Zusammenfassend betrachtet bietet der landwirtschaftliche Sektor weiterreichende Möglichkeiten zur Reduzierung der Nährstofffrachten im Knockster Tief als die Kläranlagen. Im Bereich der Kläranlagen müßte schon erheblich mehr als vom Gesetzgeber vorgeschrieben getan werden, um die Gewässergüte deutlich zu beeinflussen. Keines der berechneten Szenarien reduziert die Nährstoffeinträge so stark, daß die angestrebten Güteziele erreicht werden.

### 3.3.4.3 Ergebnisse der Kostenberechnung

Zur Bewertung der ökonomischen Effizienz der vorgeschlagenen Bewirtschaftungsmaßnahmen wurden die Jahreskosten und stoffspezifischen Kosten der einzelnen Szenarien berechnet (s. Abb. 3-44). Die dafür erforderlichen Eingangsdaten und die Berechnungsmethode sind in Abschnitt 2.2 beschrieben. Im folgenden werden die Ergebnisse dieser Berechnungen wiedergegeben.

Aus der nachstehenden Abbildung wird ersichtlich, daß die jährlichen Aufwendungen für die ausgewählten Maßnahmen (Szenarien) zwischen rund 0,04 und 5 Mio. DM liegen.

Die geringsten Kosten verursacht der Ausbau der Kläranlagen nach gesetzlichen Vorgaben (Szenario 4). Für die Umsetzung dieser Vorgaben ist im Einzugsgebiet Knockster Tief nur die P-Elimination einer Kläranlage zu verbessern.

Die jährlichen Aufwendungen dafür betragen 40.000 DM.

Der weitergehende Kläranlagenausbau (Szenario 5) führt dagegen zu Kosten von 2,6 Mio. pro Jahr. In diesem Fall sind praktisch in allen kommunalen Kläranlagen und den Kleinkläranlagen Erweiterungsmaßnahmen erforderlich.

Für die Einhaltung der ordnungsgemäßen Landbewirtschaftung und die flächendeckende Einführung des ökologischen Landbaus ergeben sich mit 0,5 Mio. DM bzw. 0,63 Mio. DM relativ niedrige Jahreskosten. Die geringen Kostenunterschiede zwischen den beiden Maßnahmenpaketen spiegeln die nur geringen Einkommensverluste, d.h. Kosten, bei Umstellung auf ökologischen Landbau wider.

Wesentlich höhere Kosten von ca. 5 Mio. DM entstehen bei Umsetzung der weitergehenden Maßnahmen (Szenario 3). Im Einzugsgebiet Knockster Tief macht sich hierbei vor allem die Aufgabe der verbreiteten Dränage unter Grünland als Kostenfaktor bemerkbar. Die Einkommensverluste dieser Maßnahme allein belaufen sich auf ca. 3,2 Mio. DM pro Jahr.

Ein etwas anderes Bild vermitteln die spezifischen Kosten. Es zeigt sich ein fast kontinuierlicher Kostenanstieg von den Maßnahmen in der Landwirtschaft (Szenario 1 - 3) zu den abwassertechnischen Maßnahmen (Szenario 4 und 5).

Ökonomisch gesehen sind die Einhaltung der ordnungsgemäßen Landbewirtschaftung und die flächendeckende Einführung des ökologischen Landbaus mit ca. 2,5 DM/kg N bzw.

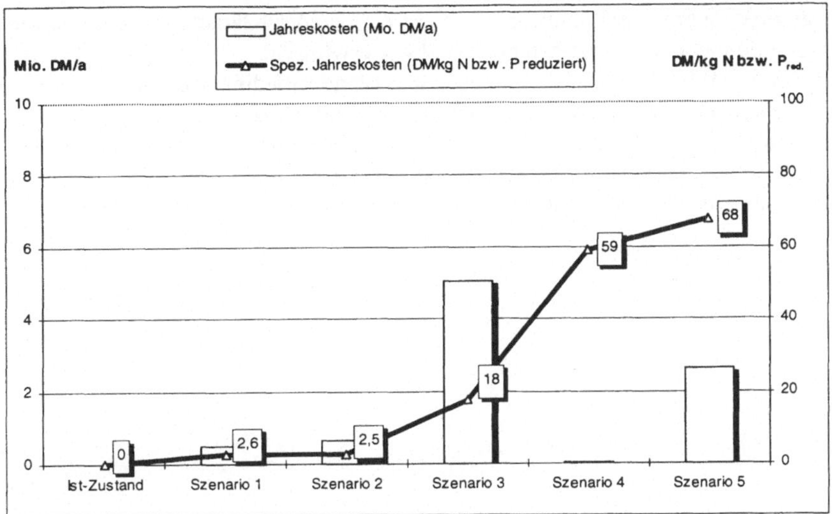


**Abb. 3-44** Jahreskosten und spezifische Jahreskosten (DM/kg N bzw. $P_{reduziert}$) bei Umsetzung der Szenarien 1 - 5 im Einzugsgebiet Knockster Tief

$P_{reduziert}$ recht effizient. Die spezifischen Kosten für die weitergehenden Gewässerschutzmaßnahmen liegen wegen der höheren Jahreskosten schon bedeutend darüber (18 DM/kg N bzw. $P_{reduziert}$). Gleichwohl ist die ökonomische Effektivität dieser Maßnahmen noch ca. drei- bis viermal höher als ein Ausbau der Kläranlagen. Deren spezifische Kosten bewegen sich bereits bei etwa 60 - 70 DM/kg N bzw. $P_{reduziert}$.

Zusammenfassend ist also der Ausbau der Kläranlagen - ökonomisch wie ökologisch gesehen - als wenig effizient anzusehen. Es sollten daher vorrangig im landwirtschaftlichen Bereich Maßnahmen zur Nährstoffreduzierung ergriffen werden.

### 3.3.4.4 Vorschläge für Bewirtschaftungsmaßnahmen

Die Berechnung von Szenarien erlaubt es, Rückschlüsse auf sinnvolle Bewirtschaftungsmaßnahmen in jedem Einzugsgebiet zu ziehen. Im Einzugsgebiet Knockster Tief sind zwar Maßnahmen wie

- Reduzierung der N-Düngung zur Senkung der Bilanzüberschüsse auf landwirtschaftlich genutzten Flächen,
- Vermeidung von Direkteinträgen durch Weidetiere und von landwirtschaftlichen Hofflächen,
- verbesserte Beratung der Landwirte,
- Verschließen von Dränagen auf 3.400 ha Ackerland und 4.300 ha Grünland,
- Umwandlung von ca. 5% Ackerfläche auf Moorböden in Grünland

durchaus geeignet, die Nährstoffeinträge deutlich zu senken. Jedoch werden die angestrebten Güteziele nicht erreicht. Selbst die Umsetzung des ökologischen Landbaus und weitergehende gewässerschonende Maßnahmen sowie ein Ausbau der Kläranlagen verursachen noch Stoffeinträge, die mehr als doppelt so groß sind wie erwünscht.

Allerdings ist dieses Einzugsgebiet durch besondere Standortbedingungen gekennzeichnet. Es überwiegen Marschböden mit hoher natürlicher Fruchtbarkeit. Außerdem hat das Knockster Tief keinen natürlichen Abfluß, sondern wird über ein Schöpfwerk entwässert. Es hat daher eher den Charakter eines stehenden Gewässers. Daher stellt sich die Frage, ob unter diesen Voraussetzungen die Güteziele zutreffend gewählt wurden.

# 3.3.5 Odense Å

## 3.3.5.1 Charakterisierung des Einzugsgebietes

*Das Gewässer*

Das Einzugsgebiet der Odense Å ist insgesamt 622,5 km² groß und bedeckt damit 21% der Fläche der Insel Fünen. Für den vorliegenden Bericht wurde das Einzugsgebiet bis zum Pegel Kratholm betrachtet, und damit ergibt sich ein Einzugsgebiet von 486 km² Größe.

Die Odense Å entspringt im Arreskov-See in einer Höhe von 32 m ü. NN. Bis zum Pegel Kratholm legt der Fluß eine Strecke von 31 km zurück mit einem Gefälle von weniger als 1‰. Die Abflußkennwerte sind in Tab. 3-27 wiedergegeben.

Die N- und P-Konzentrationen im Jahresdurchschnitt der vergangenen 10 Jahre zeigt Abb. 3-46. Seit den 90er Jahren sinkt die P-Belastung der Odense Å. Darin spiegelt sich die verbesserte Reinigungsleistung der Kläranlagen wider, die in den vergangenen Jahren ausgebaut wurden.

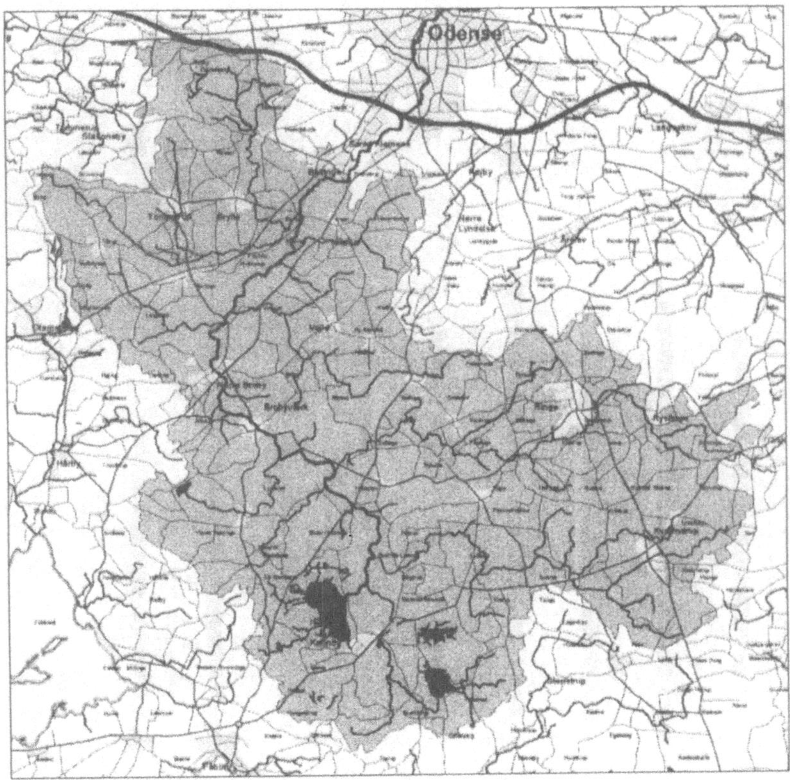


**Abb. 3-45** Das Einzugsgebiet der Odense Å

**Tab. 3-27** Abflußkennwerte der Odense Å (Pegel Kratholm)

| | |
|---|---|
| MQ | 4,7 cbm/s |
| Basisabfluß | 2,59 cbm/s |
| gebietsspezifische Abflußspende | 9,6 l/s*qkm |
| durchschnittliche Grundwasserneubildung | 326 mm/a |

Die Güteziele von 3,6 - 3,9 mg N/l und 0,2 - 0,3 mg P/l im Jahresdurchschnitt sind noch nicht erreicht.

*Geologie und Böden*

Der Oberlauf der Odense Å fließt durch eine eiszeitlich geprägte Hügellandschaft mit flachen Kämmen aus Kies (Esker). Charakteristisch für den Oberlauf ist eine schmale Aue. Der Unterlauf des Flusses liegt in einer durch Auswaschungen entstandenen weiten Ebene.

Die Böden sind überwiegend aus lehmigem Sand und sandigem Lehm entstanden. Durch ihre Fruchtbarkeit liegen die landwirtschaftlichen Erträge über dem nationalen Durchschnitt.

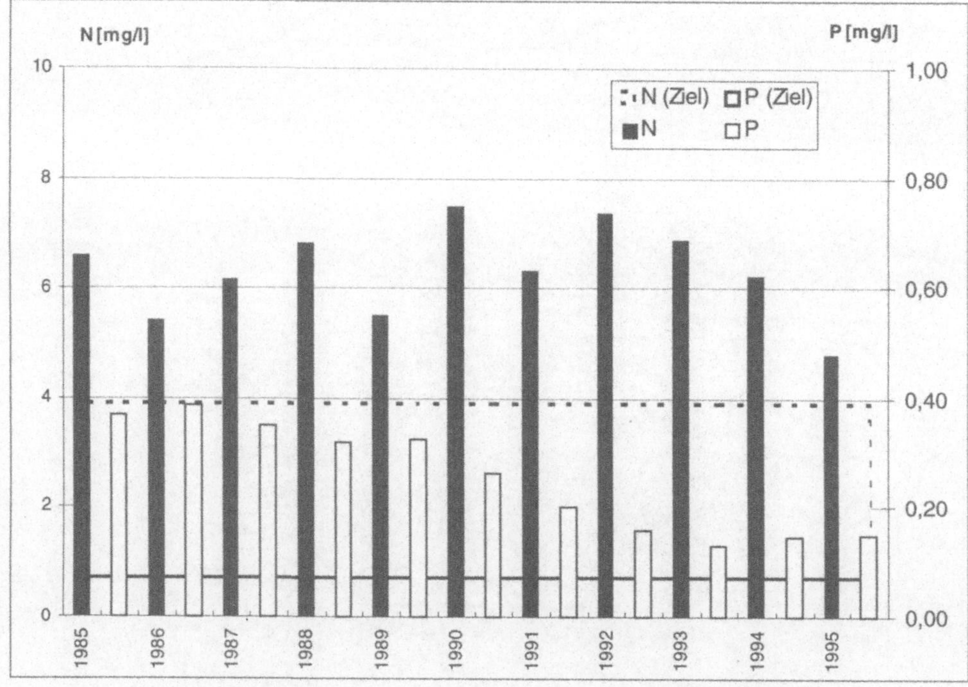


**Abb. 3-46** N- und P-Konzentrationen der vergangenen Jahre in der Odense Å (Jahresdurchschnittswerte)

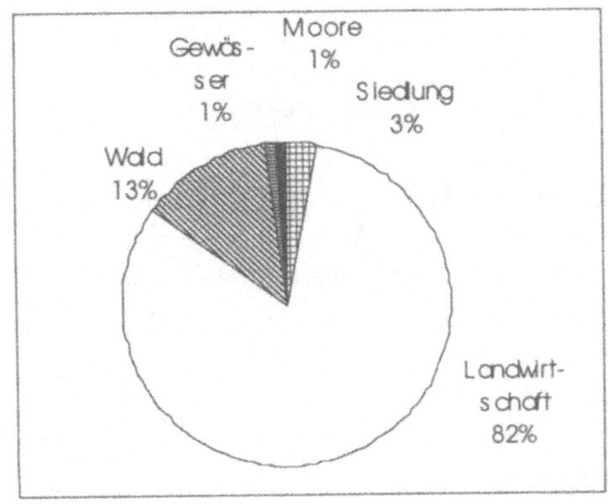


**Abb. 3-47** Landnutzung im Einzugsgebiet Odense Å

*Klima*

Die Insel Fünen liegt in der Ostsee und ist durch ein maritimes Klima gekennzeichnet. Die jährliche Niederschlagsmenge beträgt 854 mm, die Evapotranspiration 578 mm. Die mittlere Jahrestemperatur liegt mit 8,3° C in vergleichbarer Größe wie in Niedersachsen.

*Landnutzung*

Die Landnutzung ist in Abb. 3-47 dargestellt.

Das Einzugsgebiet der Odense Å ist durch die Landwirtschaft geprägt. Die landwirtschaftliche Nutzfläche erstreckt sich über 82% des Einzugsgebietes. Der Waldanteil ist mit 13% gering.

*Kläranlagen*

Acht Kläranlagen leiten ihr Abwasser in die Odense Å ein. Sie entsorgen das Abwasser von Haushalten und Industrie mit insgesamt 37.000 Einwohnergleichwerten. 3.885 Einwohner aus ländlichen Gebieten sind nicht an eine kommunale Kläranlage angeschlossen.

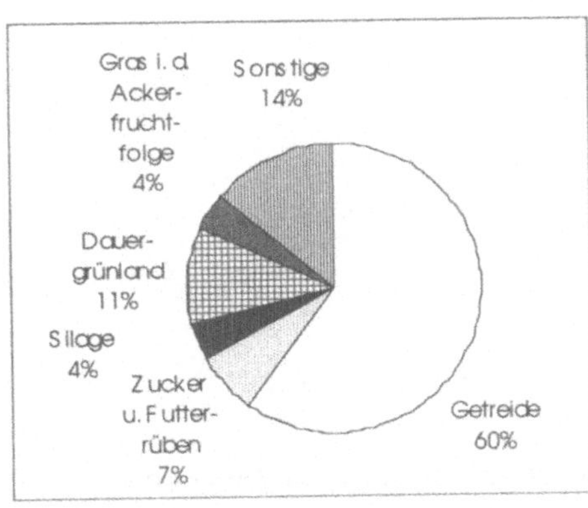


**Abb. 3-48** Landwirtschaftliche Nutzung im Einzugsgebiet Odense Å

*Landwirtschaft*

Die Landwirtschaft ist die vorherrschende Nutzung im Einzugsgebiet. Die Verteilung der angebauten Kulturen zeigt Abb. 3-48.

Beim Grünland ist eine Zuordnung in die deutschen Kategorien schwierig, da das Grünland zum Teil in die Fruchtfolge eingebunden ist. Insgesamt überwiegt jedoch die Ackerfläche, auf der hauptsächlich Getreide angebaut wird. Auch der Futterbau spielt eine größere Rolle.

Bei der Viehhaltung überwiegen die Schweinemast und die Milchproduktion. Insgesamt liegt der Viehbesatz bei durchschnittlich 1,18 DE/ha.

### 3.3.5.2 Ergebnisse der Nährstoffbilanzierung

*Ist-Zustand*

Die Bilanzierung der Nährstoffeinträge für die Odense Å erfolgt in der in Abschnitt 2 beschriebenen Weise. Die Eingabedaten sind Mittelwerte aus dem Zeitraum 1989 - 95 und repräsentieren den Ist-Zustand der Odense Å.

Im Jahresdurchschnitt gelangen 1.680 t Stickstoff und 45 t Phosphor über unterschiedliche Eintragspfade in das Gewässer. Dies entspricht einem Eintrag von 36,4 kg N und 1 kg P aus jedem Hektar des Einzugsgebietes. Im Vergleich zu den übrigen, in Niedersachsen liegenden Einzugsgebieten ist der N-Eintrag pro Hektar am höchsten, während der P-Eintrag pro Hektar etwa mit den niedersächsischen Gewässern übereinstimmt.

Aus der Landwirtschaft stammen sowohl beim Stickstoff als auch beim Phosphor die meisten Einträge, wie in Abb. 3-49 zu erkennen ist. Mit einem Anteil von 95% ist die Landwirtschaft der Hauptverursacher der N-Belastung im Gewässer. Alle übrigen Eintragspfade wie Kläranlagen, Kanalisation oder Erosion spielen fast keine Rolle. Auch die P-Einträge stammen zum

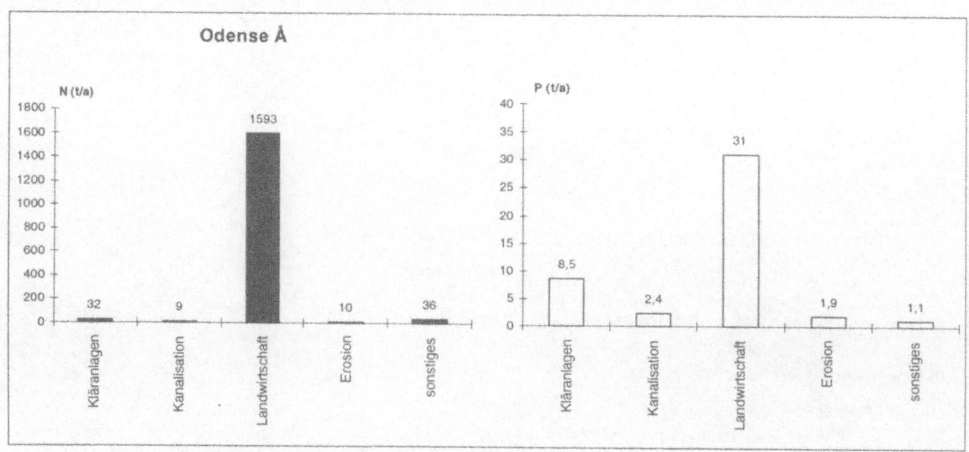


**Abb. 3-49** Durchschnittliche N- und P-Einträge in die Odense Å in den Jahren 1989 - 1995

größten Teil aus der Landwirtschaft. Die übrigen Eintragspfade zusammen haben einen Anteil von 30%, wobei aus den Kläranlagenabläufen ca. 19% der P-Belastung resultieren.

Auffallend ist die hohe Belastung der Odense Å durch Dränagen. Fast die Hälfte der Stoffeinträge, die aus dem Verursacherbereich Landwirtschaft kommen, fließen von Ackerflächen über Dränrohre in die Oberflächengewässer. Durch die mit über 300 mm/a sehr hohe Sickerwassermenge und einem Anteil dränierter Flächen von 50% der landwirtschaftlichen Nutzfläche wird ein hoher Nährstoffeintrag über Dränrohre begünstigt. Der Bilanzüberschuß auf Ackerflächen ist mit 116 kg N/ha im Vergleich zu den niedersächsischen Einzugsgebieten relativ gering.

Die Direkteinträge aus der Landwirtschaft, z.B. durch zu geringen Abstand zum Gewässer beim Düngerstreuen oder durch Weidetiere, tragen erheblich zur P-Belastung der Odense Å bei. Mehr als 60% des Phosphors gelangen über diese Direkteinträge in das Gewässer.

Die geringen N- und P-Einträge aus Kläranlagen sprechen für deren gute Reinigungsleistung.

*Bewirtschaftungsszenarien*

Wie für die vier niedersächsischen Einzugsgebiete wurden auch für das Einzugsgebiet der Odense Å fünf Szenarien berechnet. Die Szenarien 2 bis 5 unterscheiden sich nicht von denen für die deutschen Gewässer. Nur Szenario 1 wurde abgewandelt: In Dänemark wird davon ausgegangen, daß sich die Landwirte durch die relativ strenge Gesetzgebung an die Auflagen über die maximale N-Düngung halten. Es war daher für die dänischen Projektpartner interessanter, die Auswirkungen einer drastisch reduzierten N-Düngung zu betrachten. In Szenario 1 (DK) sind daher nicht die Auswirkungen der ordnungsgemäßen Landwirtbeschaftung gerechnet worden, sondern die Folgen einer um 40% reduzierten N-Düngung. Wie bei allen untersuchten Gewässern beinhaltet Szenario 1 (DK) auch die Vermeidung von Direkteinträgen aus der Landwirtschaft.

Die Ergebnisse der Szenarienberechnung zeigt Abb. 3-50. Die um 40% reduzierte N-Düngung in Szenario 1 (DK) führt zu einer Halbierung der N-Einträge. Diese Minderung wird an der Odense Å von keinem anderen Szenario erreicht. Der N-Bilanzüberschuß auf Ackerflächen sinkt von 116 kg N/ha im Ist-Zustand auf 50 kg N/ha. Allein dadurch verringert sich der N-Eintrag aus Dränrohren von ca. 700 t/a auf ca. 300 t/a. Die Vermeidung von Direkteinträgen, die

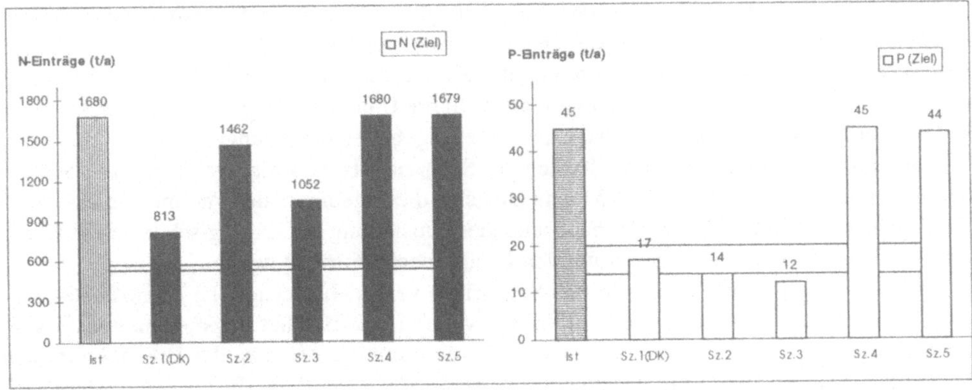


**Abb. 3-50** Einfluß unterschiedlicher Bewirtschaftungsmaßnahmen auf die N- und P-Einträge in die Odense Å (dargestellt anhand von Szenarien) im Vergleich zu den angestrebten Zielen

dieses Szenario ebenfalls beinhaltet, ist vor allem dafür verantwortlich, daß statt 45 t P/a nur 17 t P/a in die Odense Å gelangen.

In Szenario 2 ist im Einzugsgebiet flächendeckend ökologischer Landbau eingeführt. Die Reduktion der N-Einträge fällt mit ca. 200 t/a eher klein aus. Hier ist sicherlich der Viehbesatz von 1,18 DE/ha sowie eine Fruchtfolge, die über den Anbau von Leguminosen auf fast der Hälfte der Ackerfläche die Ernährung der Tiere sicherstellen will, mit verantwortlich. Immerhin liegt der berechnete N-Überschuß auf Ackerflächen bei 104 kg N/ha. Auf die P-Einträge wirkt sich die Umstellung auf ökologischen Landbau im Vergleich zu Szenario 1 (DK) weiter vermindernd aus.

Die Auswirkungen weiterer gewässerschonender Maßnahmen verdeutlicht Szenario 3. Bodenerosion ist im Einzugsgebiet der Odense Å nur auf 10% der Ackerfläche ein Problem und ist deshalb kein Maßnahmenschwerpunkt. Das Aufgeben der Dränagen dagegen hat für die Stoffbelastung große Bedeutung, da etwa die Hälfte der landwirtschaftlichen Nutzfläche dräniert ist. Der Unterschied in der Stoffbelastung zwischen flächendeckend ökologischem Landbau (Szenario 2) und zusätzlichen gewässerschonenden Maßnahmen (Szenario 3) ist nahezu ausschließlich auf das Verschließen der Dränrohre zurückzuführen. Dadurch wird die Bodenpassage des Sickerwassers verlängert, so daß vermehrt ein N-Abbau stattfinden kann.

Der Ausbau der 8 kommunalen Kläranlagen im Einzugsgebiet der Odense Å ist soweit fortgeschritten, daß das Reduktionspotential für Stoffbelastungen praktisch ausgeschöpft ist. Die Szenarien 4 und 5, die sich mit der Reinigungsleistung der Kläranlagen befassen, lassen erkennen, daß eine Minderung der Stoffbelastung nur aus dem Bereich Landwirtschaft kommen kann.

Die Güteziele an der Odense Å sind als Bandbreite angegeben. Die Reduzierung der N-Düngung um 40%, wie in Szenario 1 (DK) berechnet, reicht nicht aus, um das angestrebte N-Güteziel zu erreichen. In Kombination mit weiteren gewässerschonenden Maßnahmen könnte die Belastung weiter gesenkt werden.

Zusammenfassend bleibt festzuhalten, daß - wie sich schon an den niedersächsischen Gewässern zeigte - Maßnahmen im Bereich Landwirtschaft erforderlich sind, um die angestrebten Güteziele zu erreichen.

#### 3.3.5.3 Ergebnisse der Kostenberechnung

Um eine ökonomische Bewertung der vorgeschlagenen Bewirtschaftungsmaßnahmen vornehmen zu können, werden die entstehenden Jahreskosten bzw. stoffspezifischen Kosten für vier Szenarien berechnet. Die Berechnung der Kosten für Szenario 5 entfällt, wie bereits in Abschnitt 3.2 erläutert wurde. Dabei wird auch auf die Unterschiede der Berechnungsansätze zu den vier betrachteten niedersächsischen Einzugsgebieten eingegangen.

Auf dänischer Seite werden die Kosten des Szenario 2 bzw. 3 für zwei Varianten berechnet. In der folgenden Abbildung 3-51 sind zunächst die Ergebnisse der Variante 1 dargestellt. Die Annahme ist hier, daß bei flächendeckender Umstellung auf ökologischen Landbau die gleichen Preise wie in der konventionellen Landwirtschaft erzielt werden.

In diesem Fall ergeben sich für das Szenario 2 vergleichsweise hohe Jahreskosten von 114,5 Mio. Dkr. Die zusätzliche Einführung weiterer Bewirtschaftungsmaßnahmen kostet noch einmal ca. 22 Mio. Dkr. Hier macht sich vor allem die Aufgabe der Dränagen in dem flächenhaft entwässerten Einzugsgebiet als Kostenfaktor bemerkbar. Insgesamt ergeben sich für das Szenario 3 jährliche Kosten von 136,8 Mio. Dkr. Die Reduzierung der N-Düngung um 40% ist mit 20,3 Mio. Dkr Jahreskosten erheblich günstiger.

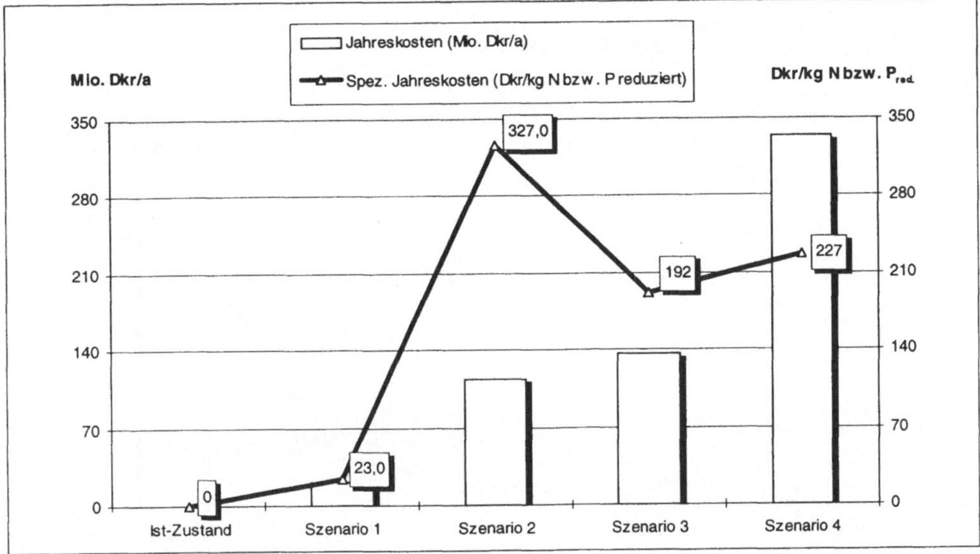


**Abb. 3-51** Jahreskosten und spezifische Jahreskosten (Dkr/kg N bzw. $P_{reduziert}$) bei Umsetzung der Szenarien 1 - 4 im Einzugsgebiet Odense Å (Annahme: konventionelle Preise bei Szenario 2 und 3)

Im Vergleich zu den landwirtschaftlichen Maßnahmen verursacht(e) der Ausbau der Kläranlagen (Szenario 4) höhere Kosten. Mit fast 334 Mio. Dkr liegen die Kosten um mehr als den Faktor 2 über den vorgenannten.

Etwas andere Relationen zwischen den Szenarien zeigen die spezifischen Kosten. Die Reduzierung der N-Düngung um 40% weist mit 21 Dkr/kg N bzw. $P_{reduziert}$ ökonomisch die höchste Effizienz auf. Aus ökonomischer Sicht weniger effizient müssen die Maßnahmen der Szenarien 2, 3 und 4 bewertet werden. Hier liegen die spezifischen Kosten bereits zwischen 179 und 284 Dkr/kg N bzw. $P_{reduziert}$. Die geringen spezifischen Kosten des Szenarios 3 im Vergleich zu Szenario 2 deuten auf die hohe Effizienz der weitergehenden Maßnahmen (Aufgabe der Dränagen) hin.

Insgesamt ist aus ökonomischer Sicht eine Reduzierung der N-Düngung im Einzugsgebiet Odense Å vorrangig umzusetzen.

Ein gänzlich anderes Bild zeigt dagegen die Kalkulation für die Variante 2. Hier ist die Annahme, daß bei Umsetzung der Szenarien 2 und 3 die Preise der ökologisch erzeugten Produkte über dem konventionellen Niveau liegen (s. Abb. 3-52).

Die Kosten für die reduzierte N-Düngung (Szenario 1) und den Kläranlagenausbau (Szenario 4) ändern sich zwar nicht. Starke Kostenverschiebungen finden jedoch bei den Szenarien 2 und 3 statt.

Mit 6 Mio. Dkr ist die Einführung des ökologischen Landbaus (Szenario 2) jetzt kostengünstiger als die Reduzierung der N-Düngung. Die spezifischen Kosten liegen mit 15 Dkr (Szenario 2) und 21 Dkr/kg N bzw. $P_{reduziert}$ (Szenario 1) etwa in der gleichen Größenordnung.

Die Kosten der weitergehenden Gewässerschutzmaßnahmen (Szenario 3) liegen für diese Variante bei 28,3 Mio. Dkr und damit etwa um ein Drittel höher als für die reduzierte N-Düngung. Auch die spezifischen Kosten zeigen mit 37 Dkr/kg N bzw. $P_{reduziert}$ eine geringere Effizienz als die beiden anderen landwirtschaftlichen Szenarien 1 und 2.

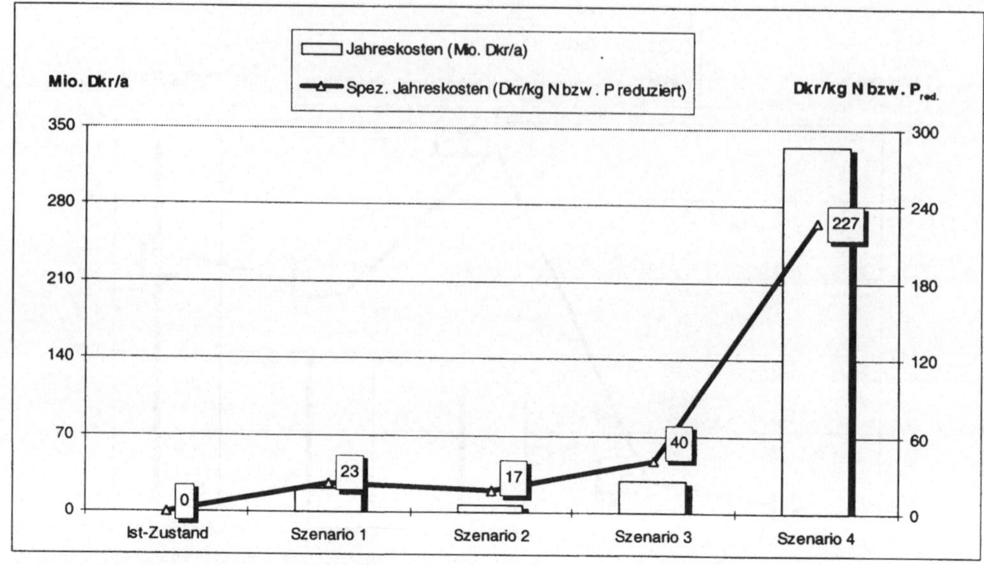


**Abb. 3-52** Jahreskosten und spezifische Jahreskosten (Dkr/kg N bzw. $P_{reduziert}$) bei Umsetzung der Szenarien 1 - 4 im Einzugsgebiet Odense Å (Annahme: höhere Preise bei Szenario 2 und 3)

Im Falle höherer Preise für die erzeugten ökologischen Produkte stellt die Einführung des ökologischen Landbaus die ökonomisch günstigste Alternative der ausgewählten Bewirtschaftungsmaßnahmen dar.

Insgesamt kann davon ausgegangen werden, daß die tatsächlichen Kosten für die Umsetzung der Maßnahmen zwischen den beiden Varianten liegen. Die Variante 1 überschätzt die Kosten wegen der sehr "konservativen" Annahme konventioneller Preise für ökologische Produkte. Dagegen unterschätzt die Variante 2 vermutlich die Kosten, da aufgrund der Angebotsausweitung die Preise für die ökologischen Produkte fallen werden.

### 3.3.5.4 Vorschläge für Bewirtschaftungsmaßnahmen

In der gegenwärtigen Situation hat die Odense Å weder das N- noch das P-Güteziel erreicht.

Trotz der im Vergleich zu Deutschland viel stärker kontrollierten N-Düngung ist die N-Belastung durch die Landwirtschaft sehr hoch. Die Berechnung der Szenarien hat ergeben, daß vor allem folgende Maßnahmen an der Odense Å erforderlich sind, um die angestrebten Güteziele zu erreichen:

- verbesserte und intensivere Beratung der Landwirte,
- Reduzierung der N-Düngung zur Senkung der Bilanzüberschüsse,
- Reduzierung des Viehbesatzes,
- Aufgabe von Dränagen,
- Vermeidung von Direkteinträgen aus der Landwirtschaft in das Gewässer (Gewässerrandstreifen, Weidezäune).

# 3.4 Bewertung der Ergebnisse

## 3.4.1 Genauigkeit der verwendeten Methoden

### 3.4.1.1 Vergleich gemessener und errechneter Frachten

Stickstoff und Phosphor sind Nährstoffe, die in unserer Industriegesellschaft im Überfluß vorhanden sind. Sie sind im Klärschlamm, im Abwasser und auf landwirtschaftlichen Flächen angereichert. Aufgrund der Transportwege von Stoffen mit dem Wasser und Auswaschungsprozessen aus unseren Böden gelangen die im Überschuß vorhandenen Nährstoffe auf vielen Wegen in unsere Fließgewässer. Sie stehen nicht mehr in einem natürlichen Nährstoffkreislauf zur Verfügung, sondern führen zu Anreicherungen in Fließgewässern und Meeren mit einer Vielzahl unerwünschter Folgen.

Die Herkünfte, Quellen und Wege sind prinzipiell bekannt, jedoch für jedes Einzugsgebiet charaktersistisch ausgeprägt. Hier spielen die Landnutzung und ihre Intensität, Topographie, Ausbauzustand der Kläranlagen, Klima und Böden und weitere Faktoren eine große Rolle. Um alle Prozesse des Stoffeintrags realitätsnah abzubilden, sind in der Vergangenheit in verschiedenen Einzugsgebieten umfangreiche Meßprogramme durchgeführt worden. Auf Grundlage der ermittelten Daten erfolgte dann eine für dieses Gebiet zutreffende Simulation der Nährstoffeinträge, die sich auf andere Gebiete nicht ohne weiteres übertragen läßt. Gerade kleinräumige oder flächenscharfe Betrachtungen lassen sich kaum auf andere Gebiete anwenden.

Im Gegensatz zu solchen Untersuchungen erfolgte im vorliegenden Bericht die Anwendung einer EDV-gestützten Methode, die

- für jedes beliebige Einzugsgebiet geeignet sein sollte und
- mit vorhandenen Daten auskommt.

Die Methode war für ein Gewässer im östlichen Niedersachsen entwickelt worden (F & N 1995) und wurde nun auf vier weitere Einzugsgebiete in Niedersachsen sowie eines in Dänemark angewendet. Während der Bearbeitung waren Verbesserungen und Änderungswünsche der beteiligten Projektpartner etc. in die Methode einzuarbeiten und für die Anwendung in der Praxis in Standardsoftware umzusetzen. Damit verbunden war das Ziel, die N- und P-Einträge in das Gewässer mit einer Methode und ohne Datenerhebung im Gelände für alle hier betrachteten Einzugsgebiete zu erfassen. Die folgenden Darstellungen sollen zeigen, inwieweit es gelungen ist, diesem Anspruch gerecht zu werden.

Der angewandten Methode liegen modellhafte Annahmen über die Wasser- und Nährstoffbilanz zugrunde, wie sie Kapitel 3.2 beschreibt. Zur Überprüfung des Modells lassen sich die berechneten Ergebnisse der Wasser- bzw. Nährstoffbilanz mit den gemessenen Werten vergleichen.

Abb. 3-53 zeigt den am jeweiligen Pegel gemessenen mittleren Abfluß MQ und den nach WUNDT (1958) und KILLE (1970) ermittelten Basisabfluß im Vergleich mit den Werten, die das Modell errechnet hat. (Der Basisabfluß der Odense Å ist vergleichbar ermittelt worden.) Bei

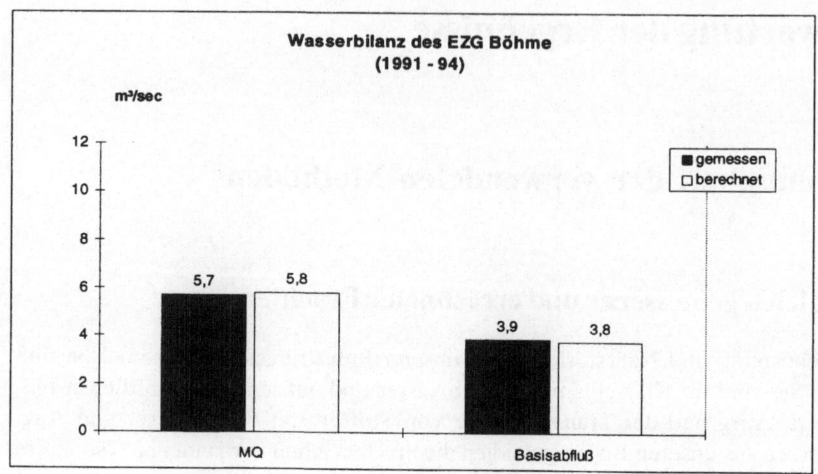
Wasserbilanz des EZG Böhme
(1991 - 94)
m³/sec
12
10
8
6
4
2
0
■ gemessen
□ berechnet
5,7
5,8
3,9
3,8
MQ
Basisabfluß

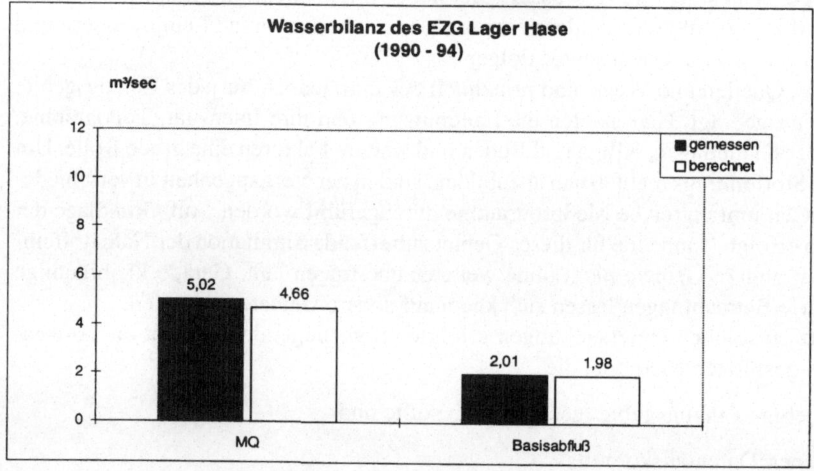
Wasserbilanz des EZG Lager Hase
(1990 - 94)
m³/sec
12
10
8
6
4
2
0
■ gemessen
□ berechnet
5,02
4,66
2,01
1,98
MQ
Basisabfluß

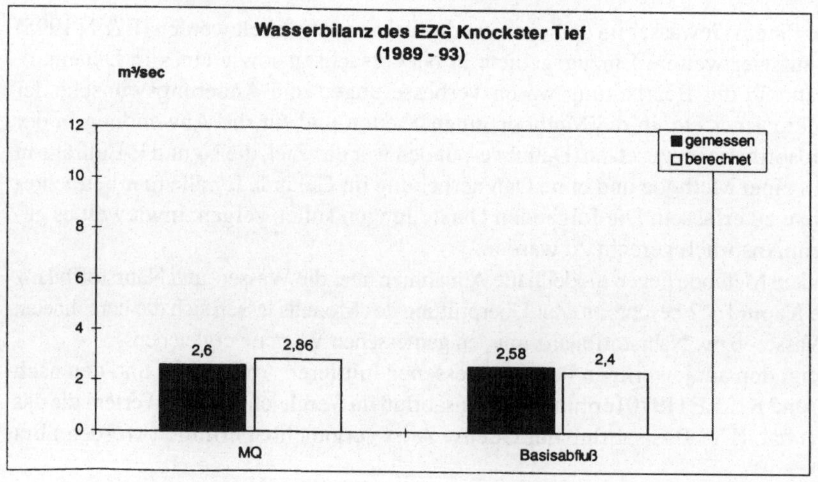
Wasserbilanz des EZG Knockster Tief
(1989 - 93)
m³/sec
12
10
8
6
4
2
0
■ gemessen
□ berechnet
2,6
2,86
2,58
2,4
MQ
Basisabfluß

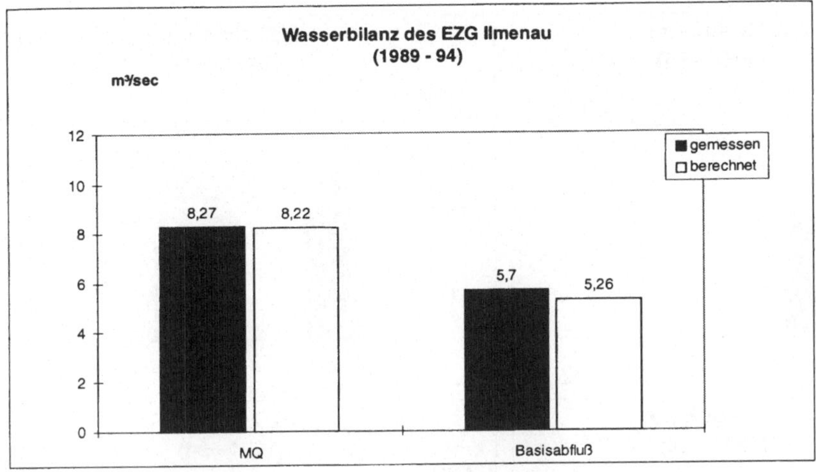


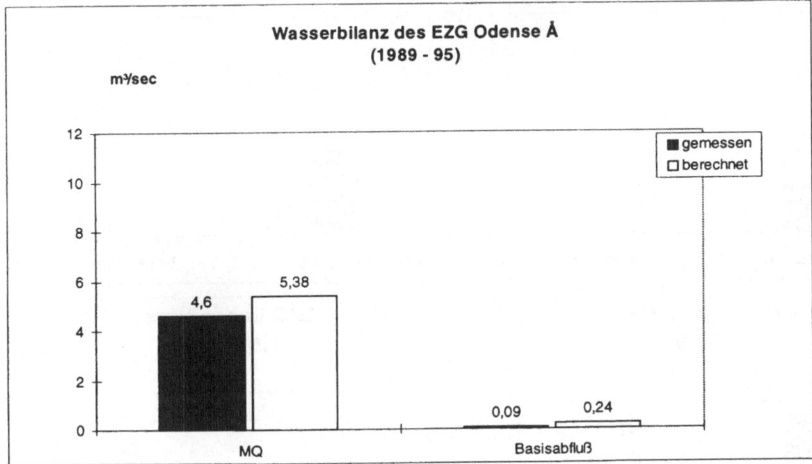


**Abb. 3-53** Vergleich gemessener und berechneter Abflußkennwerte

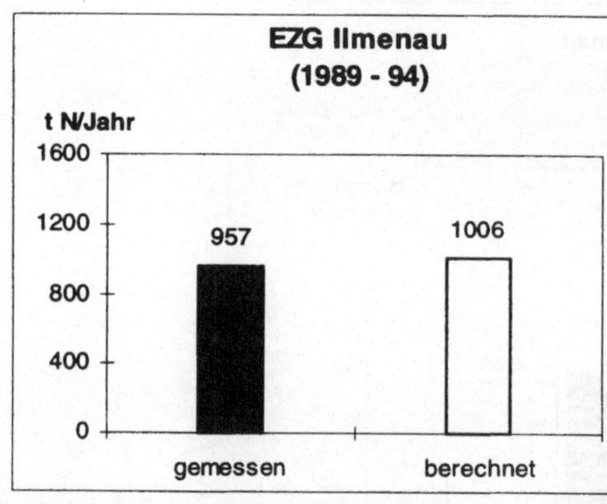
EZG Ilmenau
(1989 - 94)
t N/Jahr
1600
1200
800
400
0
957
1006
gemessen
berechnet

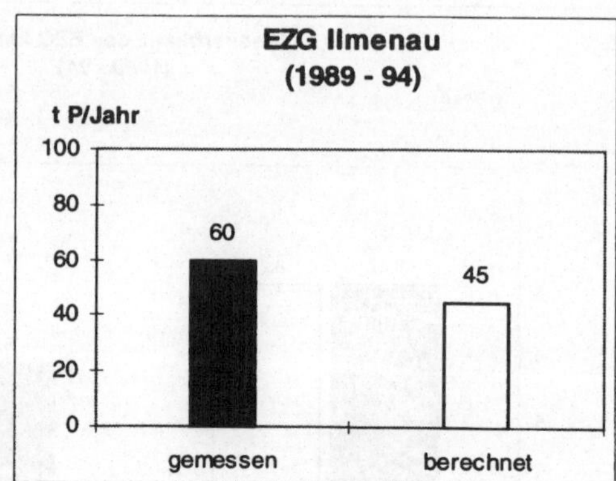
EZG Ilmenau
(1989 - 94)
t P/Jahr
100
80
60
40
20
0
60
45
gemessen
berechnet

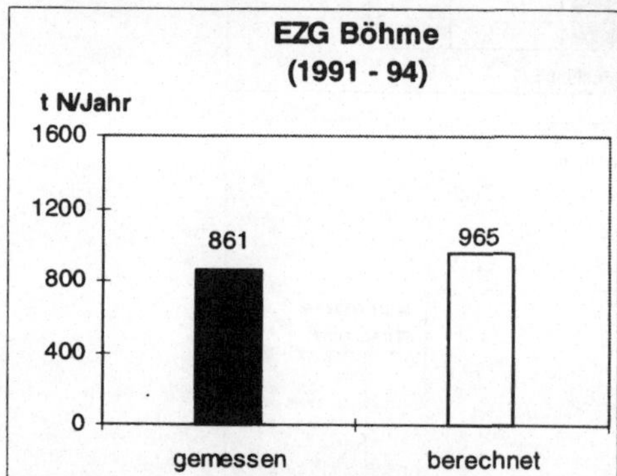
EZG Böhme
(1991 - 94)
t N/Jahr
1600
1200
800
400
0
861
965
gemessen
berechnet

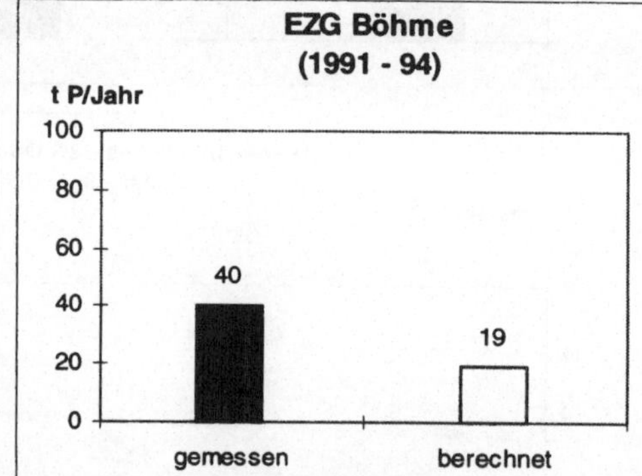
EZG Böhme
(1991 - 94)
t P/Jahr
100
80
60
40
20
0
40
19
gemessen
berechnet

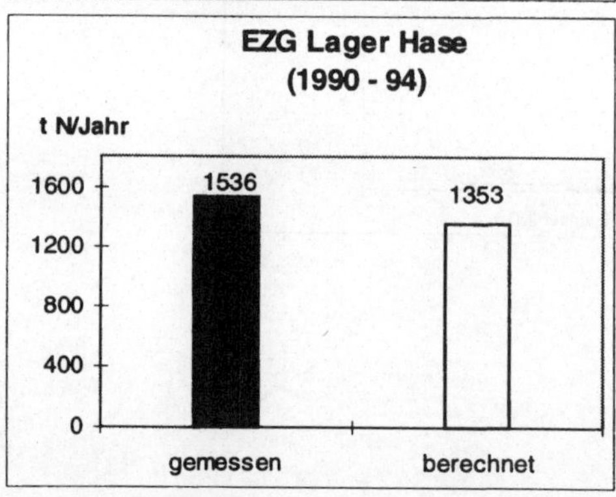
EZG Lager Hase
(1990 - 94)
t N/Jahr
1600
1200
800
400
0
1536
1353
gemessen
berechnet

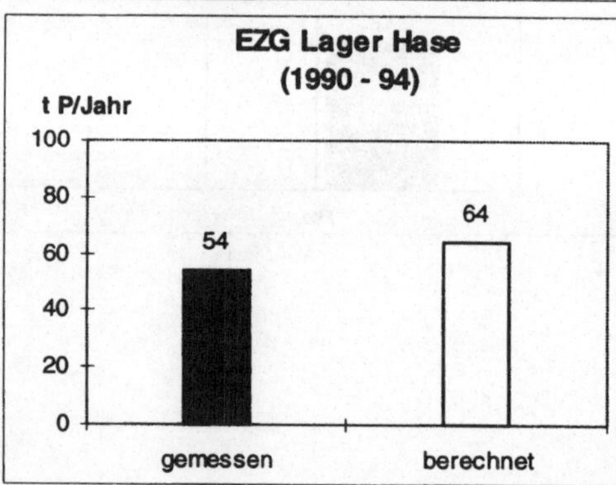
EZG Lager Hase
(1990 - 94)
t P/Jahr
100
80
60
40
20
0
54
64
gemessen
berechnet

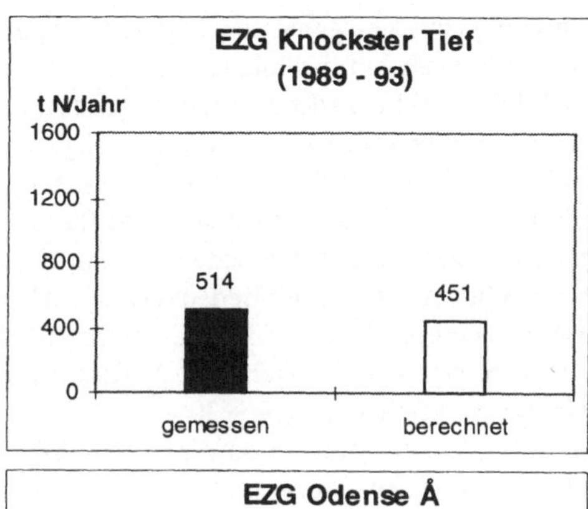


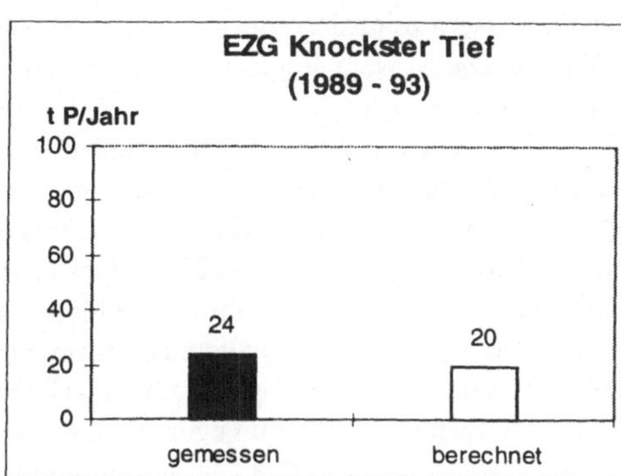


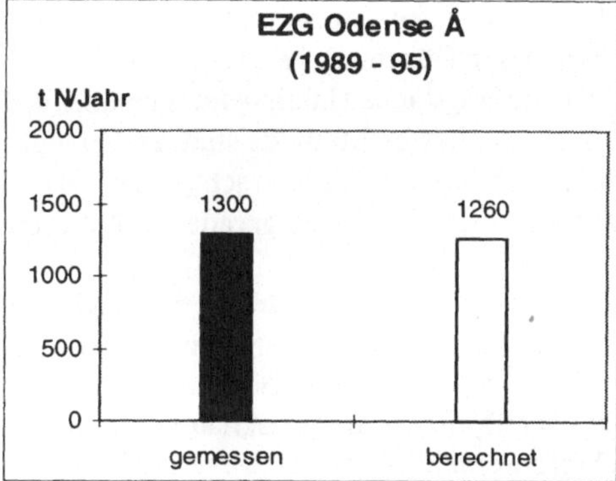


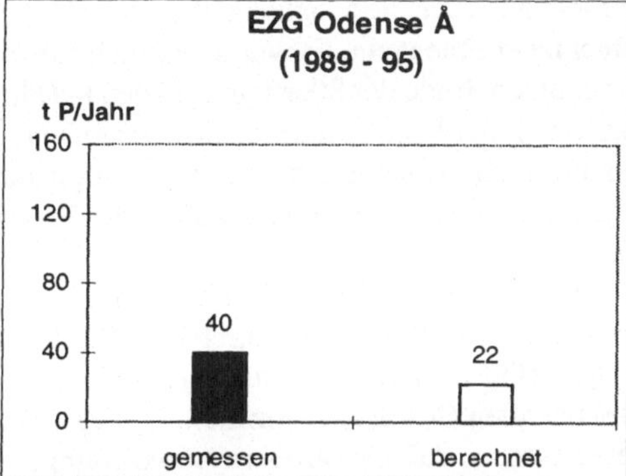


**Abb. 3-54** Vergleich gemessener und berechneter Frachten am Pegel

allen Gewässern zeigt sich eine sehr gute Übereinstimmung zwischen gemessenen und berechneten Werten. Die Abweichungen liegen bei maximal 10%, überwiegend aber unter 5%.

Einen Vergleich der aus Pegelmeßwerten ermittelten Jahresfracht mit der errechneten zeigt Abb. 3-54. Hier besteht allerdings die Schwierigkeit, daß für die Ermittlung einer Jahresfracht zwar tägliche Abflußmessungen, aber nur monatliche oder noch seltenere N- und P-Konzentrationsmessungen zur Verfügung stehen. Die Nährstoffkonzentrationen sind abhängig von der Höhe des Abflusses. Punktuelle Messungen an nur 6 - 12 Terminen im Jahr lassen vermuten, daß möglicherweise einzelne Ergebnisse unberücksichtigt bleiben, die für die Jahresfracht von erheblicher Bedeutung sind. Die Probenahme ist jedoch schon allein aus Kostengründen so eingeschränkt, daß keine kontinuierlichen Meßreihen vorliegen. Je nach gewähltem Verfahren errechnet sich aus Abfluß- und Konzentrationsmessungen am Pegel eine Jahresfracht mit Abweichungen von ± 30%.

Eine "wahre" Jahresfracht läßt sich demnach nicht aus den Meßwerten errechnen. Dies schränkt natürlich die Möglichkeiten eines Vergleichs zwischen gemessener und mit MOBINEG berechneter Fracht ein. Es wurde letztlich entschieden, das in Dänemark verwendete Verfahren zu benutzen. Ende der 80er Jahre fanden in Dänemark umfangreiche Untersuchungen über die Häufigkeit der Konzentrationsmessungen und die Wahl der besten Methode statt. Dabei wurden die anhand von täglichen Konzentrationsmessungen ermittelten Jahresfrachten als "wahr" angenommen und versucht, die Zahl der Probenahmen zu ermitteln, die gerade noch diesen Wert ergeben.

Abb. 3-54 zeigt den Vergleich der mit der dänischen Methode aus den Meßwerten am Pegel ermittelten Frachten mit den durch MOBINEG errechneten. Die Erfassung der Nährstoffeinträge mit MOBINEG führt zu plausiblen Ergebnissen. Die N-Fracht wird mit einer Genauigkeit von 10 - 20% bei allen Gewässern ermittelt. Unklar ist jedoch der Transport und Rückhalt von P in den Gewässern, so daß hier größere Abweichungen sichtbar werden.

Zusammenfassend bleibt festzuhalten, daß die Methode, die hier angewendet und weiterentwickelt wurde, zu realistischen Zahlen führt. Die Gegebenheiten der sehr unterschiedlichen Einzugsgebiete werden zutreffend wiedergegeben. Die Eingangsdaten sind ausreichend hinsichtlich Menge und Genauigkeit. Es ist also möglich, ohne umfangreiche Messungen im Gelände, Eintragspfade und -frachten für Stickstoff und Phosphor abzubilden.

#### 3.4.1.2 Eignung und Genauigkeit der verwendeten Methoden zur Trophiebewertung und zur Bestimmung der quellenspezifischen Bioverfügbarkeit

*Eignung der Methoden zur Trophiebewertung*

Die Trophiebewertung erfolgte mit den Parametern Eutrophierungspotential und Limitierender Faktor. Mit diesen Laborverfahren konnte eine Abschätzung der Auswirkung von Nährstoffen (N und P) erfolgreich und reproduzierbar durchgeführt werden. Das Eutrophierungspotential ist geeignet zur

- Ermittlung der *maximal* bildbaren Biomasse,
- Ermittlung der Nährstoff-Umsetzungsrate,

- Erfolgskontrolle von Maßnahmen zur Verminderung von Nährstoffeinträgen.

Die Bewertung von Nährstoffeinträgen erhält durch die Bestimmung des Eutrophierungspotentials eine prognostische Dimension. Die Interpretation ist momentan noch erschwert durch das Fehlen von Vergleichs- bzw. Grenzwerten. Eine vergleichende Bewertung der Ergebnisse ist jedoch möglich.

Die Nährstoff-Umsetzungsrate gibt Aufschluß über die im Vergleich zum maximal möglichen Algenwachstum tatsächlich gebildete Biomasse. Mit der Kenntnis dieses Parameters lassen sich der jeweilige Einfluß der Nährstoffe auf die tatsächliche Trophie besser beurteilen und somit auch Hinweise für die erforderliche Begrenzung von Nährstoffeinträgen ableiten.

Weiterhin ist es wichtig, den limitierenden Faktor zu kennen. Die Verminderung der N-Einträge wäre z.B. bei einer lokalen P-Limitierung des Algenwachstums wirkungslos. Die jeweilige Wachstumslimitierung wird gesteuert durch das N/P-Verhältnis. In gewissem Maße ist deshalb über die Interpretation der vorliegenden N/P-Verhältnisse auch ohne Algenwachstumstest die Bestimmung des Limitierenden Faktors möglich:

| | | |
|---|---|---|
| N/P-Verhältnis | > 60 | -> P-Limitierung |
| | < 20 | -> N-Limitierung |
| | 20 - 60 | -> N- und/oder P-Limitierung |

Aufgrund gewässerspezifischer Unterschiede ist bei N/P-Verhältnissen zwischen 20 und 60 die Anwendung von Algenwachstumstests zur Bestimmung des Limitierenden Faktors weiterhin unerläßlich.

*Eignung der Methoden zur Bestimmung der Bioverfügbarkeit*

In Übereinstimmung mit bisherigen Arbeiten (z.B. STEINBERG, 1988; KÄLLQVIST & BERGE, 1990) wurde auch im Verlauf dieser Untersuchungen festgestellt, daß Algenwachstumstests die bei weitem exakteste Methode zur Ermittlung der P-Bioverfügbarkeit darstellen. Zwar bestehen Korrelationen zwischen bioverfügbarem P (BVP) und der relativ einfach zu bestimmenden Konzentration an Löslich Reaktivem P (LRP), allerdings sind zum Teil große Unterschiede beim Vergleich einzelner Proben festzustellen.

In dem hier verwendeten Testprinzip wirken die Algen im Testverlauf als P-Senke, d.h. die verfügbare P-Konzentration im Testwasser sinkt im Testverlauf gegen Null. Damit wird eine P-Freisetzung adsorbierter partikulärer P-Verbindungen gefördert. Möglichen Reaktionen dieser verbindungen, die in der fließenden Welle stattfinden können, sind mit erfaßt worden. Nicht berücksichtigt werden mögliche Einflüsse auf die P-Freisetzung im Gewässer durch Faktoren wie UV-Strahlung oder anaerobe Verhältnisse. Die hier beschriebenen P-Bioverfügbarkeiten gelten jedoch auch unter natürlichen Bedingungen in jedem Fall über den Testzeitraum von 10 bis 14 Tagen hinaus.

Die im Gebiet der Ilmenau ermittelten quellenspezifischen Bioverfügbarkeitskoeffizienten wurden übertragen auf die anderen Untersuchungsgebiete. Diese Übertragung erfolgte unter der Annahme, daß sich die Qualität der Einträge aus den einzelnen P-Quellen nicht wesentlich unterscheidet.

Der Vergleich der mittleren P-Bioverfügbarkeit der jährlichen Gesamt-P Einträge im Einzugsgebiet Ilmenau (53%) mit den am Referenzpegel Bienenbüttel im Fluß gemessenen Werten für P-Bioverfügbarkeit (im Jahresmittel 50%) verdeutlicht sowohl die Übertragbarkeit der quellenspezifischen Bioverfügbarkeit auf das Gewässer als auch die Präzision der bilanzierten relativen Anteile der einzelnen P-Quellen am Gesamteintrag.

*Grundsätzliche methodische Eignung von Algenwachstumstests*

Die verwendeten Methoden haben sich als einfach in der Durchführung erwiesen und zeigen im Vergleich zwischen den dreifachen Wiederholungen eine mittlere Varianz <10%. Das gleiche gilt für den Vergleich der Kontrollansätze über den gesamten Meßzeitraum. Damit wird eine für ein biologisches Verfahren sehr gute Genauigkeit erzielt. Selbst im µg-Bereich ist eine gute Trennschärfe zu erzielen. Das Testkonzept zur Ermittlung möglicher toxischer Einflüsse hat sich als tauglich erwiesen und ermöglicht das Aussortieren algentoxischer Proben. Die Verfahren erfordern aufgrund der sensiblen Reaktion der Algen auf Milieu- bzw. Konzentrationsschwankungen eine hochstandardisierte Versuchsdurchführung und eine professionelle Laborausstattung mit konstanten Temperaturen (Klimakammer).

Zu bedenken ist an dieser Stelle, daß die hier verwendete Testalge exemplarisch für die in den Untersuchungsgewässern vorkommenden natürlichen Phytoplanktongesellschaften verwendet wurde. Artspezifische Unterschiede bezüglich verschiedener Faktoren wie z.B. Nährstoffaffinität und Chl.-a-Gehalt konnten hier nicht in Betracht gezogen werden. Versuche mit anderen Spezies bzw. Multi-Spezies Ansätzen haben sich als nicht tauglich erwiesen (BÜTOW, 1997) und wurden deshalb nicht weiter verfolgt. Aufgrund des ubiquitären Charakters von *Scenedesmus subspicatus*, der einfachen Handhabbarkeit dieses Testorganismus und der Notwendigkeit, vergleichbare und reproduzierbare Ergebnisse vorlegen zu können, sollten weitere Untersuchungen zu den hier genannten Fragestellungen mit dieser Spezies durchgeführt werden.

### 3.4.2 Vergleich der Einzugsgebiete

In Kapitel 3.3 sind die untersuchten Einzugsgebiete detailliert mit Gebietsbeschreibungen und Ergebnissen aus den Bilanzierungsrechnungen beschrieben. Um den Vergleich der Einzugsgebiete hinsichtlich ihres Abflußgeschehens, aber auch hinsichtlich der Nährstoffbelastung der Oberflächengewässer zu erleichtern, sind in diesem Abschnitt einige Daten zusammengefaßt aus allen Gebieten wiedergegeben.

*Hydrologische Kenndaten*

In Tab. 3-28 sind einige hydrologische Kenndaten der ausgewählten Einzugsgebiete zusammengestellt. Es ist zu erkennen, daß sich die Einzugsgebiete in ihrem Abflußgeschehen deutlich unterscheiden.

Das Einzugsgebiet der Ilmenau ist relativ trocken, wobei jedoch in Niedrigwasserzeiten ein relativ hoher Anteil grundwasserbürtigen Abflusses (Verhältnis Mq : Mnq) auftritt. Im Gegensatz hierzu ist für das Knockster Tief festzustellen, daß bei vergleichbarer mittlerer Abflußspende die sommerlichen Abflüsse in diesem Marschgewässer stark zurückgehen und sich somit eine sehr ausgeprägte Dynamik hinsichtlich niederschlagsreicher und niederschlagsarmer jahreszeitlicher Bedingungen ausbildet.

**Tab. 3-28** Hydrologische Kenndaten aus fünf Einzugsgebieten

| Gewässer | Jahr | Pegel und Gütemeß-station | EZG in km² | MQ in m³/s | MNQ in m³/s | MHQ in m³/s | Mq in l/s*km² | Mnq in l/s*km² | Mhq in l/s*km² |
|---|---|---|---|---|---|---|---|---|---|
| Ilmenau | 1956-1992 | Bienenbüttel | 1.405 | 9,27 | 5,10 | 36,90 | 6,60 | 3,63 | 26,30 |
| Böhme | 1970-1995 | Hollige | 543 | 5,33 | 2,74 | 18,90 | 9,80 | 5,00 | 34,80 |
| Lager Hase | 1963-1996 | Uptloh | 505 | 4,57 | 0,83 | 32,00 | 9,00 | 1,60 | 63,40 |
| Knockster Tief* | 1983-1993 | Knock | 349 | 3,37 | 0,27 | 8,46 | 9,66 | 0,77 | 24,24 |
| Odense Å | 1979-1996 | Kratholm | 486 | 4,49 | 2,53 | 8,44 | 9,24 | 5,21 | 17,36 |

* Schöpfwerksentwässerung

*Gebietsspezifische Abflußspende*

Die gebietsspezifische Abflußspende errechnet sich aus dem mittleren Abfluß MQ ($m^3/s$) und der Einzugsgebietsgröße ($km^2$). Von allen untersuchten Gewässern ist die Abflußspende aus dem Gebiet der Ilmenau am geringsten. Es handelt sich um ein Gebiet mit relativ wenigen Oberflächengewässern. Die sandigen Böden weisen großflächig Flurabstände von mehr als 10 Metern auf. Die Wasserversorgung reicht für eine intensive landwirtschaftliche Nutzung nicht aus. Der größte Teil der Ackerflächen wird daher beregnet. Andererseits gewährleistet der geringe gebietsspezifische Abfluß, der gleichzeitig eine geringe Sickerwasserbildung anzeigt, daß trotz der verbreiteten Sandböden die Auswaschungsgefährdung im Vergleich zu den übrigen Einzugsgebieten die geringste ist.

Erstaunlich ist der relativ geringe Abfluß aus dem Gebiet des Knockster Tiefs. Hohe Niederschläge und geringe Flurabstände lassen eigentlich hohe Abflüsse erwarten. Jedoch ist die Messung von Abflüssen am Knockster Tief problematisch, da kein natürliches Gefälle be-

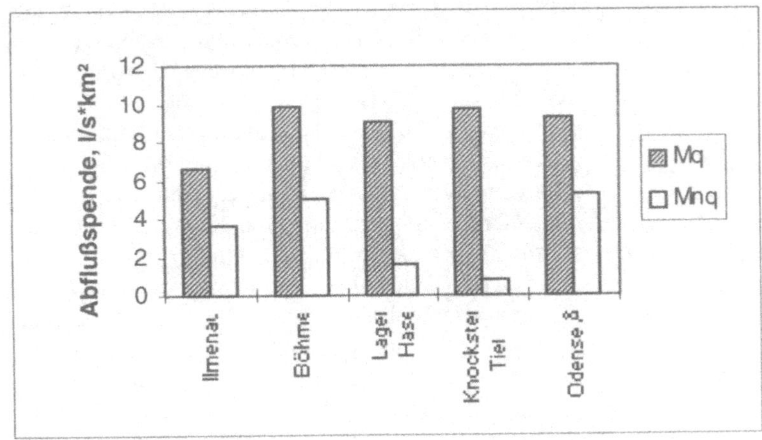


**Abb. 3-55** Gebietsspezifischer Abfluß in fünf Einzugsgebieten

steht. Das Einzugsgebiet liegt unterhalb des Meeresspiegels und wird bei bestimmten Wasserständen über Schöpfwerke entwässert.

Das Verhältnis von mittlerer Abflußspende Mq zu mittlerer Niedrigwasserabflußspende Mnq zeigt Abb. 3-55. Während Mq bei allen Gewässern mit Ausnahme der Ilmenau um 9,5 l/s*km$^2$ liegt, variiert Mnq zwischen 8% von Mq (Knockster Tief) und mehr als 50% von Mnq (Ilmenau, Böhme). Aus Abb. 3-53 geht hervor, daß das Programm MOBINEG diese unterschiedlichen hydrologischen Gegebenheiten mit guter Genauigkeit wiedergeben kann.

## 3.4.3 Ökologische Bewertung von Nährstoffeinträgen

*Vergleichende Trophiebewertung der Untersuchungsgewässer*

Zusammenhänge zwischen Nährstoffkonzentration und Algenentwicklung werden insbesondere aus der Seenkunde beschrieben. Dabei wirkt in der Regel Phosphor wachstumslimitierend. Fließgewässer sind weitaus weniger anfällig gegenüber hohen Nährstoffkonzentrationen, da nur ein Teil der verfügbaren Nährstoffe umgesetzt werden kann. Grundsätzlich gilt es zu unterscheiden zwischen planktondominierten und nicht planktondominierten Fließgewässern, wobei die Grenze für Planktondominanz bei der Trophieklasse II beginnt (im Mittel 7-30 µg/l Chl.-a; LAWA 1996). Eine ganz eindeutige Zuordnung der hier untersuchten Gewässer ist nicht möglich. Nur die Lager Hase und das Mündungsgewässer der Böhme, die Aller, zeigen eutrophe und zum Teil planktondominierte Verhältnisse im Unterlauf.

Die Trophieparameter der untersuchten Gewässer sind in Tab. 3-29 zusammengestellt.

Im Vergleich zur maximal unter Laborbedingungen bildbaren Biomasse wurden im Gewässer selbst wesentlich geringere Umsetzungsraten gemessen. Wie Tab. 3-29 zeigt, lagen sie meistens unter 10% der maximalen Rate. Hieraus wird deutlich, daß selbst während der Hauptvegetationsphase, d.h. zur Zeit maximalen Algenwachstums in den Gewässern, nur ein Bruchteil der eingeleiteten Nährstoffe in den Untersuchungsgewässern trophisch wirksam wird. In den nachfolgenden Gewässern (Große Hase, Ilmenau unterhalb Lüneburg, Aller) zeigt sich tendenziell ein Anstieg der tatsächlichen Trophie im Vergleich mit den oberhalb gelegenen Meßstellen. Aufgrund der in den Unterläufen verlangsamten Fließgeschwindigkeiten war diese Entwicklung zu erwarten. Allerdings werden auch hier nur maximal 10,6% Umsetzung (Große Hase) erreicht.

Diese Umsetzungsraten zeigen, daß neben den Nährstoffkonzentrationen auch andere Faktoren auf die Intensität des Algenwachstums einwirken. Als mögliche Einflußfaktoren kommen in Frage: Globalstrahlung, Abfluß und Temperatur. Um festzustellen, ob zwischen diesen Faktoren in Kombination mit den Nährstoffkonzentrationen und dem Chl.-a-Gehalt ein Zusammenhang besteht, wurden multiple Regressionsrechnungen durchgeführt. Sie führten jedoch zu keinem signifikanten Ergebnis (DE JONG 1997). Die Algenentwicklung in den Untersuchungsgewässer wird demnach durch eine Vielzahl gewässerspezifischer Faktoren gesteuert, deren Einfluß im Rahmen dieser Untersuchungen nicht geklärt werden konnte. Neben den genannten Parametern scheinen Faktoren wie Fraßdruck durch Zooplankton, "angeimpfte Biomasse aus den Nebengewässern" und Gewässerstruktur eine wichtige Rolle zu spielen. Wenn alle genannten Randbedingungen für eine Algenentwicklung optimal zusammenwirken, kommt es zum Aufbau größerer Biomassen. In jedem Fall, ob gute oder schlechte Wachstumsbedingungen für Algen vorliegen, hat die Nährstoffkonzentration einen Einfluß auf die Wachstumsintensität.

Das Makrophytenwachstum in den Untersuchungsgewässern als nicht unwesentlicher Bestandteil der Primärproduktion konnte nur am Rande untersucht werden. Ihr Wachstum ist weniger von den Nährstoffkonzentrationen im Wasserkörper als vielmehr von den Nährstoffgehalten im Sediment abhängig. Kausale Zusammenhänge zum Nährstoffgehalt im Wasser sind daher nicht herzustellen. Weitaus deutlicher wurden im Verlauf der Untersuchungen an der Ilmenau Zusammenhänge zwischen Beschattungsgrad und Makrophytenwachstum (KRÖNER 1997). Selbst bei hohen Nährstoffkonzentrationen ist im beschatteten Fließgewässer kaum Pflanzenwachstum zu beobachten. Das gleiche gilt prinzipiell auch für das Algenwachstum: Je geringer der Lichteinfall im Flußverlauf, umso geringer werden die Umsetzungsraten und somit die Einflüsse der Nährstoffkonzentration.

*Ökologische Bedeutung von Nährstoffeinträgen für die nachfolgenden Gewässer*

In niedersächsischen Fließgewässern treten nur in den Monaten April bis September ökologisch relevante Algenkonzentrationen auf. Weiterhin erfolgen in diesen Monaten die im Jahresverlauf geringsten Abflüsse und somit auch der geringste Teil der Nährstoffjahresfrachten. Gerade in dieser Zeit wird das Abflußgeschehen kleinerer Gewässer häufig von den Kläranlagen dominiert. Es wird deutlich, daß über eine reine Verminderung der Jahresfrachten nur ein geringer Effekt auf die sommerlichen Algenkonzentrationen in den betroffenen Fließgewässern zu erwarten ist. Ein steuernder Eingriff auf Algenkonzentrationen ist demnach in niedersächsischen Fließgewässern insbesondere durch eine Reduzierung der

**Tab. 3-29** Trophieparameter aller Untersuchungsgewässer

| Einzugsgebiet | Gewässer | Monat der max. Trophie | Eutrophierungspotential (EP) [µg/l Chl.-a] | Tatsächliche Trophie (TT) [µg/l Chl.-a] | Wachstumslimitierender Faktor | tatsächliche Nährstoffumsetzung im Gewässer % |
|---|---|---|---|---|---|---|
| Ilmenau | Stederau | Mai | 794,6 | 20,7 | N/P | 2,6 |
| | Gerdau | Mai | 1357,9 | 20,7 | N/P | 1,5 |
| | Ilmenau | Mai | 834,8 | 32,6 | N | 3,9 |
| Böhme | Böhme | Mai | 472,7 | 29,6 | P | 6,3 |
| Aller | Rethem | Juli | 1046,1 | 44,4 | P | 4,2 |
| | Verden | Juni | 1265,6 | 132,6 | P | 10,5 |
| Lager Hase | Fladderkanal | Juni | 613,6 | 32,6 | P | 5,3 |
| | Dinklager Mühlenbach | April | 1790,4 | 23,3 | P | 1,3 |
| | Lager Hase | Juni | 1015,9 | 29,6 | P | 2,9 |
| | Große Hase | Juni | 502,9 | 53,3 | P | 10,6 |

sommerlichen Nährstoffkonzentrationen zu erreichen. Schwellenkonzentrationen für Nährstoffe und deren Einfluß auf das Algenwachstum lassen sich nur durch die Auswertung mehrjähriger Datenreihen aller o.g. Regelparameter ermitteln. Dabei sind gewässerspezifische Unterschiede zu berücksichtigen. Unter anderem ist in diesem Zusammenhang die Kenntnis des jeweils limitierenden Nährstoffs hilfreich, wenn die Verbesserung der Gewässergüte vor Ort bzw. in den direkten nachfolgenden Gewässern das primäre Ziel sind. Nach den hier erzielten Ergebnissen und Untersuchungen an anderen niedersächsischen Gewässern wirkt Phosphor, von Einzelfällen abgesehen, in aller Regel wachstumslimitierend. Dabei sind es insbesondere die bioverfügbaren P-Fraktionen, die das Algenwachstum steuern. Obwohl die Ausprägung des Algenwachstums in den Untersuchungsgewässern zunächst unbedenklich erscheint, zeigt sich dessen ökologische Relevanz in den nachfolgenden Gewässern. Dort tragen die initialen Algenkonzentrationen aus den Nebengewässern wesentlich zum Aufbau von z.T. polytrophen Verhältnissen bei.

*Konsequenzen für zukünftige Gewässerschutzstrategien*

Zusammenfassend läßt sich feststellen, daß die ökologischen Auswirkungen von Nährstoffen mit wachsender Entfernung vom Ort der Einleitung zunehmen. Verbesserungen der Gewässergüte in kleinen Fließgewässern - insbesondere hinsichtlich des trophischen Zustandes - sind eher durch strukturelle bzw. morphologische Maßnahmen, wie z.B. der Erhöhung des Beschattungsgrades, zu erzielen. Die ökologischen Auswirkungen einer Nährstofffrachtreduzierung sind vor allem in den größeren Fließgewässern und in der Nord- und Ostsee zu erwarten. Dort akkumulieren im Winter eingeleitete Nährstoffe und können in den Sommermonaten wirksam werden. Die im Sommer eingeleiteten Nährstoffe werden nicht nur in den Flüssen, sondern auch im niedersächsischen Wattenmeer, der deutschen Bucht und der Ostsee während der Vegetationperiode wirksam.

Kläranlagenabläufe tragen in den Sommermonaten erheblich mehr zum Abfluß eines Gewässers und damit zu den Nährstofffrachten bei als im Winter, wenn es zur Sickerwasserbildung auf landwirtschaftlichen Nutzflächen kommt. Da die Bioverfügbarkeit des Phosphors aus Kläranlagen größer ist als die andere Eintragsquellen, sollte diesem Umstand unter den o.g. Gesichtspunkten auch bei der Bewertung von Bewirtschaftungsmaßnahmen Rechnung getragen werden.

Nach dem Vorsorgeprinzip ist sicherlich eine Reduzierung der Einträge von sowohl Stickstoff als auch Phosphor als sinnvoll anzusehen. Allerdings ließe sich die Effektivität von Maßnahmen steigern, wenn die regional unterschiedliche Ausprägung der Algenproblematik und der Nährstofflimitierung in Betracht gezogen würde. In der Nordsee (Deutsche Bucht) ist im Gegensatz zu den Fließgewässern Stickstoff der limitierende Nährstoff, so daß bei Maßnahmen zur Nährstoffreduzierung und bei der Auswahl des prioritär zu reduzierenden Nährstoffs abzuwägen ist, welches Schutzziel jeweils im Vordergrund steht (Meeresschutz/Fließgewässerschutz).

Um gezielt steuernd in die Algendynamik von Fließgewässern eingreifen zu können, wäre es erforderlich, Kausalbeziehungen zwischen anthropogener Belastung und Trophie besser differenzieren zu können. Zu diesem Zweck wäre es notwendig, in naturraumtypischen Gewässern die Chlorophyll-a-Konzentrationen gemeinsam mit allen anderen trophierelevanten Parametern in mehrjährigen intensiven Untersuchungsreihen zu ermitteln. Die zur Zeit praktizierte flächendeckende Messung von Nährstoffkonzentrationen als einzige Trophieparameter ist unter diesem Gesichtspunkt nicht ausreichend.

## 3.4.4 Ökologische Bewertung von Bewirtschaftungsmaßnahmen - Vergleich von 5 Einzugsgebieten

Es ist bekannt, daß das auf der 3. Nordseeschutzkonferenz 1990 in Den Haag gesetzte Ziel, die N- und P-Einträge bis 1995 um 50% im Vergleich zu 1985 zu reduzieren, bislang nicht erreicht worden ist. Insbesondere die N-Frachten der Gewässer ist nach wie vor zu hoch. Auch die hier untersuchten Gewässer erreichen die angestrebten Ziele nicht.

Mit der hier angewandten Methode ist es möglich, die Stickstoff- und Phosphoreinträge in das jeweilige Gewässer gebietsspezifisch nach Herkünften zu differenzieren. Der Ist-Zustand repräsentiert dann die Stoffeinträge der vergangenen 4 - 5 Jahre (ca. 1990 - 1994). Zur Minderung der Stoffeinträge sind unterschiedliche Maßnahmen denkbar. Mit Hilfe der vorliegenden Methode lassen sich die Wirkungen dieser Maßnahmen auf die Nährstoffeinträge berechnen. Die Einzelmaßnahmen wurden zu Szenarien im Bereich Landwirtschaft (Szenario 1 - 3) sowie im Bereich Kläranlagen (Szenario 4 und 5) gebündelt. Die Ergebnisse zeigen die Abb. 3-13, 3-23, 3-32, 3-39 und 3-46.

Aus der erreichbaren Stoffreduktion lassen sich Rückschlüsse auf die Effizienz von Maßnahmen ziehen, die im folgenden diskutiert werden sollen.

### 3.4.4.1 Reduzierung der N-Düngung

Die drei landwirtschaftlichen Szenarien (Szenario 1, 2 und 3) sind mit einer Reduzierung der N- und P-Düngung verbunden.

Im Ist-Zustand wird unterstellt, daß die Landwirte mehr N und P düngen als es den Empfehlungen der Landwirtschaftskammer zu den einzelnen Kulturen entspricht. Der N-Bilanzüberschuß wurde nach folgendem Schema berechnet:

| | | |
|---|---|---|
| N-Zufuhr | | mineral. N in Höhe der Empfehlung der Landwirtschaftskammer |
| | + | Wirtschaftsdünger |
| | + | organ. Dünger (z.B. Klärschlamm) |
| | + | atmosphärische Deposition |
| N-Abfuhr | - | N-Gehalt im Erntegut |
| Saldo | | N-Zufuhr - N-Abfuhr |

Es wird also angenommen, daß die Landwirte den N-Gehalt von organischen Stoffen in ihrer Düngungsplanung praktisch nicht berücksichtigen. Nur im Gebiet der Lager Hase wurde abweichend verfahren. Nach Auskunft der landwirtschaftlichen Vertreter vor Ort werden von den im Gebiet anfallenden 3 DE/ha nur 2,2 ausgebracht. Außerdem wurde 1 DE auf die mineralische Düngung angerechnet.

Bei der Berechnung der N-Bilanz auf Ackerflächen wird angenommen, daß der N-Gehalt der organischen Dünger zu 100% verfügbar ist. Gleiches gilt für Wirtschaftsdünger, wobei jedoch 20% des Gesamt-N-Gehaltes bei der Lagerung und Ausbringung verloren gehen. Eine Verfügbarkeit von 100% wird deshalb angenommen, da im Programm die N-Mineralisation aus der organischen Substanz des Bodens unberücksichtigt bleibt. Ein Teil der aktuell nicht verfügbaren N-Menge trägt jedoch in den folgenden Jahren über die Mineralisation zur Ernährung der Pflanzen bei.

Diese Art der N-Bilanzierung unterstellt, daß die Landbewirtschaftung im Ist-Zustand nicht als ordnungsgemäß zu bezeichnen ist. Unter ordnungsgemäß wird hier verstanden, daß alle gesetzlichen Bestimmungen, die im Zusammenhang mit einer Nährstoffbelastung der Gewässer relevant sind, konsequent eingehalten werden. Dies ist jedoch nicht immer der Fall. So fehlen z.B. Gewässerrandstreifen, um den Eintrag von Düngemitteln zu vermeiden. Auch werden nicht alle Nährstoffgaben, z.B. aus Klärschlamm, bei der Düngeplanung ausreichend berücksichtigt. Gespräche mit Beratern vor Ort zeigen immer wieder, daß aus unterschiedlichen Gründen nicht alles, was möglich und auch gesetzlich geregelt ist, getan wird.

Es ergeben sich die in Tab. 3-30 zusammengestellten N-Bilanzüberschüsse in den Einzugsgebieten. Diese Überschüsse stellen ein nach Acker- und Grünlandanteilen gewichtetes Mittel dar. Im Durchschnitt der landwirtschaftlichen Nutzflächen in der Bundesrepublik ermittelten WENDLAND et al. (1993) für die alten Bundesländer einen Überschuß von 105 kg N/ha. Die vier Einzugsgebiete im Mittel weisen einen Überschuß von 112 kg N/ha auf. Betrachtet man ausschließlich Ackerflächen, ergeben sich die in Tab. 3-31 dargestellten Werte.

Die gute Übereinstimmung der hier ermittelten Werte mit den Werten von WENDLAND ist ein weiteres Indiz dafür, daß die N-Bilanz für landwirtschaftliche Flächen im vorliegenden Bilanzierungsmodell zutreffend ermittelt wird. Dadurch ist sichergestellt, daß auch die Ergebnisse der Szenarien in der richtigen Größenordnung liegen. Damit bestätigt sich jedoch auch, daß die Annahmen bezüglich der Düngepraxis der Landwirte nicht völlig falsch sind.

In allen Einzugsgebieten zeigen die Szenarien aus dem Bereich Landwirtschaft die stärkste Senkung der Stoffeinträge und zwar sowohl für Stickstoff als auch für Phosphor. Die größte Minderung im Vergleich zum Ist-Zustand bewirkt das Szenario 1: ordnungsgemäße Landbewirtschaftung. Die Diskrepanz zwischen den Stoffeinträge im Ist-Zustand und denen bei ordnungsgemäßer Landwirtschaft zeigt, daß offensichtlich ein erhebliches Defizit bei der Ausbildung und Beratung der Landwirte besteht. Einsparungen in diesem Bereich sind daher wenig hilfreich. Die Verabschiedung der Düngeverordnung zu Beginn des Jahres 1996 verdeutlicht, daß auch der Gesetzgeber die Landwirte stärker in die Pflicht nehmen möchte. Es wird sich erst in einigen Jahren zeigen, ob die Düngeverordnung inhaltlich ausreicht, die angestrebten Ziele zu erreichen, zumal eine Kontrolle der Landwirte notwendig, jedoch in der Praxis nicht einfach zu verwirklichen ist.

Die Einführung des ökologischen Landbaus (Szenario 2) ist sicher in absehbarer Zeit nicht flächendeckend zu verwirklichen. Um den Effekt dieser Wirtschaftsweise auf die Nährstoffein-

**Tab. 3-30** N-Bilanzüberschüsse landwirtschaftlicher Nutzflächen

| | | **kg N/ha LF** |
|---|---|---|
| Ilmenau | | 92 |
| Böhme | | 133 |
| Lager Hase | | 138 |
| Knockster Tief | | 85 |
| Bundesdurchschnitt, alte Länder | (WENDLAND et al. 1993) | 105 |
| | (BMU 1997) | 117 |
| Dänemark (GRANT 1996) | | 113 |

**Tab. 3-31** N-Bilanzen von Ackerflächen

| | Ilmenau | Böhme | Lager Hase | Knockster Tief | Odense Å |
|---|---|---|---|---|---|
| N-Zufuhr, kg N/ha | 222 | 248 | 262 | 267 | 236 |
| N-Entzug, kg N/ha | 116 | 96 | 92 | 133 | 120 |
| N-Überschuß, kg N/ha | 106 | 152 | 170 | 144 | 116 |

träge zu untersuchen, wurde jedoch diese Annahme getroffen. Der ökologische Landbau orientiert sich in Szenario 2 nach AGÖL-Richtlinien. Der Einsatz leicht löslicher mineralischer N-Verbindungen ist nicht zulässig. Die Beschränkung der N-Zufuhr auf Wirtschaftsdünger und den Anbau von Leguminosen sowie die Annahme, daß bei einer Umstellung zunächst über Jahre auf eine P-Düngung verzichtet werden kann, reduziert die N- und P-Zufuhr je ha LF und infolgedessen die N-Auswaschung im Vergleich zum Ist-Zustand beträchtlich. Auch im Vergleich zu Szenario 1 (ordnungsgemäße Landbewirtschaftung) sinkt der N-Eintrag bei ökologischer Wirtschaftsweise deutlich ab. Besonders in den wenig viehstarken Einzugsgebieten Böhme und Ilmenau ist der Unterschied deutlich.

Eine wesentliche Ursache der Verringerung der N-Einträge in das Gewässer ist die Senkung des N-Bilanzüberschusses auf Ackerflächen. Abb. 3-56 zeigt den durchschnittlichen N-Bilanzüberschuß in den fünf untersuchten Einzugsgebieten im Ist-Zustand sowie für die Szenarien 1 (ordnungsgemäße Landbewirtschaftung) und 2 (ökologischer Landbau). Die Beschränkung der Düngung auf die Empfehlung der Offizialberatung senkt den N-Bilanzüberschuß erheblich. Im ökologischen Landbau ist der N-Bilanzüberschuß nochmals wesentlich niedriger. An der Lager Hase liegt der N-Bilanzüberschuß auch im ökologischen Landbau bei mehr als 100 kg N/ha auf Ackerflächen. Es stellt sich daher die Frage, ob 1,4 DE/ha, der Maximalwert für die Tierhaltung im ökologischen Landbau, im Interesse des Gewässerschutzes noch zu hoch liegt. Der vergleichsweise geringe Bilanzüberschuß an der Ilmenau hängt möglicherweise mit dem geringen Viehbesatz einerseits und dem hohen Anteil Hackfrüchte (Kartoffeln, Zuckerrüben) andererseits zusammen. Die Beregnung, die im Gebiet weit verbreitet ist, trägt wesentlich zur Ertragssicherheit bei. Ein Bilanzüberschuß von 4 kg N/ha, wie bei Umstellung auf ökologischen Landbau (Szenario 2) an der Ilmenau berechnet, ist in der Praxis sicherlich nicht zu erwarten. Das Programm MOBINEG berücksichtigt derzeit noch nicht, ob die Humuswirtschaft im ökologischen Landbau den N-Haushalt des Bodens verändert.

Der Bilanzüberschuß auf Ackerflächen an der Odense Å ist mit 116 kg N/ha sehr niedrig. Nur an der Ilmenau wird dieser Wert unterschritten. Die Gesetzgebung in Dänemark, die die N-Düngung schon seit Jahren stark reglementiert, wird als Grund für den vergleichsweise geringen Überschuß angesehen. Dennoch war erstaunlich - auch für die dänischen Projektpartner -, daß der Bilanzüberschuß nicht noch niedriger war. Die Reduktion der Gesamt-N-Zufuhr um 40%, wie in Szenario 1 (DK) berechnet, zeigt eine Abnahme des Bilanzüberschusses um mehr als 50%. Dabei ist sowohl der geringere Ertrag als auch der geringere N-Gehalt im Erntegut infolge der verminderten Düngung berücksichtigt.

Die Umstellung auf ökologischen Landbau führt zwar zu geringeren Überschüssen als im Ist-Zustand, liegt jedoch deutlich höher als in den niedersächsischen Einzugsgebieten. Hierin spiegelt sich möglicherweise ein unterschiedlicher Ansatz zur Berechnung von Szenario 2

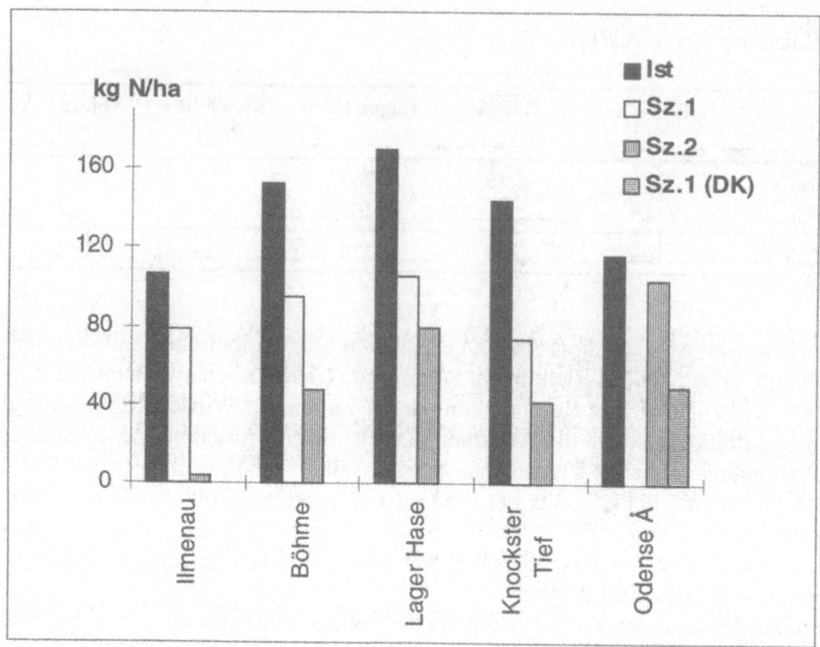


**Abb. 3-56** N-Bilanzüberschuß auf Ackerflächen und seine Veränderung durch reduzierte N-Düngung bzw. Umstellung auf ökologischen Landbau

wider: Für die niedersächsischen Einzugsgebiete wurde versucht, eine den standörtlichen Verhältnissen angepaßte Fruchtfolge im ökologischen Landbau zu finden, wobei je nach Intensität der Tierproduktion mehr Leguminosen für Futtergewinnung als zur Gründüngung angebaut wurde. Für die Odense Å hingegen wurde die Fruchtfolge so gewählt, daß der Nährstoffbedarf der angebauten Kulturen und der Tiere (1,18 DE/ha) ohne Futtermittelimporte gedeckt werden kann. Der Anteil Leguminosen steigt dadurch in der Fruchtfolge auf 48%. In Kombination mit den anfallenden Wirtschaftsdüngern zeigt sich dann - ähnlich wie bei der Lager Hase - ein hoher Bilanzüberschuß auf Ackerflächen.

Bedenkt man, daß der Ackeranteil in den untersuchten Gebieten zwischen 28 und 60% liegt und die Waldflächen nur wenig zur Stoffbelastung beitragen, wird deutlich, daß der Bilanzüberschuß für die N-Auswaschung in Gewässer von erheblicher Bedeutung ist. Um so wichtiger ist eine qualifizierte Beratung der Landwirte, um die Bilanzüberschüsse zu senken.

### 3.4.4.2 Vermeidung von Direkteinträgen aus der Landwirtschaft

Ein wichtiger Aspekt bei der Reduzierung von Stoffeinträgen ist die Vermeidung von Direkteinträgen. Direkteinträge aus der Atmosphäre und durch Streufall in Waldgebieten wurden im Rahmen dieses Berichtes als nicht beeinflußbar hingenommen.

In der Landwirtschaft können Direkteinträge durch Abspülen von Hofflächen, durch weidendes Vieh, das in die Gewässer tritt, sowie beim Düngerstreuen mit ungenügendem Abstand vom Gewässer auftreten. Diese Einträge sollten von den Landwirten vermieden werden, jedoch zeigt die Praxis, z.B. fehlende Gewässerrandstreifen, daß nach wie vor mit Stoffeinträgen über diese Pfade zu rechnen ist.

Meßwerte über diese Einträge liegen nicht vor. Die Berechnung wurde daher von HAMM (1991) übernommen. Die Einträge aus Weidewirtschaft und von Hofflächen orientieren sich an der Viehhaltung, d.h. Gebiete mit intensiver Tierproduktion sind durch hohe Direkteinträge aus der Landwirtschaft gekennzeichnet. Abb. 3-57 zeigt die Direkteinträge aus der Landwirtschaft in den 5 Einzugsgebieten in Relation zum Gesamt-Eintrag (vgl. auch Anhang 2). Während beim Stickstoff diese Nährstoffmengen nur einen geringen Anteil an der Gesamt-N-Menge ausmachen, sehen die Verhältnisse beim Phosphor anders aus. Hier liegen die Einträge je nach Einzugsgebiet bei einem Drittel bis der Hälfte der insgesamt eingetragenen P-Menge. Beim Knockster Tief und vor allem bei der Odense Å ist durch den Ausbau der Kläranlagen und deren effektive P-Elimination der Anteil aus Direkteinträgen relativ hoch. An der Lager Hase spielt insbesondere der hohe Viehbesatz, der in die Berechnung einfließt, eine große Rolle für diese erhebliche Bedeutung, die die Direkteinträge aus der Landwirtschaft für dieses Gewässer haben.

Die drei landwirtschaftlichen Szenarien (Szenario 1 bis 3) beinhalten jeweils als Maßgabe die Vermeidung von Direkteinträgen aus der Landwirtschaft. Der Unterschied in den P-Einträgen zwischen Ist-Zustand und ordnungsgemäßer Landbewirtschaftung (Szenario 1) beruht vor allem auf dieser Maßnahme. Die Verringerung der P-Düngung hat aufgrund des hohen Rückhaltevermögens der Böden einen weitaus geringeren Effekt auf die P-Belastung der Gewässer.

Andererseits dokumentieren diese Zahlen auch eine Wissenslücke. Eintragspfade, die bei pauschalen Annahmen bis zur Hälfte der Gesamteinträge betragen, sollten durch Messungen überprüft werden. Allerdings stimmen an der Lager Hase, am Knockster Tief und an der Odense Å, wo auf diesem Weg mehr als die Hälfte der P-Belastung eingetragen wird, die P-Frachten im Gewässer gut mit den am Pegel gemessenen Werten überein (s. Abb. 4-2).

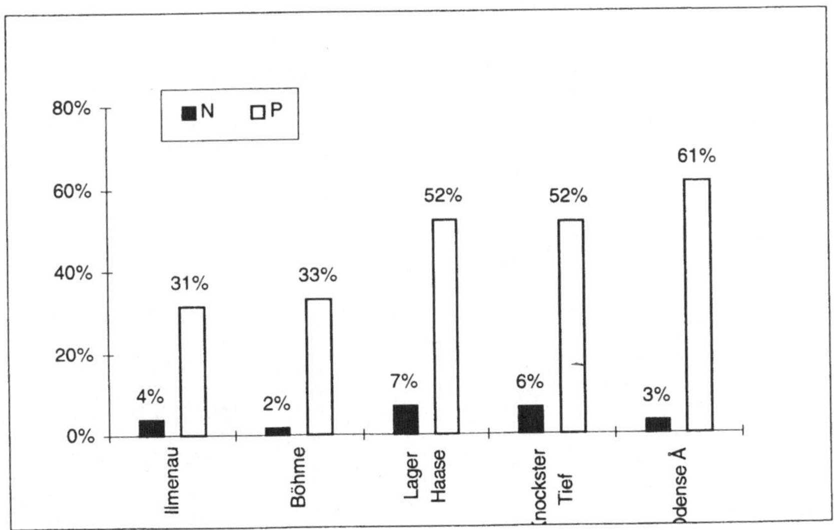


**Abb. 3-57** Direkteinträge aus der Landwirtschaft und ihr Anteil an den Gesamteinträgen

### 3.4.4.3 Vermeidung von Erosion

Starke Niederschläge, die auf vegetationsfreiem Boden auftreffen, führen häufig zur Abschwemmung von Bodenpartikeln im Oberflächengewässer. Damit gelangen auch die Nährstoffe aus diesen Bodenpartikeln in das Gewässer. Für die N-Belastung sind meistens andere Eintragspfade von größerer Bedeutung. Jedoch wird in der Regel angenommen, daß etwa ein Drittel der gesamten P-Einträge durch Erosion verursacht wird.

Die Nährstoffbilanzierung für die fünf untersuchten Einzugsgebiete zeigt, daß die Belastung durch Erosion sehr unterschiedlich sein kann und stark von den Gegebenheiten des Einzugsgebietes abhängt. Hangneigung und Bodenart spielen hierfür eine große Rolle. Die Bedeutung der Erosion für die Gesamteinträge wird aus der Abb. 3-58 deutlich. An der Lager Hase, wo etwa 25% des Einzugsgebietes als gering bis mittel erosionsgefährdet einzustufen sind, kommen etwa 22% der P-Einträge über abgeschwemmte Bodenteilchen in das Gewässer. An der Ilmenau sind es 17%. An der Böhme, am Knockster Tief und an der Odense Å ist der Anteil der Erosion an den Gesamt-P-Einträgen geringer als 5%.

Es ist zu vermuten, daß außerhalb der norddeutschen Tiefebene, z.B. im Mittelgebirgsraum, der Erosion eine viel größere Bedeutung zukommt als in den hier untersuchten Gewässern, deren Einzugsgebiete relativ eben sind.

Zur Vermeidung von Bodenerosion sind zahlreiche Maßnahmen bekannt, wie z.B. Untersaaten und Zwischenfrüchte, hangparalleles Pflügen, Gewässerrandstreifen etc. Bei der Berechnung der Szenarien werden nur in Szenario 3 Erosionsschutzmaßnahmen durchgeführt. Es wird die Annahme getroffen, daß ein Stoffeintrag in das Gewässer dadurch vollständig vermieden wird. Die Unterschiede zwischen den P-Einträgen bei Szenario 2 (ökologischer Landbau) und Szenario 3 (ökologischer Landbau mit weitergehenden gewässerschonenden Maßnahmen) beruhen hauptsächlich auf der Vermeidung von Erosion. Die Ergebnisse der Szenarien-

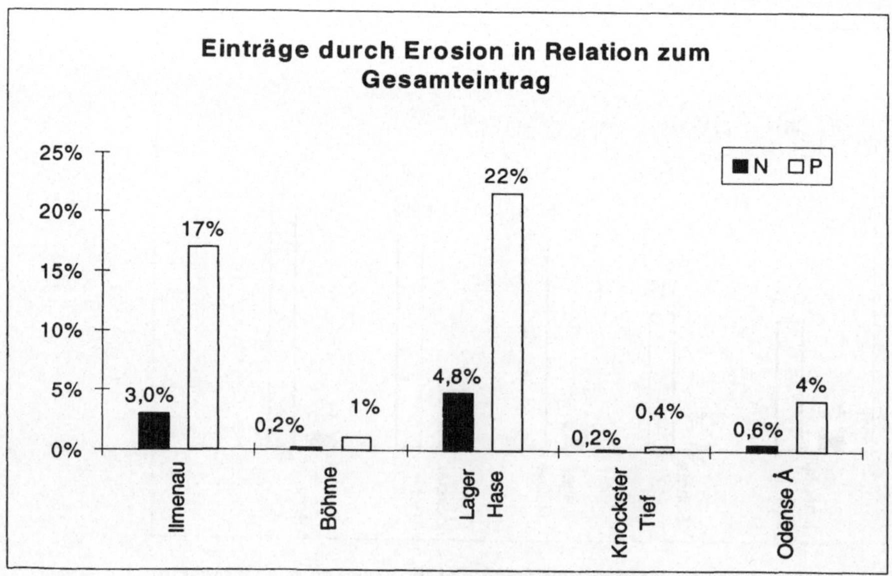


**Abb. 3-58** Einträge aus Erosion in Relation zum Gesamteintrag

berechnung spiegeln dies wider: In den Einzugsgebieten Böhme, Knockster Tief und Odense Å spielt die Erosion keine Rolle, so daß Erosionsschutzmaßnahmen die Stoffbelastung nur wenig beeinflußen. In den Einzugsgebieten Ilmenau und Lager Hase hingegen sind Erosionsschutzmaßnahmen umzusetzen.

### 3.4.4.4 Aufgabe von Dränagen

Das Sickerwasser teilt sich im Wasserbilanzmodell (als Bestandteil des Bilanzierungsmodells, s. Kapitel 3.2.1.1) in Zwischen- und Grundwasserabfluß auf. Auf dränierten Flächen wird angenommen, daß ein Teil des Zwischenabflusses durch den Dränabfluß ersetzt wird. Da die Dränrohre den Abfluß des Bodenwassers beschleunigen, wird das Abbauvermögen für Stickstoffverbindungen geringer eingeschätzt als im Zwischenabfluß. Durch Aufgabe der Dränagen, wie in Szenario 3 (ökologischer Landbau mit weitergehenden gewässerschonenden Maßnahmen) vorgesehen, findet wieder ein vermehrter Zwischenabfluß statt. Die verlängerte Zeitdauer der Bodenpassage verringert dann die Stoffeinträge in das Gewässer. Für die P-Belastung spielen die Dränrohre fast keine Rolle, da ohnehin das Rückhaltevermögen der Böden für P sehr hoch ist.

Den Anteil dränierter Acker- und Grünlandflächen zeigt Tab. 3-32 in den einzelnen Einzugsgebieten. In den Einzugsgebieten Knockster Tief und Odense Å sind großräumig Dränagen verlegt. Entsprechend hoch ist die Bedeutung dieses Eintragspfades für die Nährstoffbelastung der Gewässer. Insbesondere an der Odense Å zeigt sich hier ein deutlicher Handlungsbedarf, da fast die Hälfte der N-Einträge aus den Dränagen in die Oberflächengewässer fließt. Andererseits sind Veränderungen im Bodenwasserhaushalt mit erheblichen Konsequenzen für die Flächennutzung verbunden. Die Aufgabe von Dränagen ist daher eine sehr kostenintensive Maßnahmen (s. Kapitel 3.4.5.2).

Der Anteil der Dränagen an den Gesamt-P-Einträgen liegt selbst in Gebieten wie der Odense Å mit auswaschungsgefährdeten Sandböden und einer Vielzahl von Dränagen unter 6%.

**Tab. 3-32** Stoffeintrag über Dränagen

| | dränierte Fläche | | N | | P | |
|---|---|---|---|---|---|---|
| | Acker | Grünland | | Anteil am Gesamteintrag | | Anteil am Gesamteintrag |
| | % | % | t/a | % | t/a | % |
| Ilmenau | 15 | 15 | 108 | 8,0 | 0,6 | 0,6 |
| Böhme | 10 | 5 | 59 | 4,6 | 0,2 | 0,6 |
| Lager Hase | 18 | 12 | 133 | 7,3 | 0,2 | 0,1 |
| Knockster Tief | 35 | 20 | 99 | 16,5 | 0,6 | 1,4 |
| Odense Å | 45 | 45 | 754 | 47,6 | 1,4 | 5,9 |

### 3.4.4.5 Ausbau von Kläranlagen

Im Gegensatz zu den beschriebenen landwirtschaftlich orientierten Szenarien zeigen die um den Kläranlagenausbau bemühten Szenarien 4 und 5 nur wenig Erfolg. Zwar verringern sich auch hier die N- und P-Einträge, aber es werden bei weitem nicht so hohe Reduzierungen erreicht wie bei den Szenarien 1 - 3. Betrachtet man Szenario 4, das die Einhaltung der gesetzlich vorgeschriebenen Grenzwerte vorsieht, läßt sich feststellen, daß im Vergleich zum Ist-Zustand nur wenig Veränderung, insbesondere bei den N-Einträgen, zu erwarten ist. Daraus läßt sich schließen, daß der Ausbau der Kläranlagen sowohl in Fünen als auch in Niedersachsen weitgehend erfolgt ist. Die Anstrengungen der vergangenen Jahre, die punktuellen Stoffeinträge zu reduzieren, zeigen Erfolg. Auch eine Verschärfung der Grenzwerte, wie in Szenario 5, verbessert die Belastung der Gewässer mit N und P nur geringfügig.

Über die Kanalisation gelangen ebenfalls erhebliche Nährstoffmengen in die Gewässer (vgl. hierzu Anhang 2). Die zur Berechnung der Einträge zugrunde gelegten Werte sind leider nicht durch Meßwerte aus den Untersuchungsgebieten zu belegen. Die Größenordnung zeigt jedoch an, daß hier Maßnahmen zur Vermeidung bzw. Verringerung dieser Einträge erforderlich sind.

Um so deutlicher treten nun die anderen Eintragspfade bei der Betrachtung der Nährstoffbelastung der Gewässer hervor. Ein Vergleich mit den angestrebten Gütezielen zeigt, daß ein weiterer Ausbau der Kläranlagen z.T. notwendig ist, jedoch nur in Kombination mit Maßnahmen im Bereich Landwirtschaft. Nur diese werden zukünftig zur erheblichen Verbesserung der Gewässergüte führen.

### 3.4.4.6 Bioverfügbarkeit von Nährstoffeinträgen - Gebietsvergleich

Im Vergleich aller Einzugsgebiete variiert die P-Bioverfügbarkeit der Gesamteinträge nur geringfügig zwischen 51% und 57% (Abb. 3-59). Obwohl die P-Verbindungen aus Kläranlagen

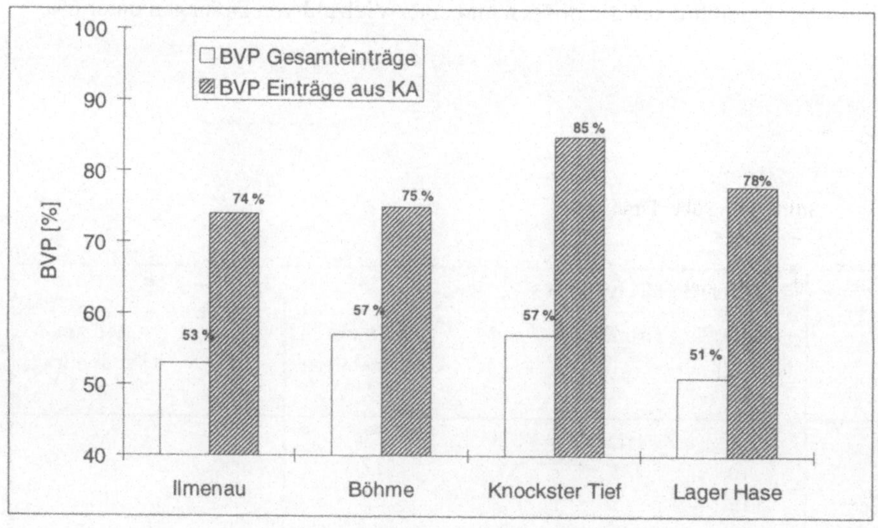


**Abb. 3-59** Vergleich der P-Bioverfügbarkeit in verschiedenen Einzugsgebieten

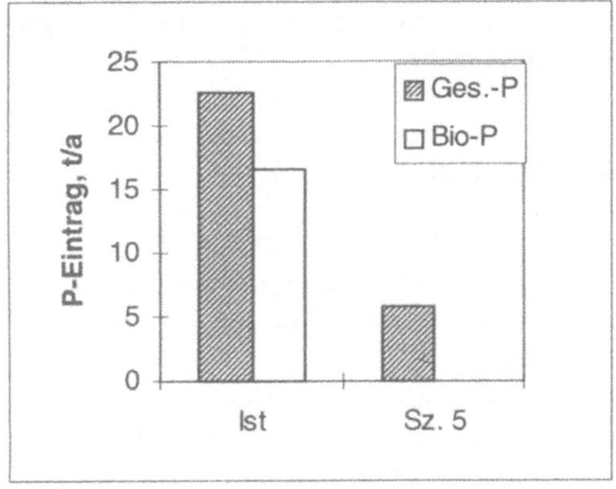


**Abb. 3-60** P-Bioverfügbarkeit der reduzierten Einträge, Vergleich der Szenarien am Beispiel Ilmenau

eine Bioverfügbarkeit zwischen 74 und 85% aufweisen, zeigt sich in Abb. 3-59, daß die Kläranlagen die Bioverfügbarkeit im Gewässer nur wenig beeinflussen.

Eine weitergehende Reinigung des Abwassers findet in Szenario 5 statt. Durch die Filtration von P-Verbindungen reduzieren sich die P-Einträge. Abb. 3-60 zeigt für die ilmenau einen Vergleich der P-Einträge aus Kläranlagen im Ist-Zustand und bei Szenario 5. Durch den Ausbau der Kläranlagen sinkt der bioverfügbare P-Eintrag um mehr als die Hälfte.

Grundsätzlich bleibt festzustellen, daß aus Sicht der P-Bioverfügbarkeit, also aus rein qualitativen Erwägungen, die Sanierung von Kläranlagen ohne P-Elimination den größten Effekt erzielen würde. Es hat sich jedoch in den untersuchten Einzugsgebieten herausgestellt, daß der Eintrag aus Kläranlagen nur mit sehr hohem Aufwand bei geringer Wirkung zu senken sind.

### 3.4.5 Ökonomische Bewertung der Bewirtschaftungsmaßnahmen - Vergleich von fünf Einzugsgebieten

Mit den vorgeschlagenen Bewirtschaftungsmaßnahmen lassen sich die Stoffeinträge in unterschiedlichem Maße verringern. Aus ökologischer Sicht sind Maßnahmen, die zu einer weitgehenden Reduzierung der Stoffeinträge führen, am effizientsten. Die vorangegangene ökologische Bewertung macht deutlich, daß

- eine verringerte Düngung und die Vermeidung von Direkteinträgen - unabhängig vom Einzugsgebiet - die Stoffeinträge am stärksten reduzieren,
- Maßnahmen wie die Aufgabe der Dränagen oder die Vermeidung von Erosion nur gebietsspezifisch sinnvoll sind, wenn über die entsprechenden Eintragspfade (hier: Dränabfluß und Oberflächenabfluß) ein hoher Anteil des Gesamteintrags erfolgt,
- ein Ausbau der Kläranlagen nur einen geringen Reduzierungseffekt auf die Stoffeinträge hat.

Im weiteren werden die ökonomische Wirksamkeit und die ökonomische Effizienz der Maßnahmen in den fünf Einzugsgebieten verglichen. Kriterien sind dabei die Bedeutung einzelner Eintragspfade am Gesamteintrag, das Stoffreduzierungspotential bestimmter Maßnahmen und ihre stoffspezifischen Kosten. Aus der Bewertung lassen sich Empfehlungen für vorrangig durchzuführende Maßnahmen (in dem jeweiligen Einzugsgebiet) ableiten.

#### 3.4.5.1 Reduzierung der Düngung und Vermeidung von Direkteinträgen

Die Düngung und die direkten Einträge aus der Landwirtschaft verursachen einen Großteil der Gesamteinträge in das Gewässer. Eine Reduzierung dieser Einträge läßt sich nur durch eine Änderung der landwirtschaftlichen Produktion erreichen.

Als Maßnahmen in diese Richtung werden hier die Einhaltung der ordnungsgemäßen Landwirtschaft (Szenario 1) bzw. die flächendeckende Einführung des ökologischen Landbaus vorgeschlagen (Szenario 2 bzw. 3). Für die Odense Å ist das Szenario 1 abgewandelt worden. Statt der ordnungsgemäßen Landwirtschaft wird hier eine um 40% reduzierte N-Düngung simuliert.

Abb. 3-61 verdeutlicht, wie sich die Anteile der Düngung und Direkteinträge am Gesamteintrag im Ist-Zustand verteilen und wie sie sich bei Umsetzung der Szenarien in den fünf Einzugsgebieten ändern. Im Ist-Zustand liegen die Anteile bei Stickstoff zwischen 60 und ca. 90% und bei Phosphor zwischen ca. 35 - 70%. Insbesondere die Odense Å wird fast ausschließlich durch Einträge aus diesen Quellen belastet.

Schon mit Einhaltung der ordnungsgemäßen Landwirtschaft (Szenario 1) werden die P-Einträge fast vollständig vermieden. Die N-Einträge werden i.a. um ca. 15 - 30% (des Gesamteintrags) reduziert. Eine Ausnahme bildet die Odense Å. Gemäß der abgewandelten Szenariovorgaben fällt die Reduzierung der N-Einträge mit über 50% höher aus als in den anderen Einzugsgebieten.

Die auf der rechten Seite aufgetragenen spezifischen Kosten liegen bei drei Einzugsgebieten relativ einheitlich bei 1 - 2,60 DM/kg N bzw. $P_{reduziert}$. In den Einzugsgebiet Ilmenau und Odense Å sind diese Kosten mit jeweils 5,60 DM/kg N bzw. P deutlich höher.

Mit stärkerer Reduzierung der Düngung infolge der Umstellung auf Ökolandbau (Szenario 2 bzw. 3) lassen sich die N-Einträge in den vier niedersächsischen Einzugsgebieten nochmals deutlich senken. Dies gilt vor allem für das Einzugsgebiet Ilmenau und Böhme. Auffällig sind jedoch die großen Unterschiede zwischen den spezifischen Kosten für diese Maßnahme. Während in den Einzugsgebieten Böhme und Knockster Tief praktisch die gleichen spezifischen Kosten anfallen wie für Szenario 1, ergeben sich im Einzugsgebiet Ilmenau mit 77 DM/kg N bzw. $P_{reduziert}$ erheblich höhere Kosten. Überproportional steigende Kosten für diese Maßnahme zeigt auch das Einzugsgebiet Lager Hase.

Sowohl das Gebiet der Ilmenau als auch der Lager Hase sind als Intensiv-Landwirtschaftsgebiete zu bezeichnen. Die Ergebnisse der Kostenberechnung (s. Kapitel 3.3) haben gezeigt, daß die Umstrukturierung der konventionellen auf ökologische Landwirtschaft hier zu hohen Einkommensverlusten, d.h. entsprechenden Kosten, führt. Zumindest im Einzugsgebiet Lager Hase erscheint die Einführung des ökologischen Landbaus - wenngleich gewünscht - aus ökonomischer Sicht weniger empfehlenswert. Im Vergleich zur ordnungsgemäßen Landwirtschaft stehen die Mehrkosten in einem ungünstigen Verhältnis zur weiteren Nährstoffentlastung.

Im Einzugsgebiet Ilmenau ist die Einhaltung der ordnungsgemäßen Landwirtschaft mit niedrigeren Kosten, aber auch wesentlich geringer Nährstoffentlastung verbunden als die Einführung des ökologischen Landbaus. Letztendlich sollte hier in einem Abwägungsprozeß

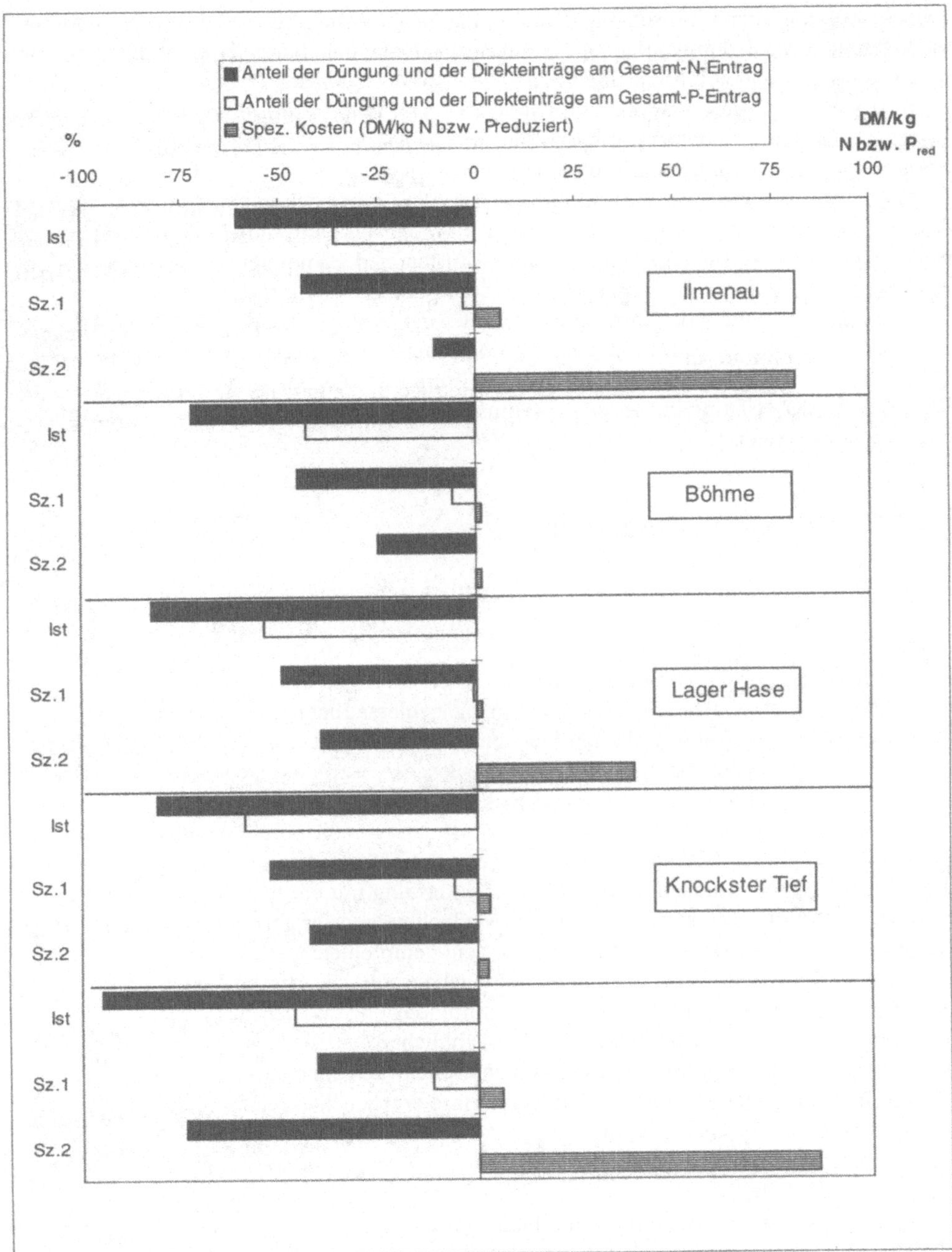


**Abb. 3-61** Anteil der Düngung am Gesamtnährstoffeintrag und stoffspezifische Kosten der Nährstoffelimination (verringerte Düngung/Vermeidung von Direkteinträgen)

zwischen ökologischen Zielsetzungen und vorhandenen Mitteln über die Bewirtschaftungsmaßnahmen entschieden werden. Die Reduzierungspotentiale der anderen Maßnahmen und deren stoffspezifischen Kosten sind vergleichend heranzuziehen.

In den Einzugsgebiet Böhme und Knockster Tief ist der Einführung des ökologischen Landbaus, bei besserer Nährstoffentlastung und annährend gleichen spezifischen Kosten, Vorrang vor der ordnungsgemäßen Landwirtschaft zu geben.

Etwas anders stellt sich die Einführung des ökologischen Landbaus im Einzugsgebiet Odense Å dar. Auch hier reduzieren sich die P-Einträge aus der Landwirtschaft auf Null. Die N-Einträge reduzieren sich gegenüber dem Ist-Zustand jedoch nur geringfügig. Im Vergleich zu Szenario 1 kommt es sogar zu einem Wiederanstieg des N-Eintrags.

Unter der Annahme konventioneller Preise für die ökologischen Produkte liegen die spezifischen Kosten für die Einführung des ökologischen Landbaus bei umgerechnet 75 DM/kg N bzw. $P_{reduziert}$. Da eine Verminderung der N-Einträge in die Odense Å Vorrang hat, ist die Reduzierung der N-Düngung (Szenario 1) insgesamt als die bessere Bewirtschaftungsmaßnahme zu bezeichnen.

### 3.4.5.2 Aufgabe der Dränagen

Je nach Standortverhältnissen und landwirtschaftlicher Intensität werden in einem Einzugsgebiet häufig Dränagen oder Entwässerungsgräben angetroffen. Wegen der schnellen Wasserpassage durch die Dränagen besteht ein hohes Potential für Stickstoffeinträge ins Gewässer.

In den hier ausgewählten Einzugsgebieten variiert der Anteil des Dränabflusses am Gesamteintrag beträchtlich (s. Abb. 3-62). In den Einzugsgebieten Ilmenau, Böhme und Lager Hase, die nur einen kleinen Anteil gedränter Flächen aufweisen, liegt er unter 10%. In den flächenhaft gedränten Gebieten Knockster Tief und Odense Å werden dagegen 17 bzw. 42% des Stickstoffeintrags durch Dränagen verursacht.

Mit Aufgabe der Dränagen werden diese Stoffeinträge vollständig vermieden. Die spezifischen Kosten dieser Maßnahme sind auf der rechten Seite der Abb. 4-10 aufgetragen. In dem Einzugsgebiet Ilmenau ist die Nährstoffentlastung mit ca. 54 DM/kg N bzw. $P_{reduziert}$ recht teuer. Die ökonomische Effizienz der Maßnahme ist sehr gering und erscheint wegen der relativ niedrigen Nährstoffentlastung als wenig empfehlenswert.

Auch im Knockster Tief fallen für diese Maßnahme hohe spezifische Kosten (ca. 44 DM/kg N bzw. $P_{reduziert}$) an. Aufgrund der guten Nährstoffentlastung und der im Vergleich zu anderen Maßnahmen (Erosionschutz, Kläranlagenbau) ähnlichen spezifischen Kosten, stellt die Aufgabe der Dränagen hier jedoch eine empfehlenswerte Maßnahme dar.

Für die Einzugsgebiete Böhme und Lager Hase ergeben sich relativ niedrige spezifische Kosten von ca. 8 - 15 DM/kg N bzw. $P_{reduziert}$. Die Nährstoffreduzierung ist eher gering. Die Reduzierungspotentiale der anderen Maßnahmen und deren stoffspezifischen Kosten sollten daher geprüft werden.

Äußerst effizient ist die Aufgabe der Dränagen dagegen im Einzugsgebiet Odense Å. Die N-Einträge aus der Landwirtschaft lassen sich dadurch um fast 40% reduzieren und die spezifischen Kosten liegen mit ca. 8 DM/kg N bzw. $P_{reduziert}$ nur etwas höher als für die 40%ige Reduzierung der N-Düngung. Beide Bewirtschaftungsmaßnahmen ergänzen sich also zu einer effektiven, relativ günstigen Strategie der N-Reduzierung.

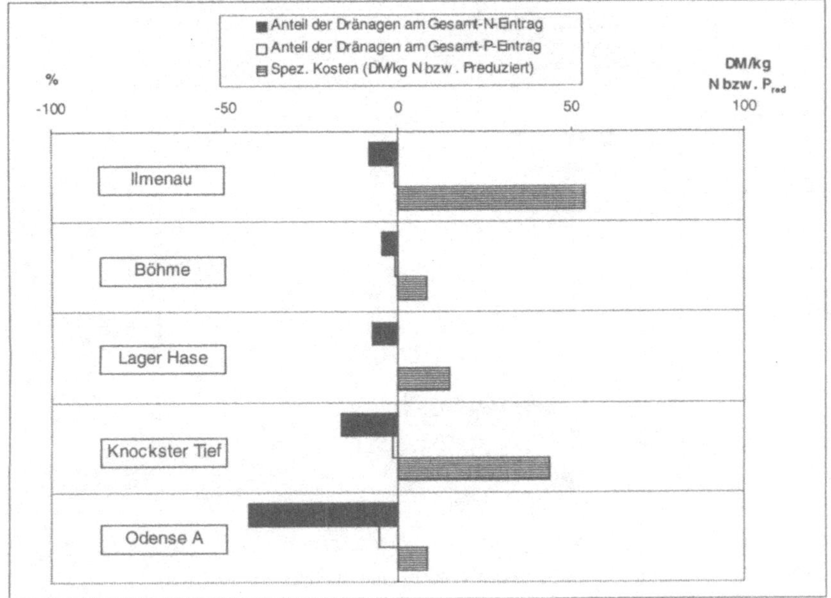


**Abb. 3-62** Anteil des Dränabflusses am Gesamtnährstoffeintrag und stoffspezifische Kosten der Nährstoffelimination (Aufgabe der Dränagen)

### 3.4.5.3 Vermeidung von Erosion

Erosionsprozesse stellen in keinem der betrachteten Einzugsgebiete ein besonderes Problem für den Stickstoffstoffeintrag dar. Auch die Phosphoreinträge über diesen Pfad sind in drei der fünf betrachteten Gebiete unbedeutend.

In den Einzugsgebieten Ilmenau und die Lager Hase werden dagegen ca. 17 bzw. 22% der Phosphoreinträge durch Bodenerosion verursacht (s. Abb. 3-63). Zusätzlich werden auf diesem Weg ca. 5% der Stickstoffbelastung in die Lager Hase eingetragen. Mit der Anlage von Erosionsschutzstreifen (10 m Breite) können diese Einträge vollständig vermieden werden. Auf der rechten Seite der Abb. 3-63 sind die dabei entstehenden spezifischen Kosten aufgetragen.

Sie betragen in den Einzugsgebieten Böhme und Lager Hase weniger als 1 DM/kg N bzw. $P_{reduziert}$ und zeigen die hohe Effizienz von Erosionschutzmaßnahmen in den beiden Gebieten auf. Allerdings ist die Nährstoffreduzierung im Gebiet der Böhme nur marginal.

Für das Einzugsgebiet Ilmenau liegen die spezifische Kosten in der gleichen Größenordnung (ca. 1,5 DM/kg N bzw. $P_{reduziert}$). Der Effekt auf die Nährstoffentlastung ist ähnlich groß wie im Gebiet der Lager Hase.

Mit 3 DM/kg N bzw. $P_{reduziert}$ sind die spezifischen Kosten im Einzugsgebiet Odense Å ebenfalls recht gering. Eine Nährstoffentlastung des Gewässers wird jedoch nur in geringem Ausmaß für P erreicht.

Als ökologisch und ökonomisch wenig effizient sind Erosionschutzmaßnahmen im Einzugsgebiet Knockster Tief anzusehen. Die spezifischen Kosten belaufen sich auf ca. 49 DM/kg N bzw. $P_{reduziert}$. Die Reduzierung der ohnehin geringen Nährstoffeinträge über Erosion ist zu vernachlässigen.

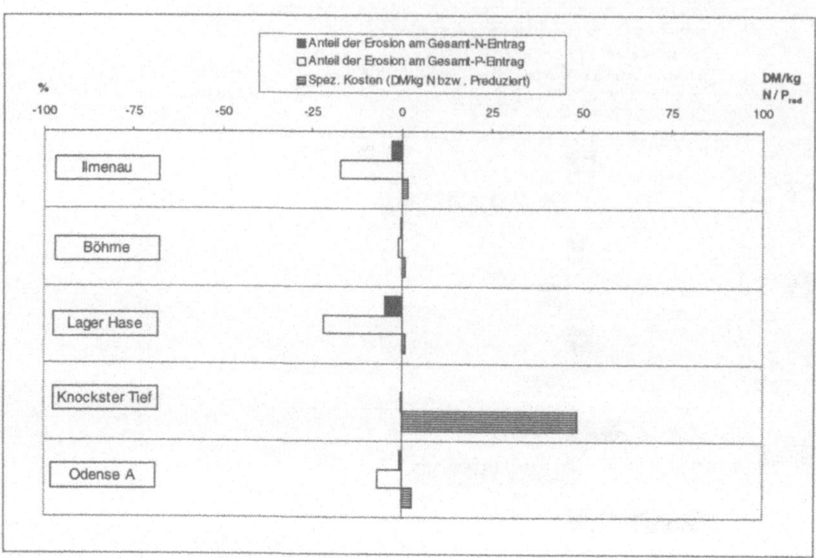


**Abb. 3-63** Anteil der Erosion am Gesamtnährstoffeintrag und stoffspezifische Kosten der Nährstoffelimination (Vermeidung von Erosion)

### 3.4.5.4 Ausbau von Kläranlagen

Die Kläranlagen tragen in allen betrachteten Einzugsgebieten zu einen relativ kleinen Teil an den Gesamtnährstoffeinträgen bei. Für Stickstoff liegt ihr Anteil bei etwa 10 - 20%, für Phosphor bei etwa 20 - 25% (s. Abb. 3-64).

Ein Ausbau der Kläranlagen (Verbesserung der Reinigungsleistung), wie er in Szenario 4 simuliert wird, führt praktisch kaum zu einer Reduzierung der Nährstoffeinträge. Erst der weitergehende Ausbau (Maßnahmen des Szenarios 5) kann die Einträge aus Kläranlagen um ca. ein Drittel bis die Hälfte reduzieren.

In Kapitel 3.3 wurde bereits verdeutlicht, daß die Investitionen für diese Ausbaumaßnahmen sehr hoch sind. Wegen der vergleichsweise geringen Nährstoffentlastung ergeben sich auch entsprechend hohe spezifische Kosten (s. rechte Seite der Abb. 3-64). Sie liegen mit ca. 130 bis 320 DM/kg N bzw. $P_{reduziert}$ fast immer über den spezifischen Kosten der Bewirtschaftungsmaßnahmen im landwirtschaftlichen Bereich. Lediglich im Knockster Tief liegen sie mit ca. 60 - 70 DM/kg N bzw. P etwa in der gleichen Größenordnung wie für die Aufgabe der Dränagen bzw. die Anlage von Erosionsschutzstreifen.

Im Vergleich zu den landwirtschaftlichen Maßnahmen stellt sich ein weiterer Kläranlagenausbau über den heute erreichten Standard hinaus insgesamt als wenig effizient dar. Im Einzelfall kann er jedoch als zusätzliche Maßnahme zum Erreichen einer tolerierbaren Nährstofffracht im Gewässer beitragen und sollte dann auch - trotz hoher Kosten - durchgeführt werden.

Aufgrund der anderen Szenariovorgaben für die Odense Å entfällt hier die Darstellung der Stoffreduzierung und der spezifischen Kosten für den Kläranlagenausbau.

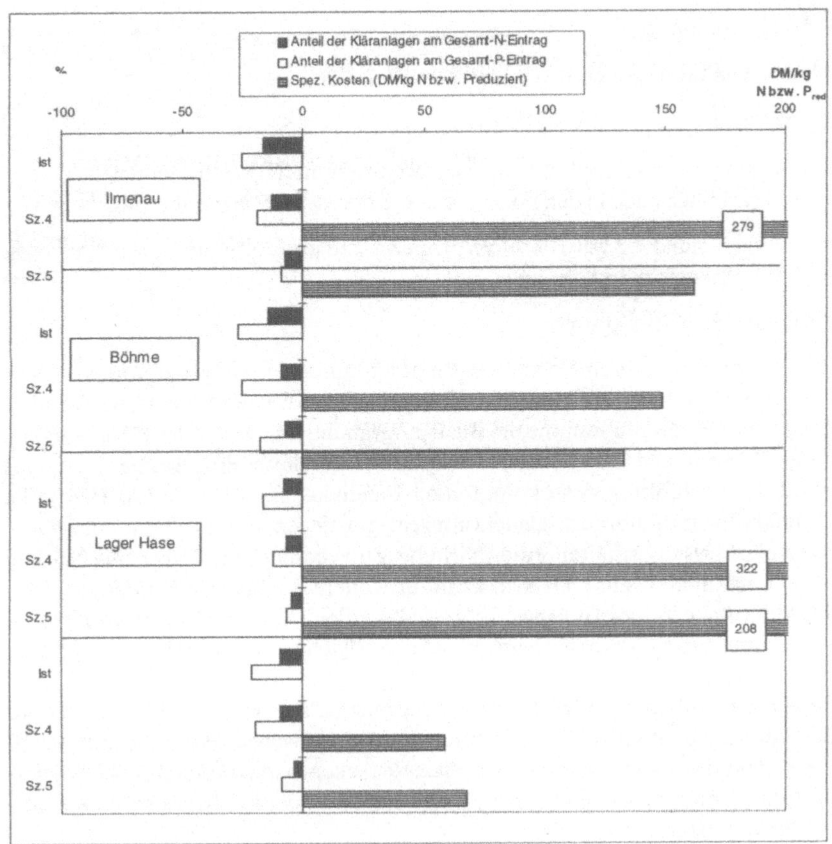


**Abb. 3-64** Anteil der Kläranlagen am Gesamtnährstoffeintrag und stoffspezifische Kosten der Nährstoffelimination (Ausbau der Kläranlagen nach gesetzlichen Vorgaben (Szenario 4) bzw. weitergehenden Anforderungen (Szenario 5))

### 3.4.5.5 Finanzierungsmöglichkeiten über bestehende Förderprogramme (Niedersachsen)

Die vorgeschlagenen Bewirtschaftungsmaßnahmen verursachen jährliche Kosten von ca. 0,5 bis 63 Mio. DM. Für ihre Umsetzung sind also z.T. erhebliche Finanzmittel notwendig.

Im weiteren wird diskutiert, ob eine Finanzierung bestimmter Maßnahmen über bestehende Förderprogramme möglich und sinnvoll ist.

In Niedersachsen werden z.Zt. sowohl eine Extensivierung der Landwirtschaft als auch - bedingt - ein Ausbau der Kläranlagen finanziell gefördert.

Im landwirtschaftlichen Bereich wurden dazu folgende Programme aufgelegt:

- Basisprogramm zur EWG-Verordnung Nr. 2078/92 mit Teilprogrammen A1/2, B1/2 und C1/2,

- 20-jährige Flächenstillegung,
- Feuchtgrünlandschutzprogramm mit Teilprogrammmen 1 - 6,
- Sieben Berge/Sackwald-Programm.

Nach Aussagen des niedersächsischen Landwirtschaftsministeriums (BRÜHL, mdl. Mittlg) werden dieses Jahr und vermutlich auch in den Folgejahren nur noch zwei Programme angeboten:

- die Teilprogramme C1 und C2 zur EWG-Verordnung. Sie umfassen die Einführung bzw. Beibehaltung des ökologischen Landbaus,
- das Feuchtgrünlandschutzprogramm.

Für die hier betrachteten Einzugsgebiete kann das Feuchtgrünlandschutzprogramm vernachlässigt werden. Es findet nur in speziell ausgewiesenen Gebieten Anwendung. Damit verbleiben als einzige relevante Förderprogramme die Basisprogramme C1 und C2 der EWG-Verordnung 2078/92. Tab. 3-33 erläutert kurz Förderprämien und Dauer dieser Programme.

Demnach wird die Einführung des ökologischen Landbaus mit jährlich 300 DM je ha Acker- oder Grünlandfläche gefördert. Dauerkulturen, mit denen sich i.a. sehr hohe Dekkungsbeiträge erzielen lassen, erhalten eine jährliche Zuwendung von 1.400 DM/ha. Die Förderdauer beträgt maximal 5 Jahre. Danach kann für weitere 5 Jahre eine Förderprämie in Höhe von 240 DM/ha Acker- oder Grünland beantragt werden. Anzumerken ist, daß grundsätzlich nur Betriebe gefördert werden, die ihre gesamte Fläche auf ökologischen Landbau umstellen.

Das gesamte Volumen dieser beiden Förderprogramme beläuft sich auf 3 Mio. DM pro Jahr. Gedanklich läßt sich damit also die Einführung des ökologischen Landbaus auf 10.000 ha Acker- bzw. Grünlandfläche finanzieren. Die gesamte Acker- und Grünlandfläche Niedersachsens beträgt rund 2,68 Mio. ha (NLS 1995). Die Fördergelder reichen also theoretisch nur für 0,37 %(!) dieser Fläche aus.

Demgegenüber erscheint das Ziel des niedersächsischen Landwirtschaftministers, die ökologisch bewirtschaftete Fläche in Niedersachsen auf 10% der gesamten landwirtschaftlichen Nutzfläche bis zum Jahr 2000 auszuweiten, als wenig realistisch.

Auch die Einführung des ökologischen Landbaus in den hier betrachteten vier niedersächsischen Einzugsgebieten kann mit den vorhandenen Fördergeldern nicht finanziert werden (s. Tab. 3-33). Insgesamt werden jährliche Kosten von ca. 86 Mio. DM ermittelt, wobei der größte Anteil von rund 74,6 Mio. DM allein auf die Einzugsgebiete Ilmenau und Lager Hase

**Tab. 3-33** Relevante Förderprogramme der EWG-Verordnung 2078/92

| Programm | Maßnahme | Förderprämie (DM/ha und Jahr) | Förderdauer (Jahre) | Volumen (DM/Jahr) |
|---|---|---|---|---|
| Basisprogramm C1 | Einführung ökol. Landbau | 300 (Acker, Grünland)<br>1400 (Dauerkulturen) | 5 | 3 Mio. (einschl. C2) |
| Basisprogramm C2 | Beibehaltung ökol. Landbau | 240 (Acker, Grünland)<br>1200 (Dauerkulturen) | 5 | s. C1 |

**Tab. 3-34** Flächenspezifische Kosten und jährliche Gesamtkosten für die Umstellung auf ökologischen Landbau in den vier betrachteten niedersächsischen Einzugsgebieten

| Einzugsgebiet | ha LF | DM/ha LF undJahr | Kosten im EZG (DM/Jahr) |
|---|---|---|---|
| Ilmenau | 86.699 | 624 | 54,08 Mio. |
| Böhme | 26.885 | 32,5 | ca. 874.000 |
| Lager Hase | 42.148 | 724 | 30,5 Mio. |
| Knockster Tief | 31.399 | 20 | ca. 634.000 |
| **Summe** | **187.131** | | **ca. 86 Mio.** |

entfällt. Hier sind die kalkulierten Einkommensverluste (Kosten) im Mittel mit über 600 DM/ha und Jahr mehr als doppelt so hoch wie die Förderprämie des oben genannten Basisprogramms C1. Es ist daher kaum zu erwarten, daß das Förderprogramm in diesen Gebieten angenommen wird.

Für die Einzugsgebiete Böhme und Knockster Tief werden im Mittel wesentlich geringere Kosten von ca. 20 - 30 DM/ha und Jahr berechnet. Die jährlichen Gesamtkosten der Maßnahme liegen zusammen bei ca. 1,5 Mio. DM. Eine Realisierung der Maßnahme durch Zahlung einer Prämie in Höhe der kalkulierten Einkommensverluste ist jedoch nicht zu erwarten, da selbst die im Rahmen des Basisprogramms C1 angebotene Prämie von 300 DM/ha keinen Anreiz auf die Mehrheit der ansässigen Landwirte ausübt.

Da neben den genannten Programmen keine weiteren Fördergelder bereitgestellt werden, z.B. für die in einigen Einzugsgebieten sinnvollen Maßnahmen wie Aufgabe der Dränagen oder Anlage von Gewässerschutzstreifen, sind die monetären Steuerungsmöglichkeiten für

**Tab. 3-35** Jährliche Investitionskosten für den Ausbau der Kläranlagen in den vier betrachteten niedersächsischen Einzugsgebieten und Kostenentlastung durch Zuschüsse des Landes

| Einzugsgebiet | Jahreskosten | Kostenentlastung | | Restkosten |
|---|---|---|---|---|
| | Mio. DM/a | Mio. DM/a | % | Mio. DM/a |
| Ilmenau (Sz. 4) | 11,11 | 2,47 | 22,2 | 8,64 |
| Ilmenau (Sz. 5) | 16,53 | 3,08 | 18,6 | 13,45 |
| Böhme (Sz. 4) | 7,44 | 1,65 | 22,2 | 5,79 |
| Böhme (Sz. 5) | 8,72 | 1,79 | 20,5 | 6,93 |
| Lager Hase (Sz. 4) | 7,23 | 1,94 | 26,8 | 5,29 |
| Lager Hase (Sz. 5) | 10,45 | 2,22 | 21,2 | 8,23 |
| Knockster Tief (Sz. 4) | 0,021 | 0,006 | 28,6 | 0,015 |
| Knockster Tief (Sz. 5) | 1,96 | 0,27 | 13,8 | 1,69 |

eine zukünftige Reduzierung der Nährstoffeinträge aus der Landwirtschaft derzeit als äußerst gering zu bezeichnen. Als einzige Chance bleibt z.Zt. die flächendeckende Umsetzung bzw. Einhaltung der ordnungsgemäßen Landwirtschaft. Hierfür sind neben den relativ geringen Kosten allerdings größere Anstrengungen erforderlich, um den entsprechenden Bewußtseinswandel unter den Landwirten zu vollziehen. Die noch immer flächenhaft hohen Nährstoffüberschüsse - auch 10 Jahre nach Einführung der ordnungsgemäßen Landwirtschaft - verdeutlichen dieses Problem.

Für den Ausbau der Kläranlagen in Niedersachsen wurden während der vergangenen Jahren z.T. erhebliche Finanzmittel bereitgestellt. Derzeit werden Erweiterungs- und Erneuerungsmaßnahmen aber nur beschränkt finanziell gefördert (MU 1993).

*Biologische Grundreinigung*

Finanzielle Zuschüsse werden nur noch für nicht angeschlossene Ortsteile gewährt.

*Weitergehende Reinigung*

Bis 1998 sollen vorrangig die Anlagen mit mehr als 5.000 EW eine dritte Reinigungsstufe einführen.

Die größeren Anlagen (> 100.000 EW) erhalten dafür keine direkte finanzielle Unterstützung. Lediglich die Verrechnungsmöglichkeit über die Abwasserabgabe wird gewährt, was einem indirekten "Zuschuß" von etwa 10 bis 20% entspricht.

Anlagen der Größenklasse 50.000 - < 100.000 EW können direkte Zuwendungen bis 25% erhalten, bei den Anlagen von 5.000 - 50.000 EW betragen die Zuwendungen bis zu 30%. Die Verrechnungsmöglichkeit über die Abwasserabgabe entfällt jedoch für diesen beiden Größenklassen.

Werden die ebengenannten Zuschüsse voll auf die hier ermittelten Kosten des Kläranlagenausbaus (Szenario 4 und 5) angerechnet, so ist mit folgender Kostenentlastung zu rechnen.

Im Mittel beträgt die Kostenentlastung ca. 22% der Jahreskosten. Die verbleibenden Kosten müßten auf anderen Wege, z.B. über eine Erhöhung der Abwassergebühr, finanziert werden. Diese Möglichkeit der Finanzierung wird im folgenden Abschnitt erörtert.

### 3.4.5.6 Finanzierungsmöglichkeiten über die Abwassergebühren

In Niedersachsen sind rund 87% der Bevölkerung an eine zentrale Kläranlage angeschlossen. Für die Ableitung und Reinigung ihres Abwassers müssen die angeschlossenen Einwohner eine mengenspezifische Abwassergebühr (DM/m³ Abwasser) entrichten. Die Gebühr wird von der zuständigen Kommunalverwaltung auf Grundlage des § 6 KAG/Nds. erhoben und durch Ratsbeschluß festgesetzt. Die Gebührenhöhe richtet sich nach den tatsächlichen Aufwendungen der Gemeinde für die Abwasserbeseitigung/-reinigung. Die Gemeinde ist verpflichtet eine entsprechende Kostenkalkulation vorzulegen. Nach einer bundesweiten Umfrage der ATV (1994) liegen die Abwassergebühren etwa zwischen 0,5 und 10 DM/m³, mehrheitlich bei ca. 3 DM/m³.

Mit Umsetzung der vorgeschlagenen Ausbaumaßnahmen gemäß Szenario 4 bzw. 5 entstehen den Gemeinden erhebliche Mehrkosten für die Abwasserreinigung. Werden die hier berechneten Jahreskosten auf die im jeweiligen Einzugsgebiet anfallende Schmutzwassermenge bezogen, so ergeben sich pro m³ Abwasser folgende Mehrausgaben (s. Tab. 3-36), die zu einer Anhebung der Abwassergebühren führen müssen. Mit Ausnahme des Ausbaus nach gesetzlichen Vorgaben (Szenario 4) im Knockster Tief bewegen sich die berechneten Mehrausgaben bei ca. 1 bis 1,7 DM/m³ Abwasser. Bezogen auf eine mittlere Abwassergebühr von ca. 3 DM, entsprechen die Mehrausgaben einer Gebührensteigerung um ca. ein Drittel bis die Hälfte.

Rein gedanklich läßt sich diese Art der Finanzierung auch auf die Maßnahmen im landwirtschaftlichen Bereich (Szenario 1 - 3) übertragen. Die Bewertung der ökologischen Wirksamkeit und der ökonomischen Effizienz hat gezeigt, daß z.B. die Einhaltung der ordnungsgemäßen Landwirtschaft oder eine flächendeckende Einführung des ökologischen Landbaus in praktisch allen Einzugsgebieten empfehlenswerter ist als ein Ausbau der Kläranlagen. Allerdings reichen die derzeit vorhandenen finanziellen Mittel nicht zur Umsetzung dieser (landwirtschaftlichen) Maßnahmen aus.

Eine Umlage der Kosten für die Szenarien 1 - 3 auf die anfallende Schmutzwassermenge führt zu den in Tab. 3-37 zusammengestellten Mehrausgaben pro m³ Abwasser.

Die Zahlen verdeutlichen, daß eine Finanzierung der ordnungsgemäßen Landwirtschaft (Szenario 1) über die Abwassergebühr mit einer geringen Erhöhung von ca. 0,05 bis 0,28 DM/m³ verbunden wäre. Auch die flächendeckende Einführung des ökologischen Landbaus in den Einzugsgebieten Böhme und Knockster Tief würde Mehrkosten in dieser Größenordnung verursachen. Für die Finanzierung der Maßnahmen des Szenarios 3 müßten die Gebühren dagegen um ca. 2,8 bis 4,6 DM/m³ steigen, was etwa einer Verdopplung der derzeitigen mittleren Gebühr entspräche. Eine Ausnahme bildet das Einzugsgebiet der Böhme. Hier läge die theoretische Gebührenerhöhung nur bei 0,15 DM/m³, um das Szenario 3 zu verwirklichen.

Abgesehen von den weitreichenden gesetzlichen Änderungen, die mit dieser Art der "zweckentfremdeten" Finanzierung verbunden sind, ist eine Anhebung der Gebühren nur über einen gesellschaftlichen Konsens möglich. Die hier vorgestellten Ergebnisse zeigen jedoch, daß prinzipiell über neue Wege der Umweltschadensvermeidung bzw. -beseitigung, auch auf der Kostenseite, nachgedacht werden muß.

**Tab. 3-36** Jahreskosten des Kläranlagenausbaus und Mehrkosten bei Umlage auf die Schmutzwassermenge

| Einzugsgebiet | Jahreskosten (Mio. DM/a) | Schmutzwasser (Mio. m³) | Mehrkosten (DM/m³) |
|---|---|---|---|
| Ilmenau (Sz. 4) | 15,88 | 13,5 | 1,2 |
| Ilmenau (Sz. 5) | 23,05 | 13,5 | 1,7 |
| Böhme (Sz. 4) | 10,38 | 9,23 | 1,1 |
| Böhme (Sz. 5) | 12,06 | 9,23 | 1,3 |
| Lager Hase (Sz. 4) | 9,59 | 10,51 | 0,9 |
| Lager Hase (Sz. 5) | 14,07 | 10,51 | 1,3 |
| Knockster Tief (Sz. 4) | 0,04 | 1,79 | 0,02 |
| Knockster Tief (Sz. 5) | 2,61 | 1,79 | 1,5 |

**Tab. 3-37** Jahreskosten der Szenarien 1 bis 3 und Mehrkosten bei Umlage auf die Schmutzwassermenge

| Einzugsgebiet | Jahreskosten (Mio. DM) | Schmutzwasser (Mio. m³) | Mehrkosten (DM/m³) |
|---|---|---|---|
| Ilmenau (Sz. 1) | 1,39 | 13,5 | 0,1 |
| Ilmenau (Sz. 2) | 54,08 | 13,5 | 4 |
| Ilmenau (Sz. 3) | 62,57 | 13,5 | 4,7 |
| Böhme (Sz. 1) | 0,43 | 9,23 | 0,05 |
| Böhme (Sz. 2) | 0,87 | 9,23 | 0,09 |
| Böhme (Sz. 3) | 1,37 | 9,23 | 0,15 |
| Lager Hase (Sz. 1) | 0,67 | 10,51 | 0,06 |
| Lager Hase (Sz. 2) | 30,52 | 10,51 | 2,9 |
| Lager Hase (Sz. 3) | 32,6 | 10,51 | 3,1 |
| Knockster Tief (Sz. 1) | 0,5 | 1,79 | 0,28 |
| Knockster Tief (Sz. 2) | 0,63 | 1,79 | 0,35 |
| Knockster Tief (Sz. 3) | 5,04 | 1,79 | 2,8 |

### 3.4.6 Nährstoffeinträge und Güteziele im Vergleich

Durch die Berechnung von Szenarien konnte gezeigt werden, daß durch unterschiedliche Bewirtschaftungsmaßnahmen die derzeitigen Stoffeinträge in die untersuchten Fließgewässer zu senken sind. In Kapitel 3.2.4 sind Ziele im Gewässerschutz formuliert worden, wobei jeweils ein anderer Aspekt im Vordergrund steht:

- Schutz der Meere,
- Schutz der aquatischen Lebensgemeinschaften,
- Schutz vor Eutrophierung.

Die Ergebnisse aus den Einzugsgebieten, dargestellt in Kapitel 3.3, sind mit dem Güteziel "Schutz der aquatischen Lebensgemeinschaften" verglichen worden. Es hat sich gezeigt, daß dieses Ziel mit den hier geprüften Maßnahmen nicht in jedem Einzugsgebiet erreicht werden kann. Tab. 3-38 beschreibt im Überblick die oben genannten Schutzziele und durch welches Szenario das Ziel jeweils erreicht werden kann.

Zum Schutz der Meere ist eine 50%ige Reduktion der Nährstoffeinträge des Jahres 1985 beschlossen worden. Je nach Belastung im Jahre 1985 liegt dieses Reduktionsziel ober- oder unterhalb dessen, was zum Schutz der aquatischen Lebensgemeinschaften notwendig wäre. So würde an Böhme und Ilmenau eine Halbierung der N-Einträge dazu führen, daß das Ziel "Schutz der aquatischen Lebensgemeinschaften" deutlich unterschritten wird. Bei den anderen drei untersuchten Gewässern genügt eine Halbierung der Einträge nicht, um aquatische Lebensgemenschaften zu schützen. Der Schutz der Meere ist an Ilmenau, Lager Hase und

**Tab. 3-38** Erreichbare Güteziele

| Gewässer | Schutzziel | tolerierbarer Eintrag | tolerierbarer Eintrag wird unterschritten in Szenario | | | | |
|---|---|---|---|---|---|---|---|
| | | | 1 | 2 | 3 | 4 | 5 |
| Ilmenau | Meere | 700 t N/a | | x | x | | |
| | | 76 t P/a | x | x | x | | x |
| | aquatische | 1130 t N/a | x | x | x | | |
| | Lebensgemeinschaften | 34 t P/a | | | | | |
| | keine Eutrophierung | 130 - 522 t N/a | | | | | |
| | | 13 t P/a | | | | | |
| Böhme | Meere | 645 t N/a | | | | | |
| | | 52 t P/a | x | x | x | x | x |
| | aquatische | 791 t N/a | | x | x | | |
| | Lebensgemeinschaften | 24 t P/a | x | x | x | | |
| | keine Eutrophierung | 90 - 360 t N/a | | | | | |
| | | 9 t P/a | | | | | |
| Lager Hase | Meere | 1141 t N/a | | x | x | | |
| | | 67 t P/a | x | x | x | | |
| | aquatische | 464 t N/a | | | | | |
| | Lebensgemeinschaften | 14 t P/a | | | | | |
| | keine Eutrophierung | 79 - 317 t N/a | | | | | |
| | | 8 t P/a | | | | | |
| Knockster Tief | Meere | 451 t N/a | x | x | x | | |
| | | 37 t P/a | x | x | x | | x |
| | aquatische | 162 t N/a | | | | | |
| | Lebensgemeinschaften | 6 t P/a | | | | | |
| | keine Eutrophierung | 41 -164 t N/a | | | | | |
| | | 4 t P/a | | | | | |
| Odense Å | Meere | 708 t N/a | | | | | |
| | | 33 t P/a | x | x | x | | |
| | aquatische | 533 - 578 t N/a | | | | | |
| | Lebensgemeinschaften | 14 - 20 t P/a | x | x | x | | |
| | keine Eutrophierung | 72 -288 t N/a | | | | | |
| | | 7 t P/a | | | | | |

Knockster Tief möglich, wenn flächendeckend ökologischer Landbau (Szenario 2) umgesetzt wäre. An der Odense Å und an der Böhme wäre zumindest für Phosphor das Güteziel "Schutz der Meere" durch Szenario 2 erreichbar.

Die Ziele zum Schutz der aquatischen Lebensgemeinschaften werden nur dort unterschritten, wo diese Ziele höhere Einträge als zum Schutz der Meere zulassen, d.h. an der Ilmenau und an der Böhme sowie an der Odense Å für Phosphor.

Der Ausbau der Kläranlagen (Szenario 4 und 5) führt vereinzelt zum Erreichen der Güteziele für P. Der tolerierbare Eintrag zum Schutz der aquatischen Lebensgemeinschaften könnte an der Ilmenau durch eine Kombination aus Maßnahmen im Bereich Landwirtschaft (Szenario 3) und Kläranlagenausbau (Szenario 5) unterschritten werden.

Tab. 3-38 zeigt jedoch auch sehr deutlich, daß das Ziel "keine Eutrophierung" mit keinem der hier beschriebenen Szenarien zu erreichen ist.

### 3.4.7 Eignung der verwendeten Methoden zur Einzugsgebietsbewirtschaftung

Die Anwendung in 5 Gebieten zeigt, daß das entwickelte Programm MOBINEG geeignet ist, die individuellen Unterschiede der Gebiete abzubilden. Die gewählten Eingangsdaten sind umfassend genug. Die Bedingung, nur vorhandene Daten zu verwenden, war kein Hindernis bei der Bilanzierung, sondern bietet den Vorteil einer im Vergleich zur Datenerhebung im Gelände relativ kurzfristigen und raschen Bearbeitung einzelner Gebiete.

Auch die Übertragung ins Ausland ist prinzipiell möglich. Das Beispiel der Odense Å in Dänemark zeigt, daß eine Anpassung der Daten, die dort mit anderer Systematik als in Deutschland erhoben werden, möglich ist. Grundsätzlich waren jedoch alle Daten vorhanden. Es hat sich gezeigt, daß jedoch auch eine genaue Überprüfung der Begrifflichkeiten notwendig ist, um korrekte Ergebnisse sicherzustellen. Nicht untersucht wurde bisher die Eignung des Programms im Mittelgebirgsraum. Die Weiterentwicklung des Programms wird sicher in diese Richtung gehen.

Die Größe der Einzugsgebiete ist recht einheitlich bis auf die Ilmenau, die etwa dreimal so groß ist wie die übrigen Gebiete. Die Gebietsgröße selbst hat sich als unproblematisch bei der Bearbeitung erwiesen. Jedoch ist das Einzugsgebiet der Ilmenau im Vergleich zu den übrigen Gebieten sehr trocken (s. Tab. 3-28). Das Programm bietet jeodch ausreichend Möglichkeiten, die daraus resultierenden Konsequenzen für das Auswaschungsverhalten von Nährstoffen zu berücksichtigen. Insofern wird das Programm auch für klimatisch und/oder geologisch verschiedene Räumen grundsätzlich als geeignet angesehen.

Das Knockster Tief ist ein Gewässer ohne natürlichen Abfluß. Die Entwässerung erfolgt über Schöpfwerke. Entsprechend problematisch ist die Ermittlung von Abflußkennwerten. Gerade hier wurde deshalb erwartet, daß die Aufstellung einer Wasserbilanz mit MOBINEG Schwierigkeiten bereiten würde. Dies bestätigte sich jedoch nicht. Die berechnete Wasserbilanz stimmte auf Anhieb mit der gemessenen gut überein.

Die Bilanzierungsmethode zielt darauf ab, durchschnittliche jährliche Einträge in das Gewässer abzubilden. Die zeitliche Auflösung ist damit nicht für jede Fragestellung geeignet, z.B. wenn es um die Folgen eines einzelnen Starkregenereignisses geht. Andererseits bieten andere Methoden gerade diese Zeitachse, sind jedoch aufgrund der erforderlichen Datenmenge zur Berechnung jährlicher Einträge wenig geeignet.

Die Bearbeitung der Einzugsgebiete erfolgte unter Verwendung einer Vielzahl von Daten, die landesweit erhoben werden. Es stellte sich jedoch auch heraus, daß zu Einzelaspekten wenig Kenntnisse vorhanden sind. So fehlt z.B. eine exakte Quantifizierung der Stoffmengen, die von landwirtschaftlichen Hofflächen in die Gewässer gelangen. Auch ein Vergleich der Nährstoffkonzentrationen im Zwischenabfluß und im Dränrohr am selben Standort war bisher nicht Gegenstand wissenschaftlicher Forschung. Eine weitere Lücke besteht bei der Erfassung der Nährstoffe, die oberflächlich aus Siedlungsgebieten abgespült werden und in die Oberflächengewässer gelangen. Die Stoffeinträge selbst verringern sich im Gewässer durch Adsorption (P) oder Denitrifikation (N). Im Bilanzierungsmodell wurde dieser Rückhalt pauschal mit 50% des P-Eintrags und 25% des N-Eintrags quantifiziert. Inwiefern diese Zahlen für jedes Gewässer zu variieren wären, ist nicht bekannt.

Der Vergleich gemessener und berechneter Frachten (s. Kapitel 3.4.1.1) zeigt, daß die Gesamtfracht mit ausreichender Genauigkeit wiedergegeben werden kann. Der Vergleich mit den Meßwerten eines Pegels hat sich als geeigneter Weg zur Eichung des Programms erwiesen. Daraus läßt sich ebenfalls der Schluß ziehen, daß ein Pegel für ein Gebiet von 500 - 1.000 $km^2$ ausreicht. Problematisch ist eher die Häufigkeit der Gütemessungen, wobei insbesondere Gütemessungen bei sehr hohen Abflüssen fehlen. Die Bestimmung der Jahresfracht aus den Meßwerten am Pegel ergibt je nach Methode unterschiedliche Werte mit großer Schwankungsbreite (± 30%). Es bleibt daher zu klären, wie oft oder in Abhängigkeit vom Abflußgeschehen Güteuntersuchungen zu machen sind, um Jahresfrachten exakter zu ermitteln. Die dänischen Untersuchungen haben gezeigt, daß 26 Probenahmen im Jahr notwendig sind. In Niedersachsen werden derzeit an vielen Meßstellen nur noch 6 Proben im Jahr untersucht. Es scheint jedoch sinnvoller zu sein, die Probenahmen häufiger durchzuführen, um für größere Einzugsgebiete genauere Daten zu erhalten.

### 3.4.8 Ausblick und Schlußfolgerungen

Eine flußgebietsbezogene Gewässerbewirtschaftung muß zum Ziel haben, ein realisierbares Maßnahmen- und Aktionsprogramm zum Schutz oder zur Sanierung eines Fließgewässers aufzustellen. Aus der Analyse der naturraumtypischen, hydrologischen und ökologischen Eigenschaften und der Landnutzung eines Einzugsgebiets lassen sich die wesentlichen nachteiligen Einflüsse auf den Zustand der oberirdischen Gewässer und des Grundwassers erkennen und somit Defizite und Zielvorstellungen definieren.

Die in Deutschland vorliegenden Erfahrungen mit der Erstellung von Bewirtschaftungsplänen belegen, daß die Lösung der Aufgabe "Bewirtschaftung" prinzipiell möglich ist. Wie die untersuchten Fallbeispiele zeigen, bedarf es jedoch

- einer Umorientierung von der Gewässerbewirtschaftung zur Einzugsgebietsbewirtschaftung,
- einer schärferen Definition von Zielgrößen, da von diesen die sinnvollerweise zu wählende räumliche und zeitliche Skalierung der Einflußgrößen abhängt,
- einer zukunftsorientierten Modernisierung von Monitoring- und Überwachungsprogrammen, damit die Datenerhebung schärfer auf die zu lösende Aufgabenstellung zugeschnitten wird,

- einer Verbesserung der Datenverwaltung und Datenaufbereitung, um Kompatibilitätsprobleme zu vermeiden und damit Bearbeitungszeiten zu verkürzen,
- eines erheblich besseren Projektmanagements, um das Zusammenwirken von Verwaltung, Universität, Ingenieurbüro und den von Maßnahmen betroffenen Akteuren im Einzugsgebiet zu verbessern
- und schließlich auch eines gesellschaftlichen Konsenses und eines politischen Willens, die ökonomischen Notwendigkeiten tragen zu wollen.

Die im Entwurf vorliegende Wasserrahmenrichtlinie der Europäischen Kommission kann trotz der zum Teil allgemeinen Formulierungen und der vorgebrachten Kritik eine wertvolle Rechtsgrundlage für eine Einzugsbewirtschaftung werden, wenn letztlich auch ein gesellschaftlicher Wille für Reformen (vorrangig in der Landbewirtschaftung) in den Mitgliedstaaten bekundet wird.

In Abb. 3-65 ist das sinnvollerweise anzustrebende Zusammenspiel der verschiedenen Diskussionspartner visualisiert.

Es ist dargestellt, daß die Definition von Bewirtschaftungszielen und die Festsetzung von erforderlichen Maßnahmen ein gemeinsames Arbeitsergebnis von Verwaltung, Universität und Ingenieurbüro sein sollte. Jeder der Partner erfüllt hierbei eine wesentliche Aufgabe, die sich aus seinen spezifischen Qualifikationen und technischen Möglichkeiten ergibt.

Die Verwaltung sollte als direkter Ansprechpartner der Politik eine erste Aufgabendefinition vornehmen, Meßnetze betreiben, Daten aufbereiten und zur Verfügung stellen. Für zahlreiche Fragestellungen fehlt es noch an grundlegenden wissenschaftlichen Erkenntnissen und Simulationsmethoden (z.B. Abbauvorgänge in Zwischenabfluß und Grundwasser; stoffbezogene Wirkung von Stoßbelastungen usw.), die eher im Rahmen der wissenschaftlichen Grundlagenforschung zu klären sind. Den Ingenieurbüros fällt dann die Aufgabe zu, mit den erarbeiteten Methoden (z.B. Modellen) und den vorliegenden Daten eine zielgerichtete Analyse der hydrologischen und ökologischen Vorgänge in einem Einzugsgebiet vorzunehmen, durch Szenarienberechnungen eine quantitative Bewertung von Bewirtschaftungsstrategien zu erarbeiten und damit letztendlich Entscheidungsgrößen für die Bewirtschaftung bereitzustellen.

Die fachlichen Ergebnisse sind dann mit den betroffenen Akteuren im Einzugsgebiet zu diskutieren und in ein qantitatives, terminiertes und monetäres Aktionsprogramm umzusetzen. Die Organisation dieses nicht gerade einfachen Konsultationsprozesses ist eine typische Projektmanagementaufgabe.

Die in diesem Beitrag vorgestellten Projekte zeigen beispielhaft die erfolgreiche Organisation eines Planungsprozesses zur Einzugsgebietsbewirtschaftung. Es werden jedoch auch Defizite deutlich:

- Es fehlt an einer rechtlich und organisatorisch verankerten Struktur, in der Bewirtschaftungsziele und Maßnahmenvorschläge aus fachlicher Sicht festgelegt werden (Wer formuliert die Verbindlichkeit der fachlich erarbeiteten Schnittmenge?).
- Es fehlt in der Regel ein professioneller Konsultationsprozeß mit den betroffenen Akteuren im Einzugsgebiet, um eine Umsetzung der vorgeschlagenen Maßnahmen zu erreichen.
- Es fehlt ein System der Erfolgskontrolle. Bewirtschaftungsänderungen sind insbesondere in der Landbewirtschaftung nur langfristig zu erreichen, so daß es notwendig ist, einen Zielerreichungsgrad zu definieren und fortzuschreiben.

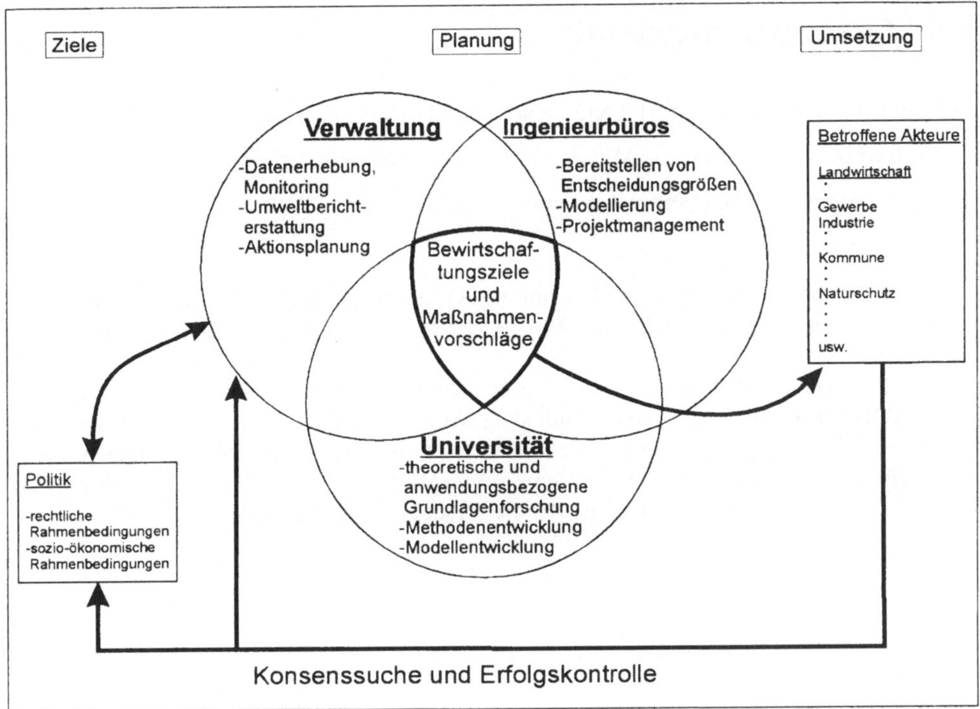


**Abb. 3-65** Aufgaben der Akteure bei der Bewirtschaftungsplanung

- Es fehlt auch an politischem Rückgrat, denn derzeit gelingt es einzelnen Akteuren immer wieder die Umsetzung der fachlich erarbeiten Maßnahmen zu behindern.

Wie die Beispiele zeigen, ist Bewirtschaftungsplanung im Sinne der Wasserrahmenrichtlinie zweifellos sinnvoll und für eine nachhaltige Verbesserung unserer Gewässer zwingend erforderlich. Sie ist jedoch auch eine sehr anspruchsvolle Planungsaufgabe, die über Standardplanungen deutlich hinausgeht.

## 3.5 Zusammenfassung

Im Auftrag des Niedersächsischen Landesamtes für Ökologie und mit finanzieller Unterstützung

- der Europäischen Union aus Mitteln des Umweltfinanzierungsinstrumentes ***life***,
- des Niedersächsischen Umweltministeriums und
- des Fyns Amt

ist ein Projekt durchgeführt worden, um die Nährstoffeinträge in Fließgewässer zu bilanzieren und daraus Maßnahmen für eine Bewirtschaftung mit effektivem Kosten-Nutzen-Verhältnis abzuleiten.

Als Untersuchungsgebiete wurden in Niedersachsen die Gewässser Ilmenau, Böhme, Lager Hase und Knockster Tief ausgewählt. Außerdem wurde in Dänemark die Odense Å untersucht.

Für die Einzugsgebiete dieser Gewässer sind mit Hilfe des Bilanzierungsmodells *MOBINEG®* die punktuellen und diffusen Eintragspfade für Stickstoff- und Phosphor quantifiziert worden. Das Modell unterscheidet die folgenden Eintragspfade:

- Einträge aus Kläranlagen,
- Einträge aus Kanalisation,
- Direkteinträge durch Luft, Waldstreu, Düngung, Weidetiere und landwirtschaftliche Betriebe,
- Einträge durch Bodenerosion
- Auswaschung von Nährstoffen von
  - Acker
  - Grünland
  - Wald
  - unversiegelten Flächen in Siedlungsgebieten.

Dieses Modell bietet den Vorteil, daß mit vorhandenen Daten gerechnet wird und zusätzliche Messungen im Gelände nicht erforderlich sind.

Die Analyse der Eintragspfade zeigt in allen untersuchten Gebieten, daß insbesondere Stickstoff, aber auch Phosphor zum großen Teil aus dem Bereich Landwirtschaft in die Gewässer gelangen. Die Bedeutung der Kläranlagen für die Belastung der Gewässer ist durch die Ausbaumaßnahmen der vergangenen Jahre stark zurückgegangen. Nur bei einzelnen Anlagen sind noch erhebliche Verbesserungen zu erwarten. Für die P-Einträge in die Gewässer spielen auch die Direkteinträge aus der Landwirtschaft sowie die Regenwassereinleitungen eine große Rolle. Über beide Pfade liegen jedoch kaum Kenntnisse vor, so daß sie sich nur grob quantifizieren lassen.Die Bedeutung von Stoffeinträgen durch Dränagen und Bodenerosion ist stark von den unterschiedlichen naturräumlichen Gegebenheiten der einzelnen Einzugsgebiete abhängig.

Zur Verbesserung der Gewässergüte sind Maßnahmen zur Bewirtschaftung der Einzugsgebiete erforderlich. Diese Maßnahmen lassen sich zu Szenarien mit unterschiedlichen Handlungsschwerpunkten bündeln (Bewirtschaftungsszenarien):

- Szenario 1: ordnungsgemäße Landbewirtschaftung,
- Szenario 2: flächendeckender ökologischer Landbau,
- Szenario 3: Extensivierung unter Berücksichtigung weitergehender Gewässer-schutzbelange,
- Szenario 4: Ausbau der Kläranlagen nach gesetzlichen Vorgaben,
- Szenario 5: weitergehender Ausbau der Kläranlagen.

Die Ergebnisse aus der Szenarienberechnung zeigen, daß vor allem Maßnahmen im Bereich Landwirtschaft zur Minderung der Nährstoffeinträge führen. Ein Ausbau der Kläranlagen über die derzeitigen Bestimmungen hinaus verringert die Einträge,auch bei Phosphor, nur sehr wenig. Für die berechnete Reduktion der Stoffeinträge, die mit diesen Szenarien erreichbar sind, ist dann eine Kalkulation der Kosten, die im gesamten Einzugsgebiet bei Umsetzung des jeweiligen Szenarios anfallen würden, erfolgt. Aus der Kombination der erzielbaren Stoffreduktion mit den anfallenden Kosten lassen sich unter dem Aspekt einer sinnvollen Verwendung knapper Mittel folgende Bewirtschaftungsmaßnahmen als besonders effektiv ableiten:

- Intensive Beratung der Landwirte mit dem Ziel, die Bilanzüberschüsse auf landwirtschaftlichen Nutzflächen zu senken und Direkteinträge in die Gewässer zu vermeiden,
- Förderung des ökologischen Landbaus,
- in erosionsgefährdeten Gebieten Anlage von Gewässerrandstreifen.

Sehr teuer, jedoch in manchen Einzugsgebieten sehr effektiv sind

- die Aufgabe von Dränagen,
- die Verringerung der Intensität der Tierproduktion.

Abgesehen von Einzelfällen trägt

- ein weiterer Ausbau von Kläranlagen

nur geringfügig zur Minderung der Stoffeinträge bei, ist aber mit sehr hohen Kosten verbunden.

Um die Stoffeinträge zu bewerten, sind sie mit den Zielen

- Schutz der Meere vor Nährstoffeinträgen,
- Schutz der aquatischen Lebensgemeinschaften in Fließgewässern,
- Schutz der Fließgewässer vor Eutrophierung

verglichen worden.

Dazu wurden die Stoffeinträge ermittelt, die gerade noch bei dem jeweiligen Schutzziel tolerierbar sind. Um die Ziele zum Schutz der Meere vor Nährstoffeinträgen und zum Schutz der aquatischen Lebensgemeinschaften zu erreichen, sind in allen Einzugsgebieten Maßnahmen im Bereich Landwirtschaft erforderlich. Vielfach sind die angestrebten Ziele nur dann erreichbar, wenn eine noch weitergehende Extensivierung der landwirtschaftlichen Nutzung erfolgt, als in den durchgeführten Berechnungen angenommen wurde. Ein Schutz der Fließgewässer vor Eutrophierung ist unter den heutigen anthropogenen Nutzungsansprüchen kaum realisierbar.

## 3.6 Literatur zum Kapitel 3

AGÖL (1996): Rahmenrichtlinien für den ökologischen Landbau/Stiftung Ökologie & Landbau. Bad Dürkheim.

AGRARBERICHT DER BUNDESREGIERUNG (1997): Drucksache 13/6868, Deutscher Bundestag, Bonn.

ATV (1994): ATV-Umfrage Abwassergebühren. Dokumentation und Schriftenreihe aus Wissenschaft und Praxis 34, Gesellschaft zur Förderung der Abwassertechnik e.V., Hennef

BMU (1995a): Zur Notwendigkeit der weitergehenden Abwasserreinigung. Umwelt 4, 149-150.

BMU (1995b): 4. Internationale Nordseeschutz-Konferenz. Umwelt 9, 322-323.

BMU (1996a): Stand und Perspektiven der Gewässerschutzpolitik. Umwelt 10, 333-334.

BMU (1996b): Nährstoffmonitoring in der Nordsee. Umwelt 10, 335-336.

BMU (1996c): Nährstoffeinträge in die Gewässer. Umwelt 3, 115-117.

BMU (1997): Langzeituntersuchungen von Nährstoffen und Phytoplankton in der Deutschen Bucht. Umwelt 1/1997.

BRAUN, J. (1996): Flächendeckende Umstellung der Landwirtschaft auf ökologischen Landbau als Alternative zur EU-Agrarreform, dargestellt am Beispiel Baden-Württembergs. Diss. Uni Hohenheim, Sonderheft 125 der Agrarwissenschaft, Agrimedia

BRÜHMANN, G. (1982): Untersuchung des Wasserhaushalts im Uelzener Becken (Landkreis Uelzen). in: Wasser und Boden 2, 51-58.

BÜTOW, K. (1997): Anwendbarkeit von verschiedenen Testalgen und Multi-Spezies Tests im Rahmen von Trophieuntersuchungen. Praktikumsbericht im Rahmen des Projektes "Ökonomische Effektivitätskontrolle von Gewässerschutzmaßnahmen in der EU". ISAH, unveröffentlicht

DANMARKS METEOROLOGISKE INSTITUT (1995): Nedbør og fordampning 1995.

DANMARKS MILJØUNDERSØGELSER (1996): Tabel over Næringsstofindhold i landbrugsafgrøder (unveröffentlicht).

DANMARKS STATISTIK (1995): Landbrugs- og gartneritællingen 1995.

DE JONG, K. (1997): Untersuchungen zur Abhängigkeit der Trophie von verschiedenen Einflußfaktoren. Praktikumsbericht im Rahmen des Projektes

DIN 38404/05 (1986): Deutsche Einheitsverfahren zur Wasser-, Abwasser- und Schlammuntersuchung. Beuth, Berlin.

DIN 38412, L16 (1985): Bestimmung des Chlorophyll-a-Gehaltes von Oberflächenwasser. Beuth, Berlin.

DINKLOH, L. (1995): Ist die weitergehende Abwasserreinigung erforderlich? - Statement des Bundesumweltministeriums anläßlich des Hearings über die Notwendigkeit der weitergehenden Abwasserreinigung der Stadt Frankfurt, 8. Februar 1995.

DREES, G.; Th. BOHN; J. NOCKEMANN (1991): Investitionsbedarf an kommunalen Kläranlagen in Deutschland. Tiefbau, Ingenieurbau, Straßenbau (TIS), Heft 7/1991

FEHR, G. (1992): Entwicklung eines Bewertungsverfahrens zur Frage der zentralen oder dezentralen Abwasserreinigung im ländlichen Raum. Diss. Uni Witten/Herdecke, Schriftenreihe Wasser und Umwelt, Bd. 6, Witten

FYNS AMT (1996): Vandmiljøovervågning. Grundvand 1995.

FYNS AMT (1996): Vandmiljøovervågning. Punktkilder 1995.

FYNS AMT (1996): Vandmiljøovervågning. Vandløb 1995.

GERDES, P.; S. KUNST (1997a): Bioavailability of Phosphorus as a tool for efficient P Reduction Schemes. Reprints of the Eutrophication Research Symposium, Wageningen, The Netherlands

GERDES, P.; S. KUNST (1997b): Untersuchungen zur ökologischen Wirksamkeit von Nährstoffeinträgen in Fließgewässer - Methoden und Ergebnisse. Teilbericht zum Vorhaben "Ökonomische Effektivitätskontrolle von Gewässerschutzmaßnahmen in der EU". ISAH, unveröffentlicht.

GRANT et al. (1996): Landovervågningsoplande. Vandmiljøplanens Overvågningsprogram. faglig rapport fra DMU, nr. 175.

HAMM, A. (1989): Kompendium: Auswirkungen der Phosphat-Höchstmengenverordnung für Waschmittel auf Kläranlagen und in Gewässern. Academia Verlag Richarz, St. Augustin.

HAMM, A. (1991): Studie über Wirkungen und Qualitätsziele von Nährstoffen in Fließgewäsern. Gesellschaft Deutscher Chemiker, St. Augustin.

HUPFER, M. (1993): Untersuchungen zur Phosphatmobilität in Gewässersedimenten. Dissertation, Fakultät für Bau-, Wasser- und Forstwesen der Technischen Universität Dresden.

HYDRO AGRI DÜLMEN, Hrsg. (1993): Faustzahlen aus der Landwirtschft und Gartenbau. 12. Auflage, Landwirtschaftsverlag, Münster-Hiltrup.

ILLUM, K. (1995): ØKOERGI; et PC program til analyse af omstilling til bæredygtigt økologisk jordbrug.

INDUSTRIMINISTERIET (1987): Styring og regulering af renseanlæg. Industri- og Handelsstyrelsen, Formidlingsrådet.

KÄLLQVIST, T.; D. BERGE (1990): Biological availability of phosphorus in agricultural runoff compared to other sources. Verh. Internat. Verein Limnol. 24, 214-217.

KROGSTAD, T.; Ø. LØVSTAD (1991): Available soil phosphorus for planktonic blue-green algae ineutrophic lake water samples. Arch. Hydrobiol. 122, 117-128.

KRÖNER, W. (1997): Untersuchungen zur Trophie ausgewählter Fließgewässer in Niedersachsen. Diplomarbeit im Rahmen des Projektes "Ökonomische Effektivitätskontrolle von Gewässerschutzmaßnahmen in der EU". ISAH, unveröffentlicht.

KRONVANG, B.; J.BRUHN (1996): Choice of sampling strategy and estimation method for calculating nitrogen and phosphorus transport in small lowland streams. Hydrological Processes 10.

LANDBRUGETS RÅDGIVNINGSCENTER (1997): Interviewundersøgelse af afgrødefordeling på regulerede strækninger af Odense Å.

LÄNDERARBEITSGEMEINSCHAFT WASSER (LAWA) (1996): Vorschlag für ein Klassifizierungssystem zur Bewertung der Trophie planktondominierter Fließgewässer. Entwurf, unveröffentlicht.

MÄHRLEIN; A. (1993): Kalkulationsdaten für die Grünlandbewirtschaftung unter Naturschutzauflagen. KTBL Arbeitspapier 179, KTBL.Schriften-Vertrieb im Landwirtschaftsverlag, Münster-Hiltrup.

MU (1993): Abwasserreinigung in Niedersachsen. Nachrüsteprogramm zur Erneuerung und Erweiterung kommunaler Kläranlagen. Hrsg. vom Nieders. Umweltministerium.

NLÖ (1995): Gewässergütebericht 1995. Nieders. Landesamt f. Ökologie, Hildesheim.

NLS (1993): Bodennutzung und Ernte 1991. Statistische Berichte Niedersachsen. Hrsg. vom Niedersächsischen Landesamt für Statistik.

NLS (1996): Agrarberichterstattung 1995, Heft 1 A Gemeindeergebnisse Teil 1. Hrsg. vom Niedersächsischen Landesamt für Statistik.

NLS (1997): Agrarberichterstattung 1995, Heft 5 Betriebssysteme und Betriebseinkommen, Hrsg. vom Niedersächsischen Landesamt für Statistik.

PATTARD, M., K.-G. STEINHÄUSER (1992): Biomassentiter - ein biologisches Verfahren zur Feststellung von Nährstoffbelastungen. - Vom Wasser 78, 313 - 323.

PLANENERGI (1997): Økoergiberegning for Odens4e Å opland.

PLANTEDIREKTORATET (1959): Meddelelse GØ-595. Handelsgødningsstatistik for 1994/95.

RASPER, M.; P. SELLHEIM; B. STEINHARDT (1991): Das Nieders. Fließgewässerschutzsystem - Grundlagen für ein Schutzprogramm. Naturschutz Landschaftspfl. Niedersachs. Heft 25/1, 25/2.

RÖMER, W. (1997): Phosphoraustrag aus der Landwirtschaft in Gewässer. Wasser + Boden 49, S. 51-54.

SCHEFFER, B. (1988): Entlastung der Gewässer durch extebsive Flächennutzung? Z. f. Kulturtechnik und Flurbereinigung 29, 359-364.

SEEDORF, H.H. (1977): Topographischer Atlas Niedersachsen und Bremen. Hrsg. Nieders. Landesverwaltungsamt - Landesvermessung.

BERG, C. (1989): Bioverfügbarkeit und die Rolle des Phosphors im Gewässer. Münchner Beiträge zur Fluß- und Abwasserbiologie 43, 190-214.

UBA (1997): Daten zur Umwelt

WENDLAND, F.; H. ALBERT; M. BACH; R. SCHMIDT (Hrsg.); (1993): Atlas zum Nitratstrom in der Bundesrepublik Deutschland. Springer-Verlag.

WINTER, L. et al. (1978): Spildevandsteknik. Teknisk Hygiejne. Polyteknisk Forlag.

WOHLRAB, B.; H. ERNSTBERGER; A. MEUSER; V. SOKOLLEK (1992): Landschaftswasserhaushalt: Wasserkreislauf und Gewässer im ländlichen Raum; Veränderungen durch Bodennutzung, Wasserbau und Kulturtechnik. Parey-Verlag, Hamburg, Berlin.

WOLF, P.; S. OSTERTAG; M. ECK-DÜPONT (1989): Herkunft, Wege und Verbleib von Stickstoff und Phosphor aus der Industrie in Oberflächengewässern. F/E-Vorhaben Wasser 104 04, 364, Umweltbundesamt.

WUHRMANN; K.C. (1964): Stickstoff- und Phosphorelimination. Ergebnisse von Versuchen im technischen Maßstab. Schweizerische Zeitschrift für Hydrologie, Vol. XXVI, 520-559.

# 3.7 Anhänge zu Kapitel 3

## 1. Adressen der Projektpartner

Niedersächsisches Umweltministerium
Archivstr. 2
30169 Hannover

Niedersächsisches Landesamt für Ökologie
An der Scharlake 39
31135 Hildesheim

Staatliches Amt für Wasser und Abfall Aurich
Oldersumer Str. 48
26603 Aurich

Staatliches Amt für Wasser und Abfall Cloppenburg
Drüdingstr. 25
49661 Cloppenburg

Staatliches Amt für Wasser und Abfall Lüneburg
Auf dem Michaeliskloster 8
21335 Lüneburg

Staatliches Amt für Wasser und Abfall Verden
Bürgermeister-Münchmeyer-Str. 6
27283 Verden/Aller

F & N Umweltconsult
Lister Meile 27
30161 Hannover

Fyns Amt
The Nature Management and Water Environment Department
County of Funen
Oerbaekvej 100
DK 5220 Odense SOE

Universität Hannover
Institut für Siedlungswasserwirtschaft und Abfalltechnik
Welfengarten 1
30167 Hannover

## 2. Stickstoff- und Phosphorbiolanzen für die fünf Untersuchungsgebiete

**Ilmenau, 1989-1994**

| Nährstoffeinträge | N-Fracht (t/a) | % [1)] | P-Fracht (t/a) | % [1)] |
|---|---|---|---|---|
| **Summe** | **1.005,6** | | **44,8** | |
| 1. Kläranlagen | 220,9 | 16,5 | 22,7 | 25,3 |
| 2. Ortskanalisation | 102,6 | 7,7 | 14,8 | 16,5 |
| 3. Direkteinträge ins Gewässer | 148,3 | 11,1 | 31,9 | 35,6 |
| 4. Erosion | 40,1 | 3,0 | 15,2 | 17,0 |
| 5. Zwischenfluß | 355,8 | 26,5 | 2,2 | 2,5 |
| 6. Dränabfluß | 107,7 | 8,0 | 0,6 | 0,6 |
| 7. Grundwasser | 365,4 | 27,3 | 2,2 | 2,5 |
| 8. Rückhalt | -335,2 | 25 | -44,8 | 50,0 |

*1) bezogen auf die Summe der Einträge*

**Böhme, 1991-1994**

| Nährstoffeinträge | N-Fracht (t/a) | % [1)] | P-Fracht (t/a) | % [1)] |
|---|---|---|---|---|
| **Summe** | **965,5** | | **19,3** | |
| 1. Kläranlagen | 182,0 | 14,1 | 10,3 | 26,7 |
| 2. Ortskanalisation | 55,4 | 4,3 | 8,5 | 22,1 |
| 3. Direkteinträge ins Gewässer | 68,6 | 5,3 | 14,6 | 37,7 |
| 4. Erosion | 2,2 | 0,2 | 0,4 | 1,1 |
| 5. Zwischenfluß | 420,3 | 32,6 | 2,1 | 5,5 |
| 6. Dränabfluß | 58,6 | 4,6 | 0,2 | 0,6 |
| 7. Grundwasser | 500,3 | 38,9 | 2,5 | 6,4 |
| 8. Rückhalt | -321,8 | 25,0 | -19,3 | 50,0 |

*1) bezogen auf die Summe der Einträge*

**Lager Hase, 1990-1994**

| Nährstoffeinträge | N-Fracht (t/a) | % [1)] | P-Fracht (t/a) | % [1)] |
|---|---|---|---|---|
| **Summe** | **1.353,2** | | **63,6** | |
| 1. Kläranlagen | 143,3 | 7,9 | 21,0 | 16,5 |
| 2. Ortskanalisation | 55,1 | 3,1 | 9,2 | 7,2 |
| 3.Direkteinträge ins Gewässer | 136,9 | 7,6 | 66,6 | 52,4 |
| 4. Erosion | 86,4 | 4,8 | 27,6 | 21,7 |
| 5. Zwischenfluß | 858,1 | 47,6 | 1,7 | 1,4 |
| 6. Dränabfluß | 132,6 | 7,3 | 0,2 | 0,1 |
| 7. Grundwasser | 391,9 | 21,7 | 0,8 | 0,6 |
| 8. Rückhalt | -451,1 | 25,0 | 63,6 | 50,0 |

*1) bezogen auf die Summe der Einträge*

**Knockster Tief, 1989-1993**

| Nährstoffeinträge | N-Fracht (t/a) | % [1)] | P-Fracht (t/a) | % [1)] |
|---|---|---|---|---|
| **Summe** | **450,8** | | **19,4** | |
| 1. Kläranlagen | 56,5 | 9,4 | 8,3 | 21,5 |
| 2. Ortskanalisation | 42,7 | 7,1 | 6,9 | 17,8 |
| 3.Direkteinträge ins Gewässer | 45,3 | 7,5 | 20,3 | 52,3 |
| 4. Erosion | 0,9 | 0,1 | 0,2 | 0,4 |
| 5. Zwischenfluß | 7,1 | 1,2 | 0,2 | 0,4 |
| 6. Dränabfluß | 99,0 | 16,5 | 0,6 | 1,4 |
| 7. Grundwasser | 349,5 | 58,2 | 2,4 | 6,1 |
| 8. Rückhalt | -150,3 | 25,0 | -19,4 | 50,0 |

*1) bezogen auf die Summe der Einträge*

**Odense, 1989-1995**

| Nährstoffeinträge | N-Fracht (t/a) | % [1)] | P-Fracht (t/a) | % [1)] |
|---|---|---|---|---|
| **Summe** | **1.260,1** | | **22,5** | |
| 1. Kläranlagen | 31,7 | 1,9 | 8,5 | 18,9 |
| 2. Ortskanalisation | 9,5 | 0,6 | 2,4 | 5,4 |
| 3.Direkteinträge ins Gewässer | 70,5 | 4,2 | 28,2 | 62,7 |
| 4. Erosion | 9,8 | 0,6 | 1,9 | 4,2 |
| 5. Zwischenfluß | 741,6 | 44,1 | 2,0 | 4,5 |
| 6. Dränabfluß | 711,8 | 42,4 | 1,5 | 3,2 |
| 7. Grundwasser | 105,3 | 6,3 | 0,5 | 1,1 |
| 8. Rückhalt | -420,0 | 25,0 | -22,5 | 50,0 |

*1) bezogen auf die Summe der Einträge*

# 4. Verursacherbezogene Nährstoffbilanzen für die Lahn: Ein Methodenvergleich unterschiedlicher Berechnungsansätze

Kerstin Geffers & Dietrich Borchardt, Universität Gh Kassel

## 4.1 Einleitung

Für das Einzugsgebiet der Lahn wurden die Nährstoffausträge im Bilanzjahr 1995 quantifiziert und die relative Bedeutung einzelner Eintragspfade an der Gesamtbelastung bestimmt. Dabei wurden zwei unterschiedliche Methoden angewendet:

1) das EDV-Programm MOBINEG „Modell zur Bilanzierung von Nährstoffeinträgen in Gewässer" mit Schwerpunkt auf diffusen Quellen (F & N UMWELTCONSULT 1997).

2) die im BMBF-Verbundprojekt NIEDERSCHLAG/ Phase III entwickelten Berechnungsansätze mit Schwerpunkt auf punktuellen Einträgen aus Siedlungsgebieten (FUCHS & HAHN (Hrsg.) 1999).

Beide Berechnungen beziehen sich auf das oberirdische Einzugsgebiet der Lahn in Hessen mit einer Größe von rund 4900 km². Die ermittelten Jahresfrachten aus den jeweils betrachteten Eintragspfaden (Emissionen) werden den aus der Gewässergüteüberwachung berechneten Gewässerfrachten (Immissionen) im Sinne einer Bilanz gegenübergestellt. Als Referenzstationen am Gebietsauslaß dienen der Pegel Kalkofen und die Gütemeßstation Limburg.

Beide Methoden wurden unter der Vorgabe entwickelt, die bei den Fachbehörden allgemein verfügbaren Daten und Informationen zu nutzen und keine zusätzlichen Meßprogramme oder Erhebungen durchzuführen.

Mit der Anwendung von MOBINEG im Einzugsgebiet der Hessischen Lahn sollte überprüft werden, ob sich das an Tieflandflüssen entwickelte und erprobte EDV-Programm auch für die Flußgebietsbilanzierung von Nährstoffströmen im Mittelgebirge eignet. Die Lahn als Testgebiet hat sich aufgrund der umfangreichen, im Rahmen des LAHN- und NIEDERSCHLAG-Projektes zusammengetragenen Datengrundlage angeboten (REGIERUNGSPRÄSIDIUM GIEßEN (Hrsg.) 1994 sowie FUCHS & HAHN (Hrsg.) 1999). Ferner können die jeweils erzielten Ergebnisse miteinander verglichen und interpretiert werden.

## 4.2 Untersuchungsgebiet und Datengrundlage

Die Lahn ist ein Mittelgebirgsfluß mit einem naturräumlich vielfältig gegliederten Einzugsgebiet. Es hat Anteile im Rheinischen Schiefergebirge im Westen, überwiegend aber an den Buntsandsteingebieten des Hessischen Berglandes im Osten. Die basaltischen Vulkanitkomplexe Westerwald

**Tab. 4-1** Gebietseigenschaften zu Klima und Hydrologie

| | | |
|---|---|---|
| Fläche des Einzugsgebietes | $km^2$ | rd. 5.900 |
| *davon in Hessen/Untersuchungsgebiet* | $km^2$ | rd. 4.900 |
| Stationsniederschläge | mm/a | 600 - 1.100 |
| Fließlänge der Lahn | km | 246 |
| *davon in Hessen* | km | 176 |
| mittlerer Abfluß (MQ) am Pegel Kalkofen | $m^3/s$ | 47 |
| Mq am Pegel Kalkofen | $l/(s*km^2)$ | 8,9 |
| MNQ am Pegel Kalkofen | $m^3/s$ | 10 |

und Vogelsberg bilden mit über 500 bzw. 700 Metern ü. NN die höchsten Erhebungen im Einzugsgebiet. Im Durchschnitt liegt das Einzugsgebiet ca. 300 m hoch. Die klimatischen und hydrologischen Kennwerte des Einzugsgebietes sind in Tab. 4-1 aufgeführt.

Die Lahn kann grob in zwei Abschnitte unterteilt werden. Bis Gießen hat sie den Charakter eines überwiegend freifließenden Gewässers, während unterhalb von Wetzlar infolge Stauregulierung in längeren Strecken die Fließgeschwindigkeiten bei zunehmenden Wassertiefen deutlich zurückgehen.

Der Unterlauf der Lahn in Rheinland-Pfalz ist gekennzeichnet durch ein enges, cañonartiges Mäandertal, das sich bis zu 200 m tief in die Hochflächen des Taunus und Westerwaldes eingeschnitten hat. Dieser Gewässerabschnitt ist nicht Bestandteil dieser Bilanzen.

Im hessischen Einzugsgebiet der Lahn leben rund 1 Mio. Einwohner (HESSISCHES STATISTISCHES LANDESAMT 1996), wobei sich die Besiedlung auf lineare Siedlungsbänder entlang der Lahn und der größeren Nebenflüsse -insbesondere der Dill- konzentriert. Siedlungen, Verkehr und Industrie beanspruchen 13,4 % der Gesamtfläche. Die weiteren Flächennutzungen verteilen sich vorwiegend auf Landwirtschaft und Wald mit einem Flächenanteil von rd. 43% bzw. 42% (vgl. Abb. 4-1). Insgesamt ist die Landwirtschaft im Lahneinzugsgebiet als extensiv einzustufen: Durchschnittlich rund ein Viertel der Landwirtschaftsfläche wird nicht mehr genutzt und ist brachgefallen; zirka drei Viertel der Betriebe werden im Nebenerwerb bewirtschaftet. Im Untersuchungsgebiet sind 94% der Wohnbevölkerung an insgesamt 171 kommunale Kläranlagen angeschlossen. Die Ausbaugröße aller Anlagen beträgt ca. 1,5 Mio. Einwohnerwerte (EW). Davon entfallen rd. 70 % auf Kläranlagen der Größenklasse 4 und 5, größer 20.000

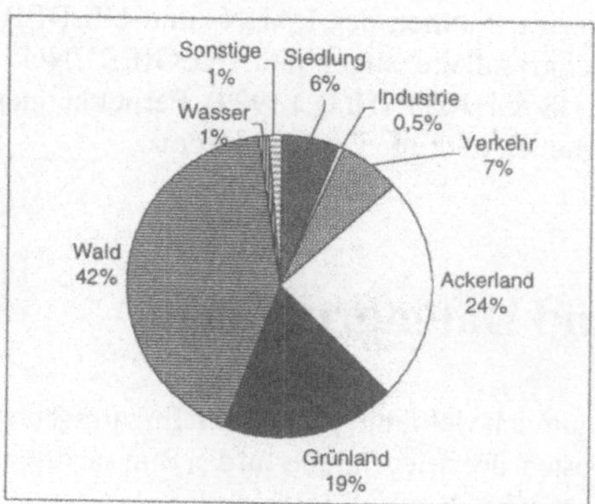


**Abb. 4-1** Landnutzung im Einzugsgebiet der Hessischen Lahn

**Tab. 4-2** Siedlungswasserwirtschaftliche Kenngrößen für die Hessische Lahn

| | |
|---|---|
| Abschlußgrad der Bevölkerung an Kläranlagen | 94% |
| Anteil Einwohner ohne Anschluß an KA[1] mit SK[2] | 5% |
| nicht angeschlossene Einwohner | 1% |
| versiegelte Fläche [$A_u$] | 251 $km^2$ |
| Anteil Mischsystem[3] | 90% |
| Anteil Trennsystem[3] | 10% |
| Einwohnerdichte | 3.981 E/($km^2$ $A_u$) |
| industrielle Direkteinleiter an der mittleren Lahn und Dill[4] | 44 [Stck.] |

[1] *KA: Kläranlage*
[2] *SK: Sammelkanalisation*
[3] *ermittelt über die Kanallängen*
[4] *nach MEHLHART und STELTMANN 1991*

Einwohnerwerte (HESSISCHES STATISTISCHES LANDESAMT 1998, HESSISCHE LANDESANSTALT FÜR UMWELT 1996-1998, ABWASSERTECHNISCHE VEREINIGUNG 1997). Die für die Bilanzierung bedeutsamen Gebietseigenschaften zur Siedlungswasserwirtschaft sind in Tab. 4-2 dargestellt.

Die für die Bilanzrechnungen erforderliche Datengrundlage sowie die wichtigsten Bezugsquellen sind in Tab. 4-3 aufgeführt. Die zumeist von den Fachbehörden bereitgestellten Daten beziehen sich dabei auf Verwaltungseinheiten wie Gemeinden. Für die durchzuführende Flußgebietsbetrachtung waren daher Zwischenschritte erforderlich.

**Tab. 4-3** Eingangsdaten und Bezugsquellen der Flußgebietsbilanzierung

| Statistik | Monitoring | Karten/Raumbezug |
|---|---|---|
| "Gemeindestatistik" (Bevölkerung, Flächennutzung) (HSL) | Gebietsniederschlag (DWD) | Gemeinde- und Einzugsgebietsgrenzen (LVA, HLfU) |
| "öffentliche Abwasserbeseitigung" (Wassermengen, ...) (HSL) | Abflüsse am Pegel (BfG) | Flußnetz (HLfU) |
| "Kläranlagennachbarschaften" (Verfahrenstyp, Ausbaugrösse, ...) (ATV) | Nährstoffkonzentrationen an der Station Limburg (HLfU) | Themenkarten (Geologie, Boden, ... ) (HLfB) |
| | Ablaufwerte der Kläranlagen (HLfU und ATV) | |

*HSL: Hessisches Landesamt für Statistik*
*ATV: Abwassertechnische Vereinigung*
*DWD: Deutscher Wetterdienst*
*BfG: Bundesanstalt für Gewässerkunde*
*HLfU: Hessische Landesanstalt für Umwelt*
*LVA: Landesvermessungsamt*
*HLfB: Hessisches Landesamt für Bodenforschung*

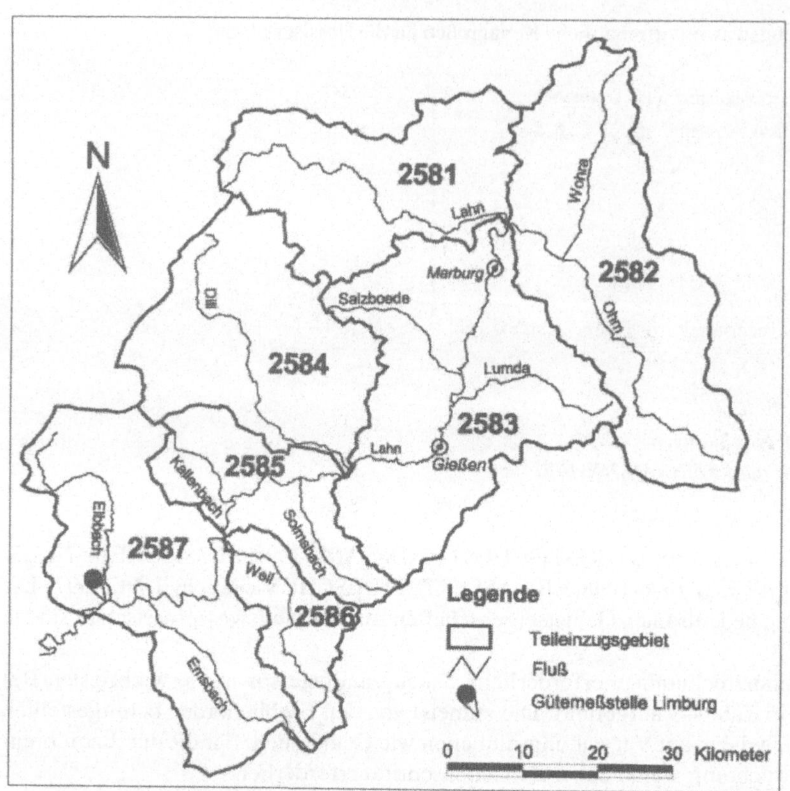


**Abb. 4-2** Einzugsgebiet der Lahn in Hessen

Die vorhandenen Daten wurden zunächst mit Hilfe eines Geographischen Informationssystems von Gemeinde- auf Flußgebiets-Ebene transformiert (ArcView 3.0a, Fa. ESRI, Kranzberg). Insgesamt wurden 188 Gemeinden und sieben Teileinzugsgebiete berücksichtigt (vgl. Gewässerkundlichem Flächenverzeichnis, HESSISCHE LANDESANSTALT FÜR UMWELT 1973). Auf der Basis der Teileinzugsgebiete erfolgte dann die Berechnung der Nährstoffausträge.

Die Flußgebiets*bilanz* schließlich basiert auf einer Gegenüberstellung der Summe der Nährstoffausträge aus allen Teilgebieten (Emissionen) und den gemessenen Frachten in der Lahn am Gebietsauslaß (Immissionen). Die betrachteten Teileinzugsgebiete mit den vierstelligen Kennziffern sowie die Gütemeßstation Limburg am Gebietsauslaß sind in Abb. 4-2 dargestellt.

# 4.3 Methoden

Das EDV-Programm MOBINEG© und die im NIEDERSCHLAG-Projekt entwickelten Berechnungsansätze berücksichtigen unterschiedliche Eintragspfade. Je nach Zielsetzung des zugehörigen Projektes bilden Nährstoffeinträge aus diffusen oder punktuellen Quellen den Schwerpunkt der Quantifizierung.

Die Unterscheidung von punktuellen und diffusen Quellen erfolgt in beiden Ansätzen weitgehend nach der Definition der LÄNDERARBEITSGEMEINSCHAFT WASSER (1997). Danach lassen sich Einträge aus Punktquellen auf einen definierten Einleiter und einen definierten Einleitungsort zurückführen, z.B. Einleitungen aus kommunalen und industrielle Kläranlagen, Kleinkläranlagen und der Kanalisation. Diffuse Einträge hingegen sind in der Regel nicht exakt zu lokalisieren. Sie stammen z.B. aus der landwirtschaftlichen Bodennutzung und der Atmosphäre.

Das EDV-Programm MOBINEG© wurde bisher vor allem zur Flußgebietsbilanzierung im Norddeutschen Tiefland und in Dänemark angewendet (FEHR 1995, FEHR & FÖHSE 1997). Diese Gebiete sind geprägt von vergleichsweise intensiver Landbewirtschaftung. Im MOBINEG steht auch aus diesen Gründen die Berechnung der Einträge aus diffusen Quellen im Vordergrund. Dabei werden fünf Eintragspfade unterschieden:

Direkteinträge ins Gewässer (Atmosphäre, Waldstreu, Mineraldünger,..)

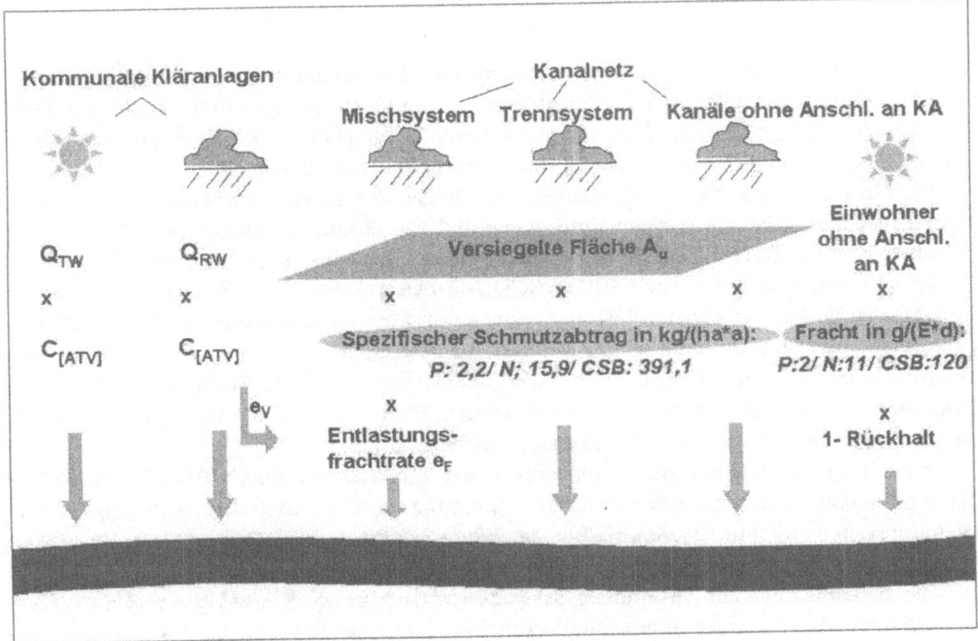


**Abb. 4-3** Eintragspfade aus Siedlungsgebieten, berücksichtigt in den Berechnungsansätzen des BMBF-Verbundprojekt NIEDERSCHLAG/ Phase III (vgl. FUCHS & HAHN (Hrsg.) 1999).

- Bodenerosion
- Bodenauswaschung durch
  - Zwischenabfluß
  - Dränabfluß
  - Grundwasser

Im BMBF-Verbundprojekt NIEDERSCHLAG/ Phase III hingegen wurden die diffusen Emissionen pauschal über flächennutzungsspezifische Eintragspotentiale aus der Literatur oder mithilfe der „Immissionsmethode“ nach BEHRENDT (1993) ermittelt (vgl. LÄNDER-ARBEITSGEMEINSCHAFT WASSER 1998). Der Schwerpunkt in diesem Projekt lag auf der Quantifizierung der punktuellen Einträgen aus Siedlungsgebieten. Die berücksichtigen Einzelpfade zeigt Abb. 4-3. Der größte Unterschied zu MOBINEG ergibt sich durch eine detaillierte Betrachtung des Kanalsystems. In Anlehnung an die bisher untersuchten Flußgebiete mit vorherrschender Trennentwässerung werden im MOBINEG ausschließlich Trennsysteme berücksichtigt, während im NIEDERSCHLAG-Projekt die Einträge aus Misch- *und* Trennsystemen in die Bilanzrechnung eingehen. Ferner erfolgt im NIEDERSCHLAG-Projekt eine Unterscheidung zwischen Einträgen aus Punktquellen bei Trockenwetter- und bei Niederschlagswasserabfluß.

# 4.4 Ergebnisse und Diskussion

In Abb. 4-4 werden die ermittelten Nährstofffrachten für Phosphor (oben) und Stickstoff (unten) als Säulen gegenübergestellt. Verglichen werden die jeweiligen Frachten in der Lahn (Immissionsschätzung) mit den Gesamt-Emissionen, aufgegliedert nach Einträgen aus Punktquellen (kommunalen Kläranlagen und Kanalisation) und diffusen Quellen.

Die Gegenüberstellung der Ergebnisse nach beiden Berechnungsansätzen zeigt eine gute Übereinstimmung bei den Gesamt-Emissionen und den Einträgen aus diffusen Quellen. Die jeweils ermittelten Gesamt-Emissionen von Phosphor und Stickstoff liegen nach MOBINEG© um 12% bzw. 4% unter den mit dem NIEDERSCHLAG-Ansatz berechneten Frachten. Die Einträge aus diffusen Quellen variieren um 20% und 9%, wobei die Phosphoreinträge im NIEDERSCHLAG-Projekt und die Stickstoffeinträge mit MOBINEG größer sind. Es wird deutlich, daß mit dem vereinfachten Berechnungsansatz für diffuse Einträge gemäß NIEDERSCHLAG-Projekt in der Summe ähnliche Stoffbelastungen ermittelt werden können wie mit der detaillierten Betrachtungsweise im MOBINEG, das fünf Eintragspfade berücksichtigt.

Je nach Zielsetzung und Aufgabenstellung einer durchzuführenden Nährstoffbilanzierung für Flußgebiete kann eine weitergehende Aufteilung der diffusen Frachten jedoch von Bedeutung sein, bspw. um aus den Flußgebietsbilanzen wirksame Maßnahmen zur Verminderung der Stoffbelastung aus diffusen Quellen abzuleiten.

Die zu beobachtenden Differenzen der Nährstoffeinträge aus Kläranlagen und Kanalisation erklären sich durch die unterschiedlichen Berechnungsansätze zu Einträgen aus Punktquellen. Bei beiden Stoffen liegen die Kläranlagen-Frachten nach dem NIEDERSCHLAG-Berechnungsansatz deutlich über den mit MOBINEG ermittelten (P: 31%, N: 44%). Bei den Frachten aus der Kanalisation ist es umgekehrt. Die MOBINEG-Ergebnisse sind in etwa dop-

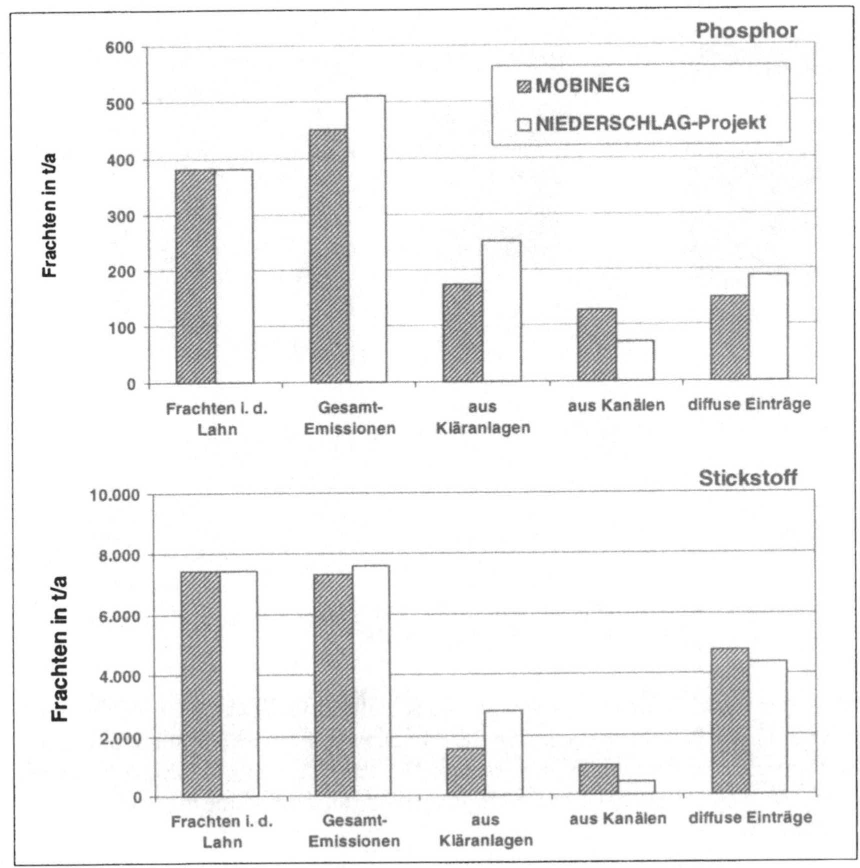


**Abb. 4-4** Verursacherbezogene Quantifizierung der Nährstoff-Jahresfrachten in der Lahn 1995 mit unterschiedlichen Ansätzen

pelt so hoch wie die aus dem NIEDERSCHLAG-Projekt. Die Begründung hierfür ergibt sich durch den hohen Anteil der im Mischsystem entwässerten kanalisierten Flächen im Einzugsgebiet der Lahn (vgl. Tab. 4-2) und dem bisher noch fehlenden Rechenbaustein im Programm MOBINEG, das lediglich Stoffausträge aus Trennsystemen berechnen kann. Somit beinhaltet der Pfad „Frachten aus Kläranlagen" im NIEDERSCHLAG-Projekt auch den Anteil der bei Niederschlagswasserabfluß mitbehandelten und eingetragenen Regenwassermenge inklusive der Inhaltstoffe, während MOBINEG ausschließlich die Emissionen bei Trockenwetter beschreibt. Die „Frachten aus Kanälen" sind nach MOBINEG entsprechend höher, da im Trennsystem der gesamte Niederschlagswasserabfluß und die damit verbundenen Stoffeinträge diesem Pfad angehören. Im Mischsystem hingegen wird nur der Teil des Regenwassers über Entlastungsbauwerke der Kanalisation in das Fließgewässer abgeschlagen, der auf den Kläranlagen nicht mitbehandelt werden kann. Die Frachten aus Mischentwässerungssystemen (NIEDERSCHLAG-Projekt) müssen deshalb niedriger sein als die aus Trennsystemen (MOBINEG).

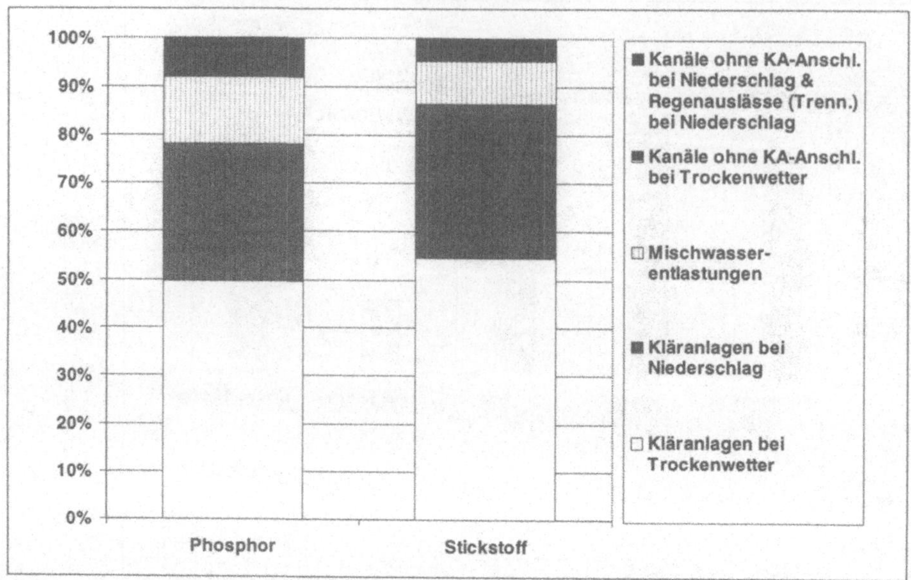


**Abb. 4-5** Verteilung der Nährstoff-Jahresfrachten auf unterschiedliche Eintragspfade in Siedlungsgebieten (vgl. FUCHS & HAHN (Hrsg.) 1999)

In der Summe der Punkteinträge (Kläranlage und Kanalisation) liegen die Frachten nach den im NIEDERSCHLAG-Projekt entwickelten Berechnungsansätzen bei Phosphor um rd. 7% und bei Stickstoff um rd. 22% über den Ergebnissen von MOBINEG. Abb. 4-5 zeigt die Anteile der im NIEDERSCHLAG-Projekt betrachteten Eintragspfade an der Summe der Punkteinträge aus Siedlungsgebieten.

Der weitaus größte Anteil der punktuellen Nährstoffeinträge im Einzugsgebiet der Lahn stammt aus Kläranlagenabläufen (P: ca. 78%, N: ca. 87%). Dabei ergibt sich für beide Parameter ein Verhältnis von Trockenwetter- zu Niederschlagsabfluß von ca. 1: 0,6. Addierte man diesen Betrag von rd. 60% zu den Frachten aus Kläranlagen gemäß MOBINEG, die –wie bereits erläutert– den Trockenwetteranteil repräsentieren, so reduzierten sich die Unterschiede im Vergleich zu den NIEDERSCHLAG-Ergebnissen bei beiden Stoffen auf etwa 10% (gegenüber einer Differenz von derzeit 31% bzw. 44%, vgl. Abb. 4-4).

Abb. 4-5 zeigt ferner, daß über Entlastungen der Mischkanalisation bei Niederschlagswasserabfluß ca. 14% der Phosphor- und 9% der Stickstoffeinträge aus Siedlungsgebieten erklärt werden können. Die Pfade „Kanäle ohne Kläranlagenanschluß bei Trocken- und Regenwetter" sowie die „Regenauslässe im Trennsystem" fallen in der Summe mit rd. 8% bei Phosphor und rd. 5% bei Stickstoff ins Gewicht.

Insgesamt ergibt die nach beiden Ansätzen ermittelte Flußgebietsbilanz, also die Gegenüberstellung der gemessenen Frachten in der Lahn bei Limburg (Immissionen) mit den berechneten Emissionen nach unterschiedlichen Pfaden, gemäß Abb. 4-4 folgendes Ergebnis: Die gefundenen Nährstofffrachten in der Lahn zeigen eine gute Übereinstimmung mit den berechneten Gesamt-Emissionen. So liegen die berechneten Phosphoreinträge um 15% bzw. 25% über den Immissionen, während die quantifizierten Stickstoffeinträge nach beiden Ansätzen lediglich um ± 2% von der Stickstofffracht in der Lahn abweichen.

Dieses Bild würde sich jedoch insbesondere bei Stickstoff verändern, wenn auf der Emissionsseite die Einträge von industriellen Direkteinleitern berücksichtigt würden. So beziehen BORCHARDT & GEFFERS (1999) rd. 5 Tonnen Phosphor und 600 Tonnen Stickstoff aus Industrieeinleitungen in die Bilanzrechnungen ein. Damit erhöhen sich die Gesamt-Emissionen sowie der Unterschied zwischen den Gesamt-Emissionen und den Gesamt-Immissionen. Bei dem hier vorgestellten Methodenvergleich wird auf eine Berücksichtigung der Frachten aus Industriekläranlagen verzichtet, da bei beiden Ansätzen identische Werte anzusetzen sind und die Datengrundlage zu industriellen Emissionen als vergleichsweise unsicher gilt.

Die beobachteten Abweichungen zwischen der Summe der eingetragenen Frachten und der Gewässerfracht sind in der neueren Fachliteratur beschrieben. Danach ist die Gesamtfracht in Flüssen teilweise deutlich niedriger als die Summe der Emissionen. Nach MOHAUPT et al. (1996) zeigen die Unterschiede zwischen dcn Einträgen und den Frachten der Flüsse den Umfang der Abbau- und Rückhaltsprozesse in den Fließgewässern an. BEHRENDT (1999a) ermittelt in seiner neuesten Studie für diesen „Retentionsterm“ eine Standardabweichung des Mittelwertes für Stickstoff von 22% und für Phosphor von 48%. Seine Untersuchungen stützen sich auf 16 verschiedene Einzugsgebiete und sieben Methoden zur Ermittlung der Emissionen.

Setzt man die Gesamt-Emissionen gleich 100%, so ergibt sich folgende Gewichtung der Einträge aus Punktquellen gegenüber diffusen Quellen:

Nach den Ergebnissen aus dem NIEDERSCHLAG-Projekt stammen rd. 60% der Phosphor-Einträge aus punktförmigen Quellen. Dieses Verhältnis von ca. 60% aus Punktquellen zu 40% aus diffusen Quellen wird durch die Zahlen im aktuellen Bericht der Umweltbundesamtes für die Lahn bestätigt (BEHRENDT et al. 1999b). Die ermittelten MOBINEG-Frachten teilen sich mit 67% zu 33% auf punktuelle und diffuse Einträge auf.

Bei Stickstoff kehren sich die Verhältnisse um: Hier stammen rd. 40% der mit den NIEDERSCLAG-Ansätzen bilanzierten Emissionen aus Punktquellen und der Hauptanteil mit 60% aus der Fläche. In der oben genannten UBA-Studien findet sich eine ähnliche Gewichtung. Nach MOBINEG© ergibt sich ein Verhältnis von 34% zu 66%.

## 4.5 Zusammenfassung

Die vorgestellten Nährstoffbilanzen für das Flußgebiet der Lahn in Hessen sind das Ergebnis zweier Berechnungsansätze mit unterschiedlichem Gewicht auf diffusen und punktuellen Eintragspfaden. In der Phase III des Forschungsprojektes NIEDERSCHLAG bildete die Berechnung des niederschlagsbedingten Schmutzstoffaustrags aus Stadtgebieten den Schwerpunkt. Aufgabe war es, auf der Basis von allgemein verfügbaren Daten und Informationen ein Instrumentarium zur Flußgebietsbilanzierung zu entwickeln und die Anteile der einzelnen Eintragspfade an der Gesamt-Nährstoffbelastung der Lahn zu quantifizieren, um wirksame Maßnahmen zur Verminderung der Stoffbelastung abzuleiten.

Im EDV-Programm MOBINEG liegt das Hauptgewicht auf der Berechnung diffus eingetragener Nährstoffe und einer detaillierten Abbildung der zugehörigen Eintragspfade. Das Programm wurde an Tieflandflüssen entwickelt und erprobt und im Rahmen der hier präsentierten Untersuchung erstmals im Mittelgebirge eingesetzt.

Der Vergleich der Ergebnisse zeigt, daß mit dem Programm MOBINEG für das rd. 5000 km² große Einzugsgebiet der Lahn plausible Ergebnisse erzielt werden können. Entwicklungsbedarf besteht insbesondere bei der Berechnung der Stoffströme im System Kanalisation-Kläranlage. Hier werden im MOBINEG in Anpassung an das Erprobungsgebiet der Schunter in Niedersachsen lediglich Trennentwässerungssysteme berücksichtigt. Das Flußgebiet der Lahn hingegen wird überwiegend durch Mischsysteme entwässert. Für eine Optimierung der Ergebnisse im Bereich Siedlungsentwässerung ist daher eine Programmergänzung bzw. –weiterentwicklung empfehlenswert.

Die aufgestellte Nährstoffbilanz für die Lahn im Vergleich mit anderen Flußgebietsbetrachtungen führt zu schlüssigen Ergebnissen. So stimmen die ermittelten Gesamt-Emissionen im Bilanzjahr 1995 mit den gemessenen Frachten am Gebietsauslaß (Immissionen) gut überein. Die festgestellten Abweichungen bewegen sich in der Größenordnung der natürlichen Abbau- und Rückhaltsprozesse im Fließgewässer (BEHRENDT 1999, MOHAUPT et al. 1996).

Die ermittelte Aufteilung der Emissionen nach Herkunft wird durch Angaben vom Umweltbundesamt bestätigt (BEHRENDT et al. 1999): Ca. 60% der Phosphoreinträge stammen aus Punktquellen; rd. 40 % sind auf diffuse Einträge zurückzuführen. Bei Stickstoff liegen umgekehrte Verhältnisse vor: ca. 40% der Stoffe stammen aus Punktquellen; rd. 60% werden flächenhaft eingetragen.

# 4.6 Literatur zu Kapitel 4

ABWASSERTECHNISCHE VEREINIGUNG (ATV) LANDESGRUPPE HESSEN/RHEINLAND-PFALZ/SAARLAND (1997): Kläranlagennachbarschaften 1998/99. München.

BORCHARDT, D. & K. GEFFERS (1999): Nähr- und Zehrstoffbilanzen für Neckar und Lahn. IN: Fuchs, S. & H. H. Hahn (Hrsg.) (1999): Schadstoffe im Regenabfluß IV. Abschlußpräsentation des BMBF-Verbundprojektes: „Niederschlagsbedingte Schmutzbelastung der Gewässer aus städtischen befestigten Flächen“ NIEDERSCHLAG am 17. u. 18.05.1999 in Karlsruhe. Schriftenreihe des Instituts für Siedlungswasserwirtschaft der Universität Karlsruhe (TH) Bd. 96. Oldenbourg Verlag, München. S. 109-127.

BEHRENDT, H. (1993): Point and diffuse loads of selected pollutants in the river Rhine and its main tributaries. Research report RR-1-93, IIASA, Laxenburg, Austria.

BEHRENDT, H. (1999A): A comparison of different methods of source apportoinment of nutrients to river basins. Bisher unveröffentlichtes Skript.

BEHRENDT ET AL. (1999B): Nährstoffbilanzierung der Flußgebiete Deutschlands. UBA-Bericht in Vorbereitung.

FACHGEBIET SIEDLUNGSWASSERWIRTSCHAFT DER UNIVERSITÄT GH KASSEL (Bearb.) (1991): Modellhafte Erarbeitung eines ökologisch begründeten Sanierungskonzeptes für kleine Fließgewässer am Beispiel der Lahn. Teilprojekt 2: Siedlungswasserwirtschaft. 1. Zwischenbericht und Anhang. Unveröffentlicht.

F & N UMWELTCONSULT GMBH (1997): Benutzerhandbuch zum EDV-Programm MOBINEG „Modell zur Bilanzierung von Nährstoffeinträgen in Gewässer“.

FEHR, G. (1995): Grundlagenstudie zum Aufbau eines Modells zur Bilanzierung von Nährstoffeinträgen in Fließgewässer zur Effektivitätskontrolle ökonomischer Sanierungsinstrumente im Gewässerschutz (kurz: Bewirtschaftungsmodell Schunter). I.A. des Niedersächsischen Landesamtes für Ökologie.

FEHR, G. & D. FÖHSE (1997): Ökonomische Effektivitätskontrolle von Gewässerschutzmaßnahmen in der Europäischen Gemeinschaft. Untersuchung im Rahmen des Umweltfinanzierungsinstrumentes LIFE der EU. I.A. des Niedersächsischen Landesamtes für Ökologie.

FUCHS, S. & H.H. HAHN (Hrsg.) (1999): Schadstoffe im Regenabfluß IV. Abschlußpräsentation des BMBF-Verbundprojektes: „Niederschlagsbedingte Schmutzbelastung der Gewässer aus städtischen befestigten Flächen" NIEDERSCHLAG am 17. u. 18.05.1999 in Karlsruhe. Schriftenreihe des Instituts für Siedlungswasserwirtschaft der Universität Karlsruhe (TH) Bd. 96. Oldenbourg Verlag, München.

HESSISCHE LANDESANSTALT FÜR UMWELT (HLfU) (Hrsg.) (1973): Gewässerkundliches Flächenverzeichnis Land Hessen.

HESSISCHE LANDESANSTALT FÜR UMWELT (HLfU) (1996-1998): Individuelle Bereitstellung von Daten.

HESSISCHES STATISTISCHES LANDESAMT (HSL) (Hrsg.) (1996): Hessische Gemeindestatistik 1996. Ausgewählte Strukturdaten aus Bevölkerung und Wirtschaft 1995. 17. Ausgabe.

HESSISCHES STATISTISCHES LANDESAMT (HSL) (Hrsg.) (1998): Öffentliche Wasserversorgung und Abwasserbeseitigung in Hessen 1975 bis 1995. Beiträge zur Statistik Hessens Nr. 329.

LANDESUMWELTAMT NORDRHEIN-WESTFALEN (Hrsg.) (1991): Deutsches Gewässerkundliches Jahrbuch. Rheingebiet Teil III. Mittel- und Niederrhein mit deutschem Issel- und Maasgebiet.

LÄNDERARBEITSGEMEINSCHAFT WASSER (LAWA) (1997): Vermeidung und Verminderung von Gewässerbelastungen aus diffusen Quellen – Strategiepapier – unveröffentlicht.

LÄNDERARBEITSGEMEINSCHAFT WASSER (LAWA) (1998): Sitzungen der Arbeitskreise „Qualitative Hydrologie Fließgewässer" (QHF) und „Zielvorgaben" (ZV) im April/ Mai 1998, unveröffentlicht.

MEHLHART, G. & C. STELTMANN (1991) in: Fachgebiet Siedlungswasserwirtschaft der Universität Gh Kassel (Bearb.): Modellhafte Erarbeitung eines ökologisch begründeten Sanierungskonzeptes für kleine Fließgewässer am Beispiel der Lahn. Anhang zum 1. Zwischenbericht, Teilprojekt 2: Siedlungswasserwirtschaft, Anlage 2.4.

MOHAUPT ET AL. (1996): Die aktuelle Nährstoffbelastung der Gewässer in Deutschland und der Stand der Belastungsvermeidung in den Kommunen und der Landwirtschaft. Deutsche Gesellschaft für Limnologie (DGL), Tagungsbericht 1995 (Berlin).

REGIERUNGSPRÄSIDIUM GIEßEN (Hrsg.) (1994): Die Lahn, ein Fließgewässerökosystem - Modellhafte Erarbeitung eines ökologisch begründeten Sanierungskonzeptes für kleine Fließgewässer am Beispiel der Lahn. Abschlußbericht. Gießen.

UMWELTBUNDESAMT (Hrsg.) (1998): Umweltdaten Deutschland 1998. KOMAG Berlin-Brandenburg.

# 5 Die Immissionsanalyse gewässerkundlicher Monitoringdaten mit dem Simulationsmodell Transpos: Frachtberechnung, Frachtnormierung und Trendanalyse

Dietrich Brunswig, Kieler Gewässerschutzkonzepte

## 5.1 Einführung und Aufgabenstellung

Im letzten Jahrzehnt wurden große kommunale Kläranlagen Schleswig-Holsteins im Zuge des „Sofortprogramms" mit der dritten Reinigungsstufe zur Phosphatfällung ausgerüstet, und mit dem „Dringlichkeitsprogramm" wurde die Stickstoffeliminierung in Angriff genommen. Jüngste Auswertungen hydrologisch-chemischer Meßreihen Fließgewässerdaten (LANU S-H, in Vorbereitung) lassen erkennen, daß zwar bei Phosphor die Zielvorgaben der „Gewässergüte" erreicht wurden. Bei Nitrat und Stickstoff hingegen zeichnet es sich ab, daß eine Eintragsminderung durch den weiteren Ausbau von Kläranlagen mit finanzierbarem Aufwand nur im begrenzten Umfang zu erreichen ist; zu hoch ist die Belastung aus der Landwirtschaft (WERNER et al. 1991; BRUNSWIG 1994 a; UMWELTBUNDESAMT, 6/1995). So gerät in den letzten Jahren die Gewässerbelastung aus den „diffusen Quellen" der Flächenbewirtschaftung zunehmend ins Visier der Wasserwirtschaftsplaner.

Der Schadstoffeintrag aus der vom Menschen genutzten Fläche in Oberflächengewässer und Grundwasser setzt sich aus vielen Teilströmen zusammen. Daher stellt sich im Hinblick auf die Kontrolle der Gewässereutrophierung immer dringlicher die Aufgabe, nicht nur wie bisher Merkmale der „Gewässergüte" beschreibend zu dokumentieren und jährliche Stoffeinträge in Seen und Küstengewässer zu messen. Darüber hinaus sind auch die wichtigsten Schadstoffquellen nach Eintragspfaden im Sinn einer Ursachenforschung exakt zu quantifizieren. Bei der Durchführung des Entwicklungsprogramms geben fortlaufende Wirkungskontrollen und die Simulation von Entlastungsszenarien eine unentbehrliche Orientierung. Erst auf der fachlichen Grundlage eines gehobenen Standards der Datenauswertung lassen sich Aktionsprogramme zur Gewässerentwicklung mit maximalem Nutzen/Kosten-Effekt realisieren. In diesem Sinn können auch heute noch die im Jahr 1989 von HELCOM formulierten *Hauptziele von Belastungsstudien* bei der wissenschaftlichen Begleitung von Gewässerentwicklungsprogrammen, bei denen die Kontrolle des Schadstoffeintrags im Vordergrund steht, als aktuelle Leitlinie gelten (Richtlinien für die Pollution Load Compilation, HELCOM STC 15/16 (1989):

- *„to compile the total load of important pollutants ..."* (Aspekt 'Frachtberechnung')
- *„to follow long-term changes ..."* (Aspekt 'Trendanalyse')
- *„to determine the priority of different pollution sources and pollutants"* (Aspekt 'quantitative Herkunftzuordnung')
- *„to assess the efficiency of measures taken to reduce the pollution load"* (Aspekt 'Wirkungskontrolle')

• „ ... *to forecast man-induced changes* ... " (Aspekte 'Prognose'; 'Simulation').

Zur Zeit gibt es nach Kenntnis des Autors kein Rechenmodell im Bundesgebiet, das die HELCOM-Anforderungen für die „Pollution Load Compilation" (s.o.) befriedigend erfüllt (Statusbericht des BMU, 1997). Mit ständig wachsenden Qualitätsansprüchen an gewässerkundliche Auswertungen wächst auch die Nachfrage nach verbindlichen Kriterien und nach einem darauf abgestimmten fächerübergreifenden Konzept.

Bislang noch werden Frachtberechnung, Trendanalyse und Herkunftzuordnung in verschiedenen Fachgruppen als voneinander völlig unabhängige Aufgaben erörtert: LAWA-Arbeitskreis „Quantitative Hydrologie der Fließgewässer"; UBA-Projekt „Trendabschätzung"; Fachausschuß (FA) 4.3 des DVWK „Bodennutzung und Nährstoffaustrag". Die aktuelle Notwendigkeit, den Stofffluß vom Einzugsgebiet ins Gewässer einschließlich der Immissionsaspekte nach einem umfassenden, in sich konsistenten Konzept zu bilanzieren, hat in der Fachwelt als dringliche Herausforderung noch nicht die wünschenswerte Beachtung gefunden.

Die Ausführungen des Kap. 5 beschäftigen sich vorrangig mit dem methodischen Aspekt der Immissionsanalyse nach dem Kieler TRANSPOS-Konzept der Stofffrachtberechnung in Fließgewässern. Es handelt sich um ein einfaches grafisch-numerisches Simulationsmodell zur PC-gestützten Auswertung von hydrologisch-chemischen Monitoringreihen der Bundesländer - kontinuierliche Abflußzeitreihen und chemische Stichproben - sowie von Projektdaten aus Sondermeßprogrammen. Das Programm wurde nach den HELCOM-Anforderungen an Eintragsstudien konzipiert und in einer ausgebauten Fassung als vielseitiges Instrument der Belastungsanalyse in einem Pilotprojekt des Umweltbundesamtes für die großräumige Quantifizierung der Ostseebelastung eingesetzt.

Im Kapiteln 5.5 wird gezeigt, daß vereinfachende Berechnungsverfahren der Jahresfracht über die lineare Extrapolation oder Interpolation von Stichproben der Meßwerte in einem hohen unwägbaren, systematischen Fehler des Zielwerts der Jahresfracht resultieren. Dies ergibt sich aus der asymmetrischen Werteverteilung der primären Meßdaten Konzentration ($c_i$) und Wasserabfluß ($Q_i$) sowie der Abhängigkeit der c-Werte vom Abfluß (Kap. 5.4). Im Abschnitt 5.6 werden Konzept und PC-Programm des TRANSPOS-Verfahrens der Jahresfrachtberechnung einschließlich Kalibrierung und Ergebnisausdrucken vorgestellt. Dabei wird die empirische funktionale Abhängigkeit der Konzentrationsmeßwerte vom jeweiligen Abfluß näher beleuchtet; sie ist der zentrale Modellbaustein und wird zur Simulation von Konzentrations- und Frachtzeitreihen aus vorliegenden Abflußganglinien verwendet. Kapitel 5.7 behandelt eine der Anwendungen des Kieler Modells zur Qualitätskontrolle der Fließgewässer: die Trendanalyse der Jahresfracht. Ein anhaltender Trend des Gebietsaustrags liegt dann vor, wenn die Stoffgehalte bei gleicher Wasserführung im Vergleich zu früheren Zeiträumen signifikant höher oder niedriger liegen. Der Trend der Flußfracht wird daher an der Verlagerung der cQ-Funktion rechnerisch und grafisch festgemacht und statistisch verifiziert. Eine geänderte cQ-Funktion im Abflußsystem hat nachhaltig geänderte Frachten zur Folge, für die ein Normierungsverfahren anhand vieljähriger Abflußzeitreihen präsentiert wird.

Im letzten Unterkapitel (5.8) wird aufgezeigt, daß die modulare Struktur des Kieler Modells - angelehnt an die cQ-Funktionen der Hauptemissionsarten nach Eintragspfaden - eine große Bandbreite an Simulationsmöglichkeiten und praktikablen Problemlösungen bei der quantitativen Belastungsanalyse und Entwicklungsplanung von Flußgebieten eröffnet.

# 5.2 Begriffe und Meßgrößen

*'Stofftransport'* ist laut DIN 4045 (Wasserwesen, Begriffe) die in der Zeiteinheit durch den Gewässerquerschnitt beförderte Stoffmenge, gemessen in [g/s]. (Die Verfrachtung über eine Strecke im Sinne des allgemeinen Sprachgebrauchs ist hier nicht gemeint!) Der Begriff gibt eine *Momentaufnahme* innerhalb eines dynamischen Ablaufs wieder und steht für die *Rate der Stoffpassage* durch den Fließgewässerquerschnitt.

Die über eine bestimmte Dauer (Tag; Monat; Jahr) aufsummierten Transporte werden mit *'Fracht'* bezeichnet. Bei der Fracht handelt es sich um eine *Stoffmengenangabe* mit Bezug auf die Zeitspanne bzw. Zeiteinheit, oft Tonnen pro Jahr [t/a]. Mit Blick auf den Rezipienten spricht man vom *'Gebietsaustrag'*. In der vorliegenden Studie werden die Nährstofffrachten auf das *'hydrologische Jahr'* bezogen, das jeweils bereits am 1. November des Vorjahres beginnt, bzw. auf Jahreszeiten in der hydrologischen Abgrenzung.

Bei *'Abflußspenden-'* und *'Frachtspendenwerten'* - auch als *'spezifischer Abflußes'* und *'spezifische Fracht'* bezeichnet - werden Abfluß oder Fracht auf die Flächeneinheit des Niederschlagseinzugsgebietes (genauer: des Oberflächenabflußgebietes $A_{Eo}$) bezogen. Durch den Flächenbezug erhält die Fracht die Dimension der *Austragsdichte* (-intensität). In dieser Form ist sie als quantitatives Gebietsmerkmal einer statistischen Zuordnung zugänglich, etwa in Form einer Regression zwischen den flächenspezifischen Stickstoffausträgen von Fließgewässern (Immission) und der Viehbestandsdichte der zugehörigen Einzugsgebiete, oder anderen Maßzahlen der Flächenbelastung (Emission). Spendenwerte der Jahresfracht [in kg/(ha*a)] erschließen den Bezug zu Düngung und Ernteentzug und ermöglichen den Vergleich verschiedener Einzugsgebiete hinsichtlich ihrer Belastung.

Meßtechnisch werden Transport und Fracht in den beiden Komponenten *'Abfluß Q'* [l/s oder $m^3$/s] und *'Konzentration c'* [mg/l] erfaßt. Der Stofftransport durch den Fließgewässerquerschnitt zum Zeitpunkt t berechnet sich als das Produkt der Meßgrößen Durchfluß mal Stoffkonzentration:

$$T_t\,[\text{mg/s}] = Q_t\,[\text{l/s}] * c_t\,[\text{mg/l}] \qquad (1)$$

In der Praxis wird die *Repräsentanz der Probenminute* für den ganzen Tag vorausgesetzt. Engmaschige Meßreihen (Längsschnitte) bestätigen die Berechtigung dieser Annahme für Fließgewässer in Schleswig-Holstein (BOJE und DELLING, 1986).

Der *Wasserabfluß* (Wasserdurchflußvolumen pro Zeiteinheit) wird indirekt aus den Meßgrößen Wasserstand (W), Gerinnequerschnitt und Strömungsvektoren gemessen. Die fortlaufend registrierten Wasserstände der Pegelschriebe werden über die W-Q-Funktion in Mittelwerte des Tagesabflusses konvertiert, mit denen das Kieler Modell arbeitet.

Es ist davon auszugehen, daß in der Abflußmessung - besonders bei nichtgeometrischem Gerinnequerschnitt; ferner infolge Sohlenveränderung und Staueffekten durch Sohlenbewuchs - die größte *Fehlerquelle der Frachtermittlung* liegt (HELLMANN 1986 b; BRUNSWIG 1994 a). Bei Spendenwerten verbleibt stets eine zusätzliche Unsicherheit von unbekanntem Ausmaß, da das unterirdische Wassereinzugsgebiet nicht exakt deckungsgleich mit dem oberirdischen ist.

## 5.3 Meßdaten des hydrologischen und chemischen Fließgewässermonitoring

Die Bundesländer unterhalten entsprechend ihrer hoheitlichen Aufgabe seit Anfang der siebziger Jahre oder früher Meßprogramme zur dauerhaften Qualitätsüberwachung der Fließgewässer (z.B. LANU S-H; seit 1974). Das Mengenmonitoring reicht Jahrzehnte weiter zurück (Deutsches Gewässerkundliches Jahrbuch, Kiel). Darüber hinaus wurden Sondermeßprogramme im Zuge von wasserwirtschaftlichen Planungen (Abwasserbeseitigungsprogramm, Flußgebietssanierung) an ausgewählten Flußsystemen betrieben.

Mit den auf Datenträger oder in Jahresbänden vorliegenden kontinuierlichen Zeitreihen von Tagesmittelwerten des Wasserdurchflusses, den sogen. *„Abflußganglinien"*, ist die hydrologische Frachtkomponente in wünschenswerter Zeitauflösung dokumentiert.

Demgegenüber nehmen sich die *Stichproben der physikochemischen Wasserbeschaffenheit* in mehr oder weniger konstanten (äquidistanten) Zeitabständen von meist vier Wochen, seltener in 14-tägigen oder vierteljährlichen Abständen, als unzureichend aus.

Da die Pegelstationen nach anderen Vorgaben festgelegt wurden als die Meßstellen der chemischen Probenentnahme, sind beide Meßquerschnitte am selben Fluß in vielen Fällen nicht identisch. Im Fall der Nichtübereinstimmung behilft man sich mit der flächenproportionalen Umrechnung des Abflusses eines Bezugspegels im selben Abflußsystem. Dieser Umstand, zusammen mit einem gewissen Fehler der Abflußmessung sowie dem geringen Probenumfang der chemischen Primärdaten, stellen die gravierendsten Einschränkungen der Genauigkeit bei der Frachtermittlung dar.

## 5.4 Abfluß und Stoffkonzentration: Zeitmuster, Variabilität und Einflußgrößen

In Anbetracht der hohen Ansprüche an die Zuverlässigkeit der Frachtermittlung ist der Bearbeiter herausgefordert, aus einer lückenhaften Datenbasis ein Maximum an Information herauszufiltern und das Ergebnis weitestgehend abzusichern. Dies kann nur gelingen, wenn bekannt ist, nach welchen Gesetzmäßigkeiten sich die beiden Meßparameter 'Abfluß' und 'Konzentration' verhalten und von welchen Systemgrößen sie gesteuert werden.

### 5.4.1 Wasserabfluß

Die Wasserführung eines Fließgewässers beeinflußt die Stoffkonzentrationen und dominiert noch gravierender den Betrag der Stofffracht des Fließgewässers und den Stoffaustrag aus dem Einzugsgebiet am Meßquerschnitt bzw. an der Mündung.

Betrachten wir die *zeitliche Variabilität* dieser zentralen Größe auf Abb. 5-1 für drei Flüsse in Schleswig-Holstein sowie für die Odense Å (Abb. 5-2) auf der dänischen Insel Fünen, so können wir folgendes festhalten:

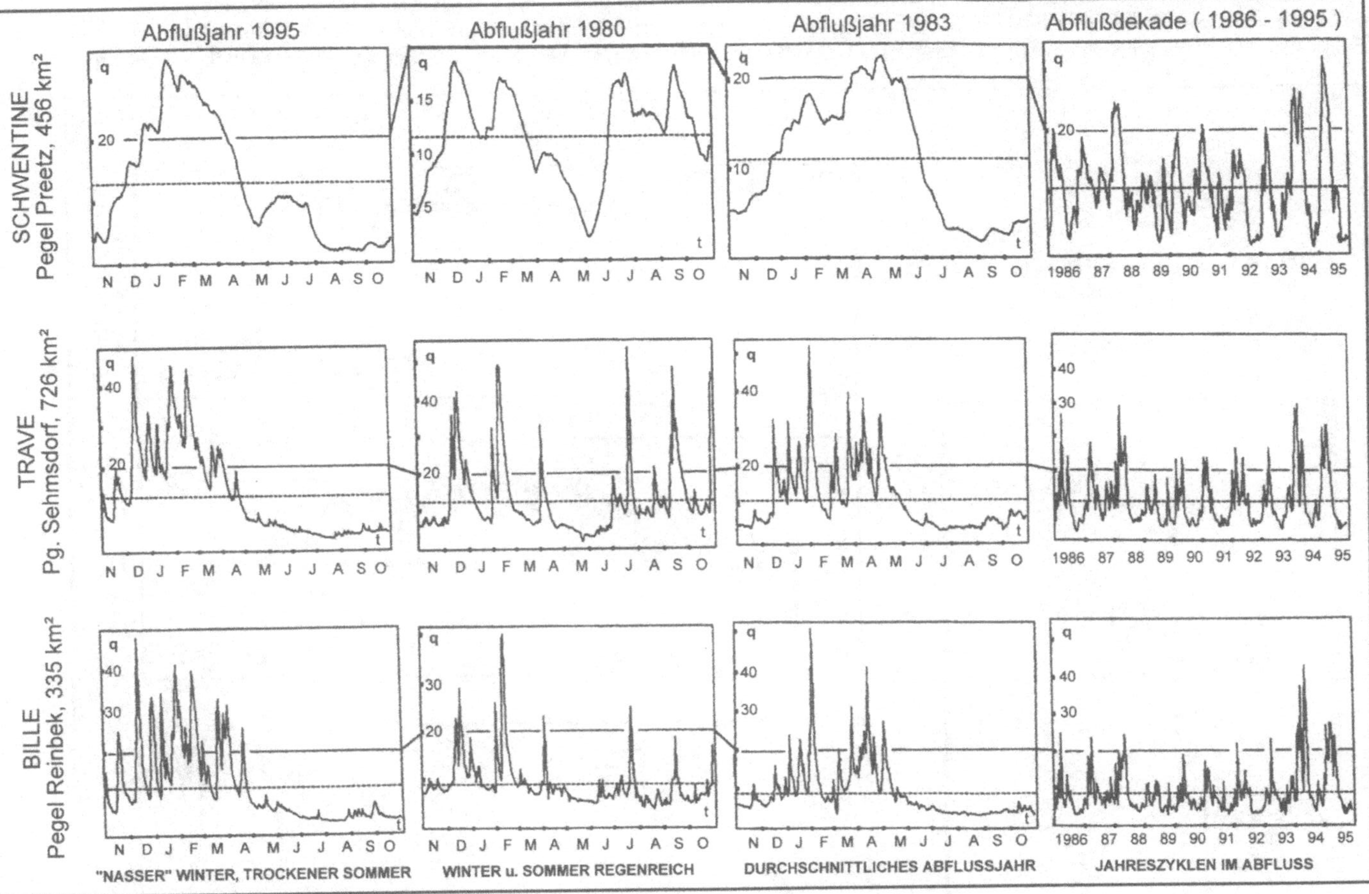


**Abb. 5-1** Unterschiedliche Abflußjahresgänge bei Schwentine, Trave und Bille zwischen 1980 und 1995. Tageswerte der Abflußspende in l/(s* km²). LANU S-H (in Vorber.): Trends der stofflichen Belastung schleswig-holsteinischer Fließgewässer. Kiel-Flintbek.

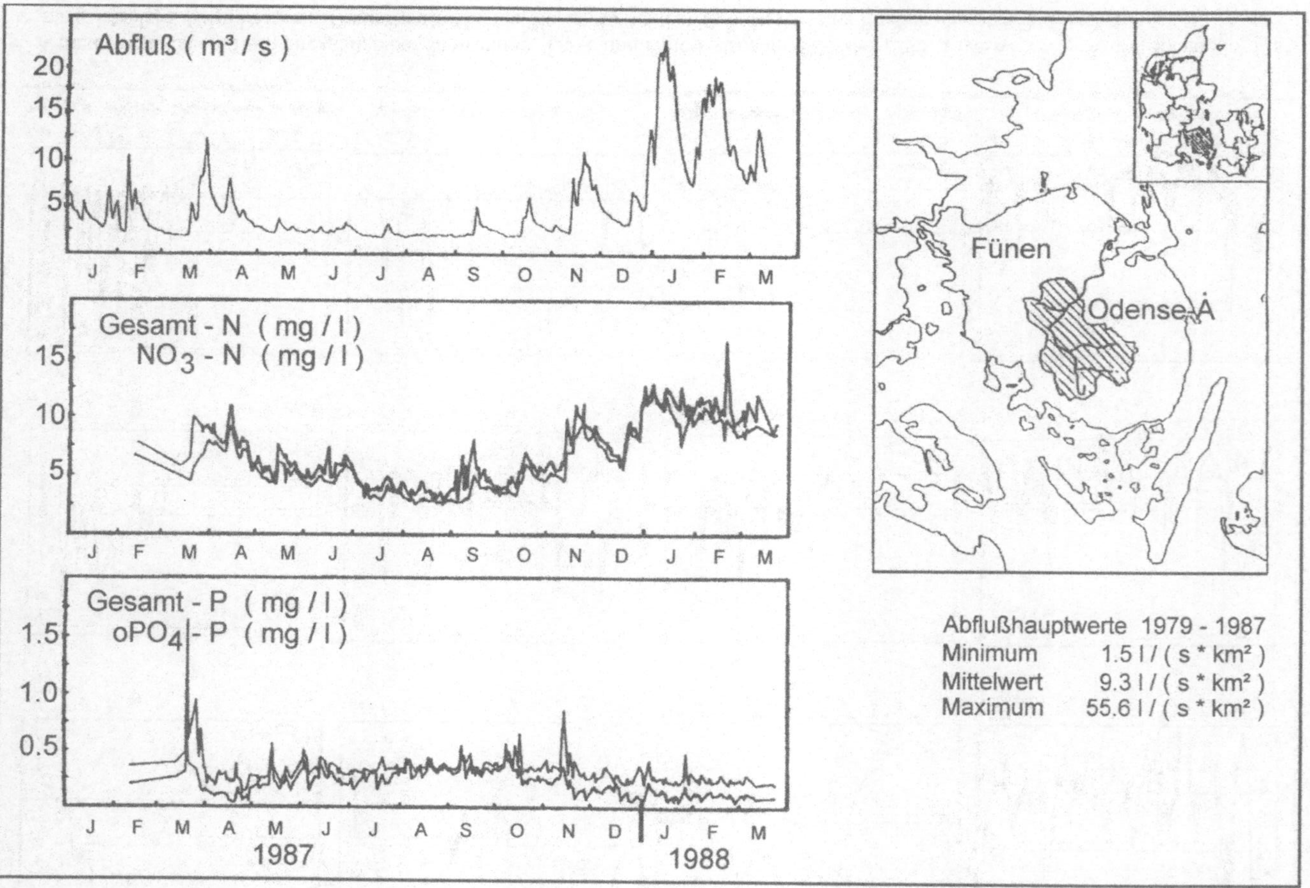


**Abb. 5-2** Jahresgang des Abflusses und der N- und P-Konzentration der Odense Å (ländliches Einzugsgebiet auf Fünen/DK). Aus: Havet omkring Fyn. Fyns Amt, Technik-og miljöforvaltningen, Odense 1990.( Die Meßdaten wurden dankenswerterweise zur Verfügung gestellt von FYNS AMT, Teknik- og miljöforvaltningen - Vand/miljöafdelingen, Odense/DK )

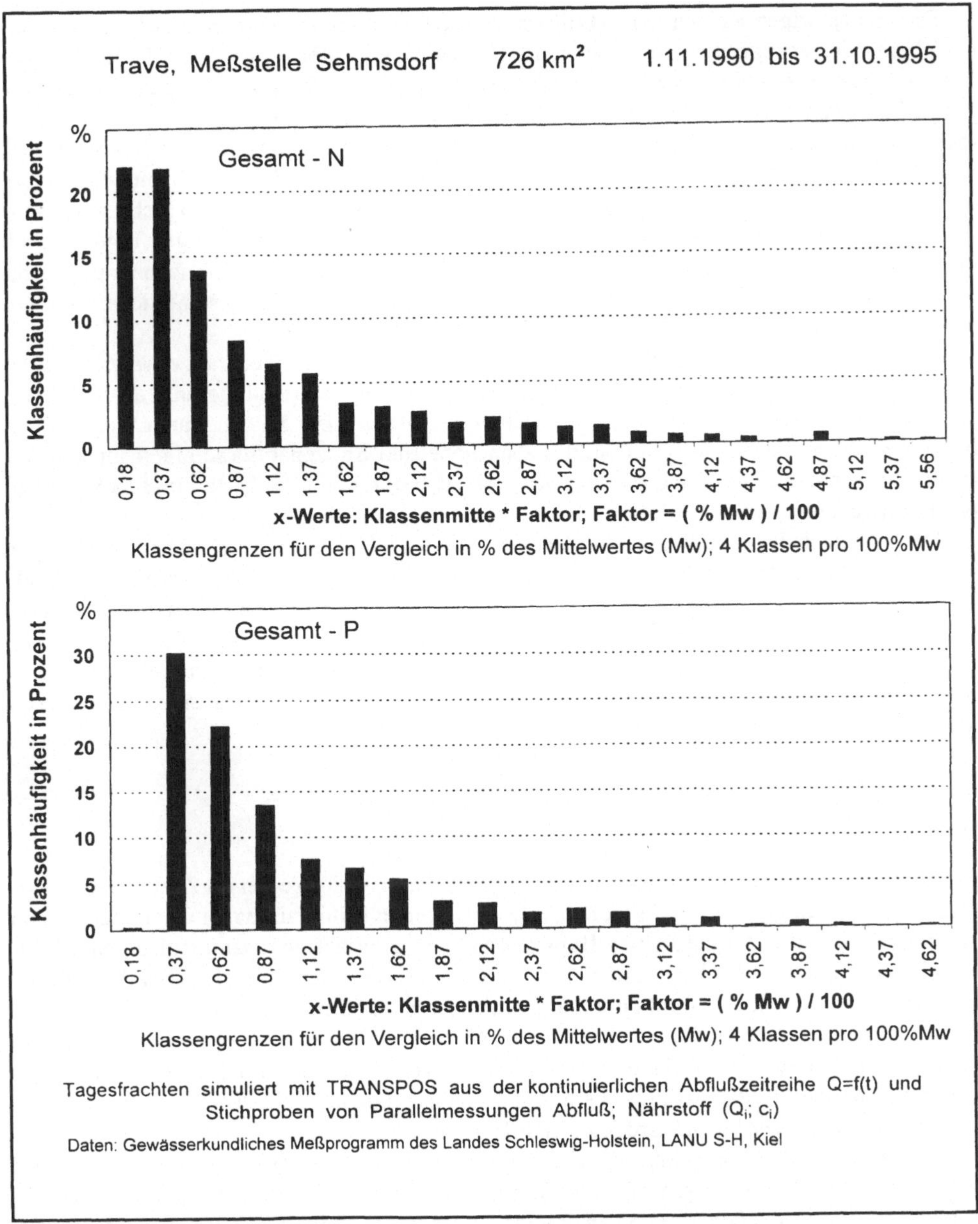


**Abb. 5-3** Häufigkeitsverteilung von Tagesfrachten (Gesamtstickstoff). Trave, Meßstelle Sehmsdorf, 1990 bis 1995. (Daten aus Gewässerüberwachung S-H, Zahlentafeln, Kiel.)

Die mehrjährigen Reihen von Abflüssen sind durch einen ausgeprägten *Jahresgang* mit einzelnen oder gruppierten „aufgesetzten" Abflußspitzen - Reaktionen auf Niederschlagsimpulse - gekennzeichnet. Der Jahresgang ist vorrangig das Ergebnis der Evapotranspiration, der größten Wasserhaushaltskomponente im Sommerhalbjahr (PREUSS 1979). Bei einem „normalen" Jahresgang ist der Unterschied zwischen Winter und Sommer beim Grundwasserabfluß besonders markant. *Abflußspitzen* häufen sich im hydrologischen Winterhalbjahr, wenn auch die oberen Bodenschichten wassergesättigt sind. Insgesamt sind hohe und Höchstwerte selten und nur von kurzer Dauer. Abflußspitzen nach Starkregen steigen in wenigen Tagen an und klingen langsamer ab. Bei anhaltendem Trockenwetter flacht sich die Ganglinie mehr und mehr ab. Das führt dazu, daß Abflußzustände des unteren Wertebereichs insgesamt die größte Zeit des Jahres einnehmen.

Die Form der Abflußganglinien von Fließgewässern führt zu einer stark *asymmetrischen Werteverteilung*: Während sich die Werte in einem Bereich deutlich unterhalb des mittleren Abflusses MQ häufen (unterhalb der gestrichelten Linie in Abb. 5-1) und auch Werte in der Nähe des Minimums nicht selten sind, haben hohe und Spitzenabflüsse eine sehr geringe Wahrscheinlichkeit. Diese Schieflage paust sich auch durch auf die Verteilungsspektren der Nährstofffrachten, Abb. 5-3.

Der Vergleich der Ganglinien zeigt, daß Flüsse mit großem Einzugsgebiet erheblich träger auf den Gebietsniederschlag reagieren: vgl. Schwentine in Abb. 5-1. Ihre Ganglinie ist durch große *Rückhaltevolumina* (Plöner Seenplatte und Staustufen) gedämpft, hier sind extrem niedrige Abflüsse ähnlich selten wie extrem hohe. Generell haben größere Flüsse und Flußunterläufe einen relativ größeren Grundwasserspeicher und daher auch einen größeren Grundwasseranteil im Gesamtabfluß. Die täglichen Änderungsraten des Abflusses sind dadurch geringer.

## 5.4.2 Konzentration

Die Messungen der Odense Å (Meßstelle Kratholm) mit Einzugsgebiet im Zentrum der dänischen Insel Fünen gehören zu den seltenen Datensätzen in Mitteleuropa, die nicht nur für den Abfluß, sondern auch für die Nährstoffkonzentrationen mehrjährige zusammenhängende Zeitreihen von täglichen Proben bieten. An diesem Datensatz lassen sich daher Variationsphänomene studieren, Stichprobenfehler quantifizieren und Simulationen von Konzentration und Fracht eichen (s.u. Abb. 5-5; 5-9). Das 486 $km^2$ große und nicht sehr stark profilierte Einzugsgebiet wird intensiv landwirtschaftlich genutzt. Der Bachlauf hat nur ein geringes Gefälle. Insgesamt ist das Abflußsystem samt Einzugsgebiet nicht sehr verschieden von Flußgebieten ähnlicher Größe im Norddeutschen Tiefland.

In Abb. 5-2 sind die Zeitreihen von Gesamt-N mit Nitrat-N und Gesamt-P mit Orthophosphat gegen den Abfluß aufgetragen. In augenfälliger Weise folgen die Stickstoffgehalte dem Abflußjahresgang mit Höchstwerten im hydrologischen Winterhalbjahr (01.11. bis 30.04.). Phosphorwerte sind gegenläufig. Die Mehrzahl der Durchflußspitzen ist auch von Ausschlägen der Nährstoffgehalte (bei N wie bei P!) begleitet, wenn auch meist unterproportional in der Amplitude. Aber es finden sich auch übersteigerte Konzentrationsspitzen: Phosphor im März (Schneeschmelze!) und November; Stickstoff im Februar. So verhält sich Stickstoff (Gesamt-N und Nitrat) saisonal und ereignisbezogen gleichsinnig mit dem Wasserdurchfluß; Phosphor ist dagegen nur bei einzelnen Abflußspitzen bei Abschwemmung positiv korreliert und verläuft in

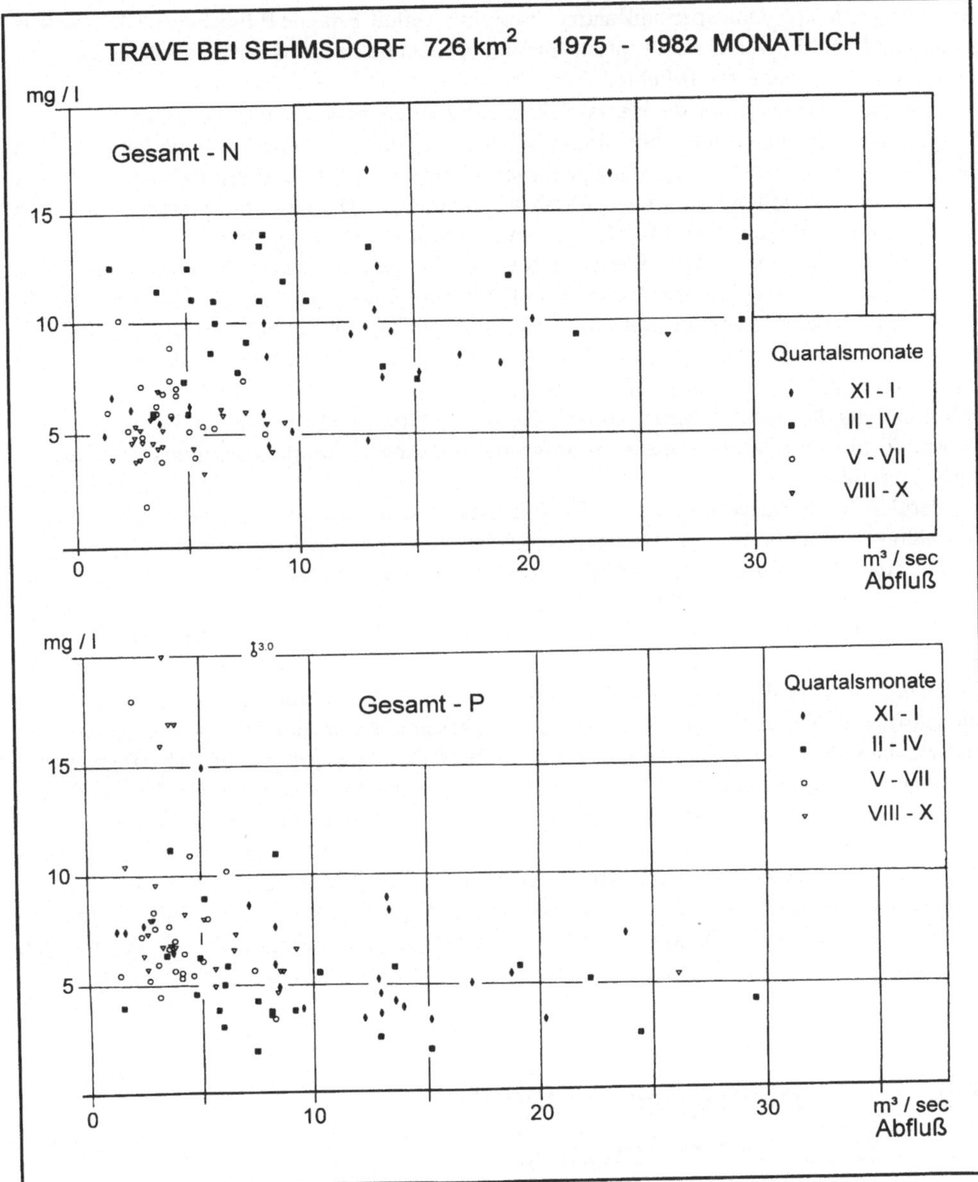


**Abb. 5-4** Beziehung zwischen Nährstoffkonzentration und Abfluß: jahreszeitlicher Einfluß auf die cQ-Beziehung. Trave/Sehmsdorf, 1975-1982 (monatlich), Gesamtstickstoff. (Daten aus: Gewässerüberwachung S-H, Zahlentafeln (Jahresbände), Kiel.).

der weitergreifenden Jahresperiodik antizyklisch zum Abfluß. Erhöhte P-Frachten nach Gewittergüssen und bei Tauwetter sind typisch für Einzugsgebiete mit erosionsgefährdeten Hanglagen und hoher Viehbestandsdichte.

Insgesamt bewegen sich die Nährstoffkonzentrationen innerhalb eines wesentlich engeren Spektrums - meist innerhalb einer Größenordnung - als die Tagesabflüsse. Jede Jahreszeit hat ihr spezifisches Werteband. Die Häufigkeitsverteilung der Konzentrationsmeßwerte für N und P ähnelt der linkssteilen Form des Abflußhistogramms mit Median- und Modalwert deutlich unterhalb des arithmetischen Mittels, wenn auch nicht so kraß ausgeprägt.

Die Abb. 5-4 zeigt, daß die Werte der Nährstoffkonzentrationen der Stichproben $c_i$ nicht unwesentlich vom zeitgleichen Wasserabfluß $Q_i$ bestimmt werden. In der Darstellung des cQ-Plots wird - anders als bei der Zeitreihe - der Saisoneinfluß auf die Stoffgehalte getrennt von der Abflußwirkung sichtbar, wenn die Meßwerte entsprechend markiert sind. Bei derselben Wasserführung liegen die Stickstoff- und Nitratgehalte im hydrologischen Winterhalbjahr deutlich höher als die Sommerwerte. Umgekehrt ist die Grundschwingung des Jahresgangs bei Phosphor, mit einzelnen Ausnahmen aufgrund von Abschwemmungsereignissen und/oder Abwassereinleitung.

Vergleichende Auswertungen von Fließgewässer-Überwachungsdaten weisen in aller Regelmäßigkeit in anthropogen belasteten Gebieten, ohne grundsätzliche regionale Unterschiede, auf eine *funktionale Abhängigkeit der Nährstoff- und Schadstoffgehalte vom herrschenden Wasserabfluß* hin: von LOH 1979 (Niedersachsen); BRUNSWIG 1984, 1994 b (Schleswig-Holstein); HELLMANN 1986 b (Rhein); WAGNER 1997 (Bodenseezuflüsse). Die Form der *cQ-Beziehung* ist meist nichtlinear. Positive Abhängigkeit vom Abfluß zeigen vor allem jene Verbindungen, die zum überwiegenden Teil aus belasteten Flächen stammen, wie Nitrat und Gesamtstickstoff, organischer Kohlenstoff (gelöst und gesamt) sowie der biologische Sauerstoffbedarf. Die von großen Punktquellen (kommunalen Kläranlagen) dominierten Stoffe dagegen haben bei Niedrigwasser ihre höchsten Konzentrationen, die durch zunehmende Wasserführung verdünnt wird: Phosphat und Gesamtphosphor sowie Ammonium (Winterwerte).

In Einzugsgebieten mit erosionsgefährdeten Acker- und Weideflächen können auch in Hochwasserphasen Konzentrationsspitzen erreicht werden. In solchen Gebieten kann die jeweilige *Abflußphase* - auflaufende und abklingende Welle, Trockenwetterabfluß, Übergangsstadien - in ähnlich hohem Maße wie der Faktorenkomplex 'Jahreszeit' - die chemischen Beschaffenheitsparameter steuern, zusätzlich zur eigentlichen Abflußmengenwirkung.

## 5.5 Überschlägige Verfahren der Frachtschätzung

Wenn auch mit abnehmender Tendenz, so sind doch immer noch überschlägige Schätzmethoden der Jahresfracht bei wasserwirtschaftlichen Gutachten in Gebrauch, bei denen die Attraktivität der leichten Handhabbarkeit auf Kosten einer nur extensiven Informationsausnutzung der Meßdaten geht, bei gleichzeitiger Verletzung elementarer stochastischer Grundregeln. Die Gelegenheit der kritischen Auseinandersetzung kann hier nur in kurzer Form wahrgenommen werden.

Bei allen Verfahren der Frachtberechnung ist von der Stichprobe auf die Grundgesamtheit zu schließen. Grundgesamtheit ist die kontinuierliche Zeitreihe der Tagesmittelwerte der Fracht, als deren Flächenintegral sich die Jahresfracht berechnet. Daher gelten die folgenden Regeln der Statistik:

1. die Prämisse der *Repräsentanz der Grundgesamtheit* durch die Stichprobe,
2. die Überprüfung der *Voraussetzungen des eingesetzten Statistikmodells*, z.B. Varianzengleichheit oder Unabhängigkeit der Primärdaten $Q_i$; $c_i$,
3. Kenntnis der *Verteilungsform der Grundgesamtheit der Meßgrößen* zur Ableitung von Sicherheitsaussagen.

Bei der Frachtschätzung über die **lineare Extrapolation von Mittelwerten** ist die Stichprobe von z.B. nur 13 Werten p.a. - angesichts der meist sehr asymmetrischen und unbekannten Verteilungsform der Meßwerte - nicht repräsentativ. Der Fehler des Ergebnisses ist in der Regel sehr hoch, aber kaum abzuschätzen. Leider ist der Formtyp der Meßwerteverteilung bei gegebenem begrenztem Stichprobenumfang in der Regel nicht zu erkennen. In Abb. 5-5 ist der Extrapolationsfehler gegen die Beobachtungsfrequenz für Tageswerte von Abfluß und Nährstofffracht der Odense Å aufgetragen. Zwei Drittel der Mittelwerte aus 15 äquidistanten Ziehungen liegen für Stickstoff bei monatlicher Meßfrequenz im Bereich des Zielwerts Zw („wahre" Jahresfracht = Summe der 365 Meßwerte) ± 30 %, bei Phosphor Zw ± 20 %. Bei dieser Unschärfe lassen sich Trends der Jahresfracht nicht verfolgen, und Budgetierungen machen wenig Sinn.

Die Schätzung der Jahresfracht über den **abflußgewogenen Konzentrationsmittelwert** erbringt zwar bei großen Flüssen und hoher Meßfrequenz bessere Ergebnisse, erfüllt aber bei rascher reagierenden Fließgewässern wegen mangelnder Repräsentanz die statistischen Anforderungen bei den üblichen Probenfrequenzen nur unzureichend.

Bei den **Interpolationsverfahren** werden die fehlenden Werte zwischen zeitlich benachbarten Meßwerten (Stichproben) durch lineare Interpolation ergänzt: Bei der **Trapezmethode** zwischen *Frachtwerten* $c_i * Q_i$ , bei der **c-lin-Methode** zwischen *Konzentrationsmeßwerten* (PEDERSEN, 1988). Bei der gegebenen Grundstruktur der Zeitreihen, zusammengesetzt aus periodischem Jahresgang und irregulären ereignisbezogenen Ausschlägen (Abb. 5-1; 5-2), kommt es bei der linearen Überbrückung bildlich gesehen zum Abschneiden von Peaks sowie zu überspannten „Tälern" zwischen benachbarten hohen Meßwerten. Die relativ hohen Fehler der Jahresfrachtschätzung sind nicht kalkulierbar.

Bei der **Q-T-Regressionsmethode** werden die 365 Tagesfrachtwerte pro Jahr über die Regressionsgleichung des momentanen Transports gegen den Abfluß T = f (Q) der Stichproben geschätzt und zur Jahresfracht aufsummieren (KLOPP, 1986).

Aus Sicht des Statistikers ist die Vorgehensweise nicht akzeptabel: Die Variablen der Fracht F (= y) und des Abflusses Q (=x) sind nicht unabhängig voneinander. Vielmehr enthält der Frachtwert den Wasserabfluß nicht nur als Faktor, sondern zugleich als Einflußgröße: F = Q * c * Konstante k ist nach Gleichung [2]: F = Q * c(Q) * k.

Q * c(Q) aufgetragen als Funktion von Q macht mathematisch keinen Sinn.

Ferner verleitet das Regressionsmodell zur Linearisierung eines Zusammenhangs, der aufgrund der nichtlinearen cQ-Funktion gleichfalls nichtlinear sein *muß*. Bei der TQ-Regression lassen sich - anders als bei der cQ-Funktion - die Stoffherkünfte nicht diagnostizieren. Der Faktor 'Jahreszeit' wird nicht berücksichtigt. Die Methode ist auf die Frachtberechnung beschränkt.

Den auf einfachem arithmetischem Ansatz beruhenden Verfahren ist gemeinsam eine unakzeptabel hohe Unschärfe des Ergebnisses (PEDERSEN 1988; GOOS 1998; HILDEN, in Vorber.),

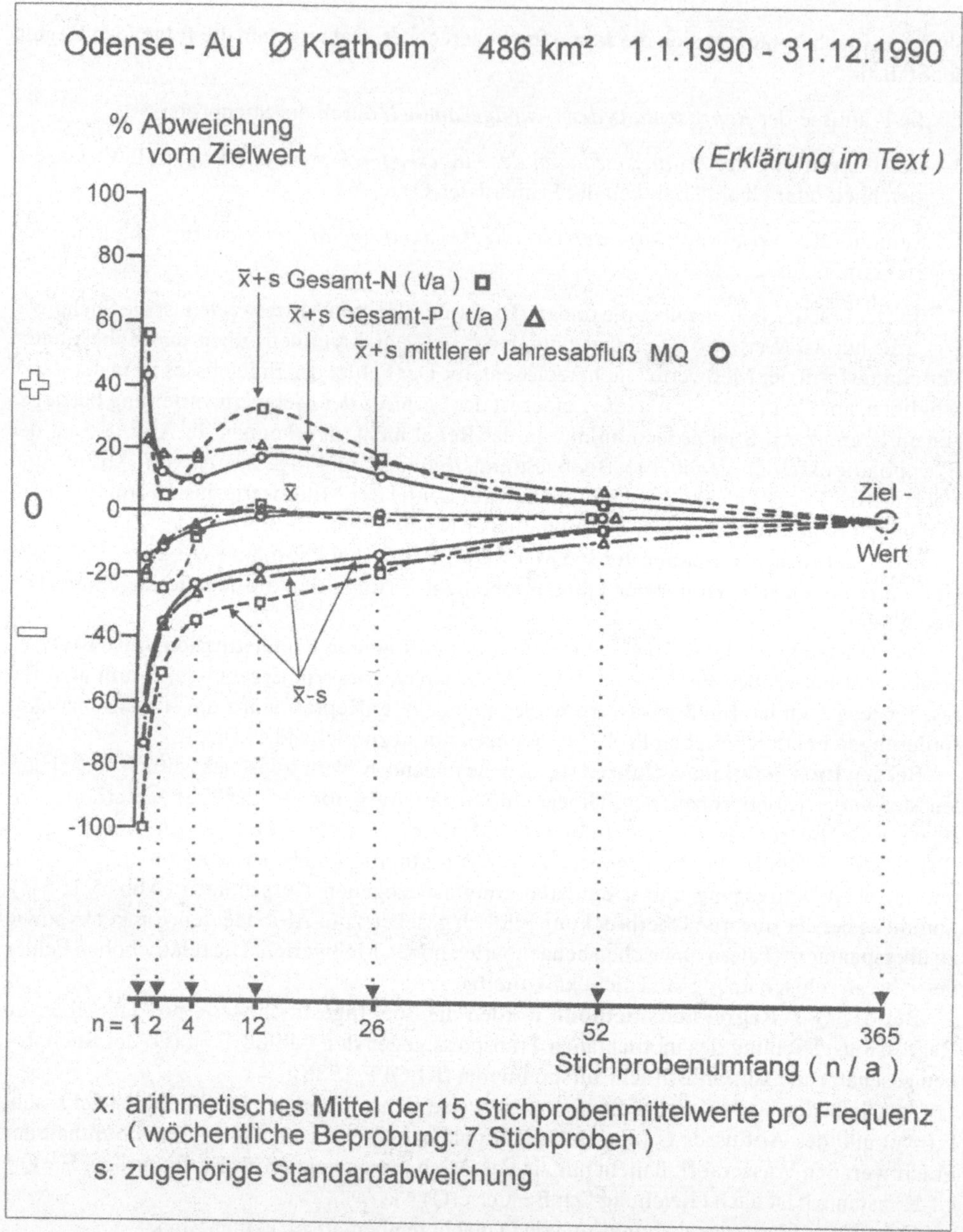


**Abb. 5-5** Lage und Streuung der Stichprobenmittelwerte von Abfluß und Frachten in Abhängigkeit vom Probenumfang. Fehler der linearen Extrapolation vom Stichprobenmittelwert auf das volle Jahr bei verschiedenen Meßfrequenzen. Odense Å/Fünen, DK, 1990. (Daten von Fyns Amt, Technik-og miljöforvaltningen, Odense.)

welches sich bei der überwiegenden Mehrzahl der Verfahren einer statistischen Validierung entzieht aufgrund des Verstoßes gegen Grundregeln der Stochastik bei der Extrapolation. Diese Methoden bleiben im wesentlichen auf die eigentliche Frachtschätzung begrenzt.

## 5.6 Das TRANSPOS-Modell: Ein neuer Lösungsansatz der Immissionsanalyse

An erster Stelle gilt es, den *Mythos des „wahren Wertes"* der Jahresfracht zu entzaubern: Die chemischen Stichproben dokumentieren nur einen winzigen Zeitausschnitt eines Jahres, so daß die Ermittlung des exakten Zielwertes eine Illusion bleiben muß (PINZ et al. 1998). Vielmehr sind unsere Bemühungen darauf auszurichten, den Schätzfehler der Jahresfracht durch Beachtung der gewässerkundlichen Zusammenhänge und unter Einhaltung der stochastischen Grundregeln weitgehend zu minimieren. So ist jeder Zahlenwert der Jahresfracht bei $n < 365$ Stichproben pro Jahr mit einer Unschärfe umgeben, deren Ausmaß vom methodischen Vorgehen und von der im verwendeten Modell unberücksichtigt gebliebenen Meßwertestreuung bestimmt wird. Hierin liegen große Unterschiede zwischen den einzelnen Schätzverfahren (GOOS 1998; HILDEN, in Vorber.).

Einleitend wurden die *Anforderungen* der Helsinki-Kommission an die Leistungen von Eintragsstudien zitiert, im Rahmen derer die Ermittlung von Flußfrachten einen vorrangigen Stellenwert einnimmt (Kap. 5.1). Diese anvisierten, fachlich anspruchsvollen Aufgaben lassen sich durchaus auch auf die Immissionsanalyse von Binnengewässern übertragen und setzen den Maßstab für die Entwicklung eines Ansatzes, welcher im Rahmen von Stoffflußbilanzierungen und Flußgebietsmanagement die folgenden *Kriterien* weitgehend zu erfüllen hat:

- besondere Eignung der Berechnungsmethoden für die Struktur der vorliegenden Monitoringdatenbestände der Bundesländer und der EU-Länder (hydrologisch-chemische Überwachungs- und Projektmeßreihen),
- hohe Ergebnisgenauigkeit durch optimale Verwertung des Aussagenpotentials der Primärdaten,
- statistische Ergebnisvalidierung auf vorgegebenem Signifikanzniveau.

### 5.6.1 Der Ansatz der Frachtberechnung

Im Zuge einer Wirkungsstudie über den Effekt des Kläranlagenausbaus im Einzugsgebiet auf die Wasserqualität von Elbzuflüssen (BRUNSWIG 1984) wurde der Ansatz der Trendanalyse entwickelt. Er wurde zum Frachtberechnungsprogramm TRANSPOS („TRANSPOrt- Simulation") nach den oben angeführten Kriterien ausgebaut und im Forschungs- und Entwicklungsvorhaben „Belastung der Ostsee durch Schadstoffe" des UMWELTBUNDESAMTES für verschiedene Aufgaben der großräumigen Stoffflußbilanzierung eingesetzt (BRUNSWIG und FRIEDERICH 1994).

*Quelldaten* sind

(a) die *Abflußzeitreihe* Q = f (t) aus 365 (366) Tagesmittelwerten in der hydrologischen Abgrenzung (Beginn des hydrolog. Jahres am 01. 11.; ganze Abflußjahre)

(b) *Stichproben der Wasserchemie* (oft vierwöchentlich) mit parallelen Abflußwerten $Q_i$; $c_i$ aus Meßprogrammen der Bundesländer, veröffentlicht in gewässerkundlichen Jahresbänden.

*Der Lösungsansatz der Frachtberechnung* geht davon aus, die Schwachstelle der Quelldaten - chemische Stichproben in geringer Anzahl - dadurch zu entschärfen, daß die durchgängige Zeitreihe erzeugt wird. Dies geschieht, indem die Abhängigkeitsbeziehung zwischen den Meßvariablen 'Abfluß' und 'Konzentration' mathematisch formuliert wird. Nun kann aus cQ-Funktion und Abflußzeitreihe die komplette Konzentrationszeitreihe simuliert werden, s.u. Aus den Tageswerten der Ganglinien von Stoffgehalt und Abfluß entsteht durch Multiplikation die Frachtzeitreihe.

Um die Funktionsgleichung der Konzentration-Abfluß-Beziehung c = f (Q) zu bestimmen, werden die Meßwerte $c_i$ gegen den gleichzeitigen Abfluß $Q_i$ im *cQ-Diagramm* aufgetragen (vgl. Abb. 5-11; 5-12, s.u.), und das PC-Programm optimiert in einem iterativen Prozeß die Anpassung der Ausgleichskurve an die Punkteschar und speichert die Kurvenparameter. Da sich diese cQ-Kurve mit den Jahreszeiten ändert (Abb. 5-4), wird ein *Saisonkorrekturfaktor* $k_s$ für jeden Monat berechnet. Mit dem $k_s$-Wert wird der mittlere Einfluß des Monats auf die Lage der cQ-Funktion pauschal (empirisch) quantifiziert, s. Kap. 5.6.3. Die Integration dieser zweiten Einflußgröße in das Modell erhöht die Simulationsgenauigkeit erheblich gegenüber anderen Methoden, z.B der Fracht-Abfluß-Regressionsmethode.

Der einzelne *Tageswert der Stoffkonzentration* wird nur über zwei Einflußgrößen (allerdings die beiden wichtigsten) bestimmt, nämlich *Wasserabfluß und Saisoneffekt*:

$$c_d = f(Q_d\,;\,t) = c(Q_d) * k_s \qquad (2)$$

Nach Gleichung [2] werden nun in chronologischer Folge die Tageswerte der Stoffgehalte aus Abflußganglinie, cQ-Funktion und Saisonfaktor berechnet. Setzt man den Berechnungsterm für die Konzentration ein in die modifizierte Gleichung [1] F = Q * c , so erhält man die im TRANSPOS-Verfahren verwendete *Berechnungsformel der Tagesfracht*:

$$F_d = Q_d * c(Q_d) * k_s * k_{dim} \qquad (3)$$

($k_s$ und der Dimensionsfaktor $k_{dim}$ sind Konstanten ohne Maßeinheit. $k_{dim}$ = 0,0864 wandelt den momentanen Stofftransport T (g/s) in die Tagesfracht F (kg/d) um.)

Durch die Multiplikation des Tagesabflußwertes mit der berechneten Konzentration desselben Tages wird dann die geschlossene *Jahresfrachtzeitreihe* generiert, und die Tageswerte werden nach Monaten, Jahreszeiten und Jahr aufsummiert.

Das *Berechnungsprinzip* ist in Abb. 5-6 als Schema dargestellt in Anlehnung an die Bezüge der dominierenden Systembedingungen zur Gewässerbelastung. Auch die grafischen Ergebnisausdrucke der Abb. 5-9 und 5-15 (s.u.) veranschaulichen den Rechengang und ermöglichen den Vergleich von primären Meßwerten (Punkte) zur simulierten Ganglinie (durchgezogene Linie). (Bei diesen Ausdruckversionen ist in der Konzentrationszeitreihe, im Gegensatz zur Frachtganglinie, die Saisonkorrektur nicht enthalten.) Die *Berechnung der realen Jahresfracht* erfolgt nach den Gleichungen [3] und [4], in der Splineversion durch den optimierten Spline anstelle Gl. [4], s.u. Vor der Berechnungsprozedur ist die cQ-Funktion auf Trendfreiheit zu prüfen (Auswerteschritte (1) bis (3), Kap. 5.7.3)).

Das folgende Schema skizziert die Abfolge der aufeinander aufbauenden Auswertungsschritte beim Programmlauf der Berechnung realer und normierter Frachten.

AUSWERTESTUFEN DES *TRANSPOS*- PROGRAMMS

⇓

ERSTELLUNG DER QUELLDATEIEN

( a ) die kontinuierliche Abflußganglinie Datum, $Q_d$ (365 Werte / J.)

( b ) ASCII- Textformat der cQ-Stichproben Datum, $Q_i$, $c_{1\text{-}i}$, $c_{2\text{-}i}$, ..., $c_{n\text{-}i}$

Transformation der Quelldaten von EXCEL ins ASCII- Textformat

⇓

START VON TRANSPOS MIT DATENIMPORT-MENÜ

neue Daten einladen/zuschneiden/selektieren/Kontrolle oder fertigen Bearbeitungszustand laden

⇓

FUNKTIONSERSTELLUNG DER cQ-AUSGLEICHSKURVE FÜR DEN GESAMTZEITRAUM

Programmvorschlag und / oder Konstruktion im Dialog

⇓

H A U P T M E N Ü

zentrale Schaltstelle aller Programmfunktionen der Berechnung / Grafik- und Tabellenerstellung / Ausgaben / Kontrollen / Speicherung von Ergebnissen und Quelldaten

TEST AUF KURVENVERLAGERUNG UND GRUPPIERUNG DER JAHRE

nach Lage der Messwerte im cQ-Diagramm

falls trendartige Kurvenverlagerung:

Erstellung der cQ-Funktionen zur Frachtberechnung für die abgegrenzten Teilintervalle

andernfalls:

cQ-Funktion ohne Trendeffekt der Meßwerte:

Funktion für Gesamtzeitraum wird zur Berechnungsgleichung für alle Jahre

⇓

BERECHNUNG DER TAGES-, MONATS-, SAISON- UND JAHRESFRACHTEN

(Tabellen- und Grafikausgaben; reale Frachtwerte)

⇓

FRACHTNORMIERUNG MIT BEZUGS-LANGZEITHYDROGRAPH

für die signifikant abgegrenzten Teilintervalle

⇓

TRENDANALYSE: cQ-Kurvenverlagerung / Langzeitreihe / Mengenermittlung: Differenzen und Änderungsraten der normierten Jahresfrachten der Intervalle

⇓

KURVENDOKUMENTATION UND ABSPEICHERUNG DER ERGEBNISSE

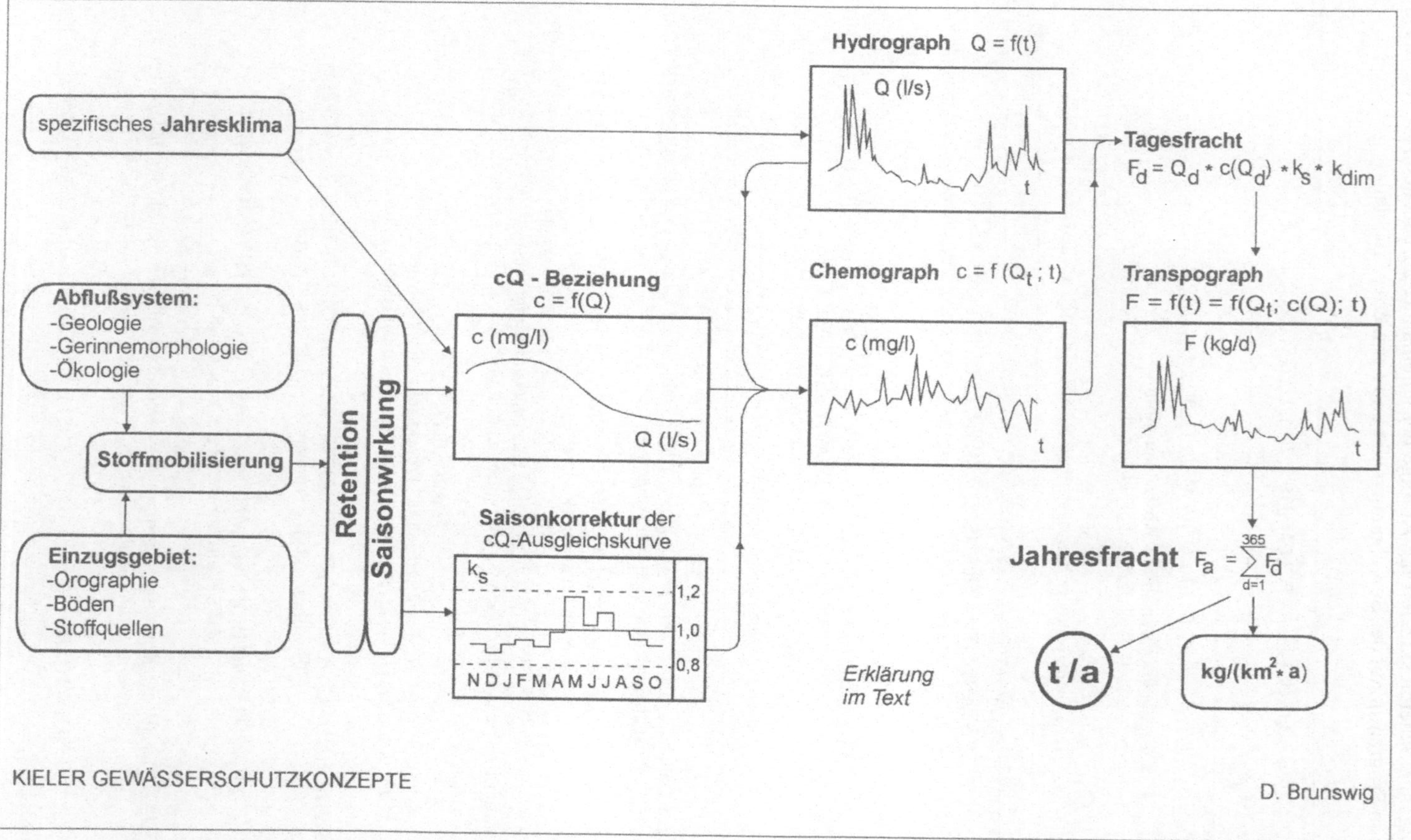


**Abb. 5-6** Abflußzeitreihe und Konzentration-Abfluß-Beziehung als zentrale Module der Frachtberechnung nach dem TRANSPOS-Modell: Einflußgrößen der Gewässerbelastung, Meßdaten und Erzeugung der Frachtzeitreihe (Schema).

Die Ergebnisse der Frachtberechnung werden in Kap. 5.6.5. vorgestellt.

In den folgenden Abschnitten sind noch zwei weitere Aspekte des TRANSPOS-Modells näher zu erläutern: Die Wahl des Funktionstyps für die cQ-Ausgleichskurve und der Term für die Saisonkorrektur.

## 5.6.2 Darstellung der cQ-Beziehung

Bei systematischen Auswertungen von Wassermengen- und -„güte"daten stößt man unweigerlich auf die Abhängigkeit der Stoffkonzentrationen vom Abfluß, der Befund ist keineswegs neu. Um so erstaunlicher, daß dieser Befund nur von wenigen Autoren für die Frachtberechnung ausgenutzt wird (WAGNER 1972, 1998; BRUNSWIG 1984). Andere Autoren verwenden die Fracht-Abfluß-Beziehung (HELLMANN 1986 b; KLOPP 1986; HILDEN in Vorber.), die oben diskutiert wurde und auf die Anwendung der Frachtberechnung beschränkt bleibt. VON LOH (1979) benötigte 51 Gleichungsformate, um die Konzentration-Abfluß-Beziehung für anorganische Stoffe und BSB für die Weser und ihre Zuflüsse darzustellen. Daraus ist zu ersehen, wie vielgestaltig diese stoff- und gewässerspezifische Beziehungsform ist.

Es ist davon auszugehen, daß die Konzentrationsmeßwerte auch durch weitere Faktoren als Abfluß und Jahreszeit mitbestimmt werden, die bei der Simulation nicht wiedergegeben werden und mangels Datendichte auch kaum erfaßt werden können: Neben physikalischen „Milieuparametern" des Wasserkörpers (Wassertemperatur, $p_H$-Wert, Leitfähigkeit, Sauerstoffsättigung) ist die jeweilige Abflußphase zur Zeit der Probennahme eine signifikante Steuergröße. Ist die durch das Modell (mit seinen beiden Einflußgrößen 'Wasserabfluß' und 'Jahreszeit') nicht erfaßte *Restvarianz* der Konzentrationsmeßwerte relativ hoch, dann verbleibt auch im Rechenergebnis der Jahresfracht ein entsprechendes Maß an Unschärfe bzw. Fehlerrisiko. Das Ergebnis kann nicht stabiler sein als die Datengrundlage.

Mit der Anpassungsgüte der Ausgleichskurve durch die Meßpunkte $Q_i$; $c_i$ im cQ-Diagramm, mit deren Hilfe Konzentrations- und Frachtzeitreihen nach dem TRANSPOS-Modell generiert werden, steht und fällt auch die Genauigkeit der Frachtsimulation.

Bezüglich der Ausgleichskurve hat der Bearbeiter grundsätzlich die Möglichkeit, zwischen zwei verschiedenartigen *Modellvarianten,* jeweils mit Vorzügen und Nachteilen gegenüber der Alternative, auszuwählen: Die cQ-Beziehung kann dargestellt werden

(a) durch eine numerische Gleichung, die sich aus drei Termen zusammensetzt und deren Form durch vier Konstanten an die Punkteschar anzupassen ist (*„parametrisches Modell").*

(b) Beim *„Splinemodell"* wird die Anpassung durch eine verbundene Serie von kubischen Splines (= S-förmige Kurvensegmente) erzielt.

Aufgrund der unterschiedlichen Steigung im Anfangs- und Endbereich kann der kubische Spline $y = a + bx + cx^2 + dx^3$ die Endsteigung des vorausgegangenen Spline aufnehmen und seine eigene Endsteigung an den Folgespline weitergeben. Das Splineteilstück kann auch die Form einer Geraden oder eines flachen Bogens annehmen, so daß ein stetig gekrümmter Linienzug aus Splinesegmenten hergestellt werden kann (Abb. 5-11). Die Splineversion hat den Vorteil der variableren Form und daher der engeren Anpassung an den Verlauf der Mittellage der Meßpunkte im Diagramm. Bezüglich der Quellenangabe sei auf einschlägige mathematische Standardwerke verwiesen. (Die Kurvenberechnung erfolgt mithilfe der Koordinaten von „Stützpunkten" (Mittelwerte in Abflußsegmenten) in einem iterativen Näherungsverfahren. Der automatisch berechnete Kurvenvorschlag kann im Dialog durch einen Feinabgleich verbessert und die Anpassung über einen objektiven Lagekennwert (vgl. Kap. 5.6.3) kontrolliert werden.)

Der Vorzug der Alternative mit der fest vorgegebenen mathematischen Funktionsgleichung liegt darin, daß Format und Parameterwerte der Anpassungskurve Rückschlüsse über die Herkünfte der Gewässerbelastung ermöglichen sowie dazu geeignet sind, die Gesamtfracht in Anteile nach den Haupteintragspfaden quantitativ aufzusplitten. Anwendungen werden weiter unten beschrieben.

Als mathematisches Problem erweist sich die Suche einer Funktionsgleichung für die parametrische Wiedergabe der cQ-Beziehung (VON LOH 1979). Die Verwendung von mehreren oder vielen Funktionsformaten ist im Hinblick auf die geforderte Standardisierung des Verfahrens zu vermeiden.

Ausgehend von dem Bild, daß sich die gesamte Stoffbelastung additiv aus der Summe der verschiedenen Eintragsarten zusammensetzt, wurde die Gleichung der Anpassungskurve c = f (Q) in Anlehnung an die schematisch vereinfachten *cQ-Funktionen der Hauptherkunftarten nach Eintragspfaden* entwickelt. Am besten dazu eignet sich die Funktionsgleichung von WAGNER (1972), bei der aus den folgenden drei Teilfunktionen die Gesamtkonzentration aufsummiert wird (hier: C = Konzentration; dritter Term modifiziert, s.u.):

$$C = a + b / Q + c * Q^{d} . \quad (4)$$

Die Form und Bedeutung dieser „Elementar-cQ-Funktionen" wird schematisch in Abb. 5-7 erklärt:

- der *konstante Summand* ***a*** entspricht der weitgehend abflußunabhängigen *geogenen Basiskonzentration.* Er ist vorgegeben von Landschaft (Vegetation), Bodenart und Bodentyp. Der Wert wirkt sich auf die Höhenlage der gesamten Kurve aus.
- ***b/Q*** ist der *Hyperbelterm.* Die *Verdünnungshyperbel* stellt sich in der cQ-Beziehung ein, wenn große *Punktquellen* gleichmäßig ins Fließgewässer emittieren:
  c * Q = b = konstante Ablauffracht. Dieser Term bestimmt die linkte Kurvenhälfte.
- Im dritten, *exponentiellen Term* ***c * Q d*** sind die cQ-Funktionen der Summe aus *[Auswaschungs- plus Abschwemmungsemission (Erosion)]* enthalten. Gemeinsam bilden beide Stoffquellen die *anthropogene Belastung aus der Fläche („diffuse Quellen")*, sieht man einmal von dezentralen Abwassereinleitungen ab. Bei beiden Anteilen steigen die Stoffgehalte mit zunehmender Wasserführung an, wenn auch in unterschiedlicher Form. Bei der gegebenen Datenlage niederer Frequenz und gleichmäßiger Zeitintervalle lassen sich diese beiden Belastungsherkünfte aus der gesamten cQ-Funktion nicht differenzieren, daher wurden beide Emissionsquellen im flexiblen Exponentterm zusammengefaßt. Der Term dominiert die rechte Kurvenpartie; c: Steigung; d: Krümmung der Kurve.

Bei WAGNER ist der Wert des Exponenten in Gl. [4] d = 1, das bedeutet geradenförmiger Kurvenauslauf mit der resultierenden Anfälligkeit für Extrapolationsfehler (Konzentrationsüber- oder -unterschätzung) bei hohem Abfluß. Werte von $0 < d < 1$ beim Kieler Modell dagegen verleihen der Kurve den typischen asymptotischen Auslauf und plastische Anpassungseigenschaften. Da die Konstanten jeweils ein breites Wertespektrum zur Verfügung haben, einzeln wegfallen können und im Hinblick auf eine optimierte Kurvenanpassung auch negative Werte annehmen können, ist diese zusammengesetzte Funktionsgleichung außerordentlich

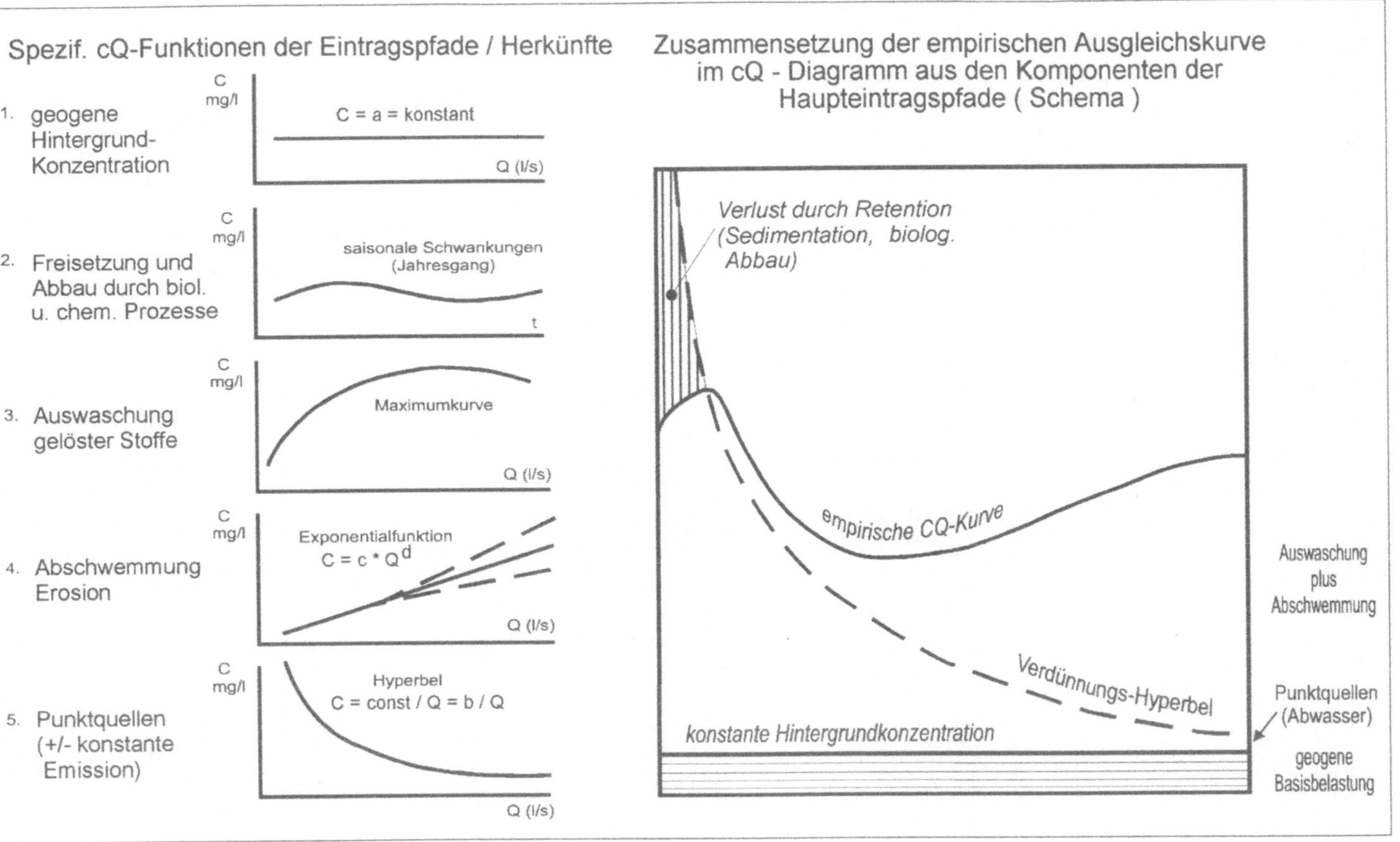


**Abb. 5-7** Bestandteile und Formeigenschaften der cQ-Ausgleichskurve $C = a + b/Q + c*Q^d$ nach dem TRANSPOS-Modell. a. Spezifische cQ-Funktionen der Eintragspfade. b. Zusammensetzung der empirischen Ausgleichskurve im cQ-Diagramm (Schema).

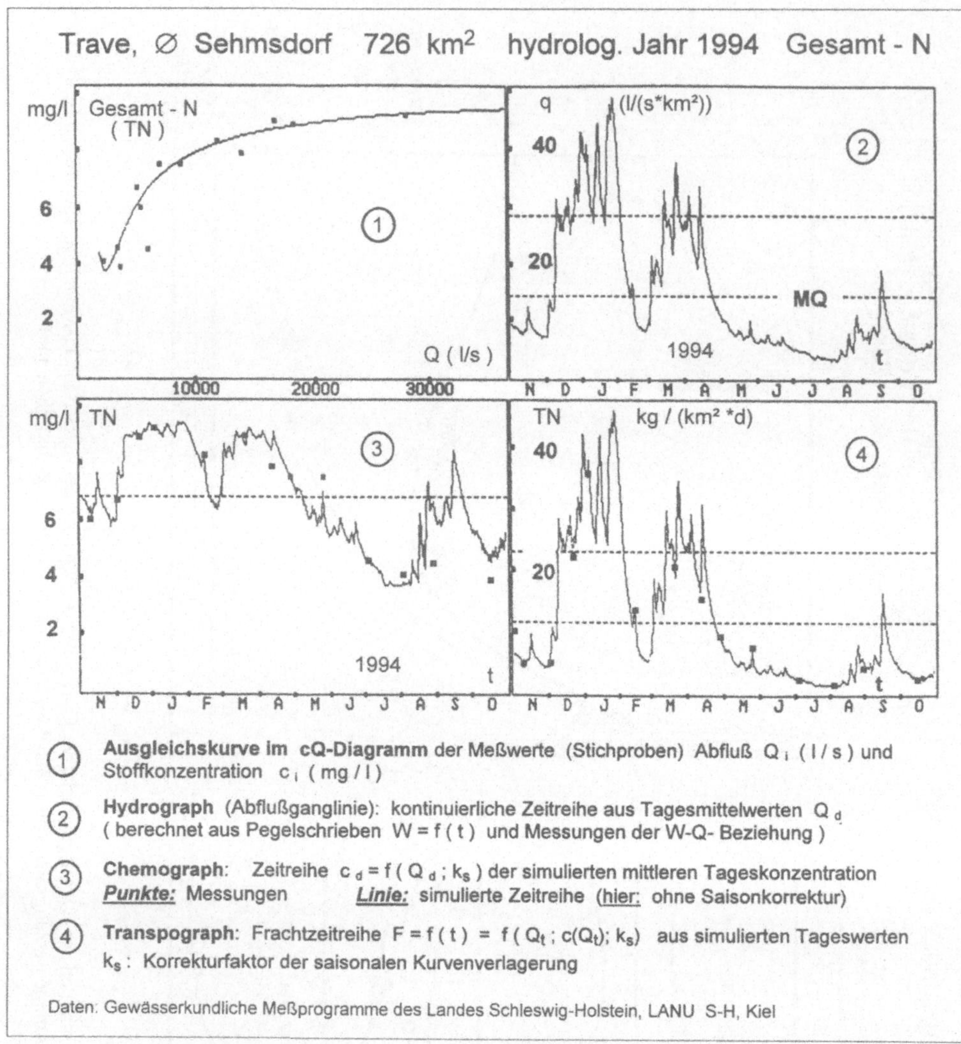


**Abb. 5-8** Grafische Ergebnisse des Frachtberechnungsprogramms TRANSPOS: Konzentration-Abfluß-Beziehung sowie Zeitreihen von Abfluß, Stoffkonzentration und Fracht (Tageswerte). Trave/Sehmsdorf, Gesamt-N, hydrologisches Jahr 1994. Aus: LANU S-H (in Vorber.): Trends der stofflichen Belastung schleswig-holsteinischer Fließgewässer.

flexibel in der Anpassung an empirische Meßwertdiagramme (Abb. 5-8; s.a. HILDEN in Vorber.). Das parametrische Modell erbringt eine gelungene Anpassung in mehr als 90% der Fälle (BRUNSWIG, 1994 a; b). Andernfalls behilft man sich mit der Splineversion der Frachtberechnung. Die additive Gesamtgestalt erlaubt die *quantitative Diagnose der Frachtanteile* nach Eintragspfaden am gesamten Gebietsaustrag entsprechend dem Schema auf Abb. 5-7, vgl. Kap. 5.6.5 und 5.8.

### 5.6.3 Saisonkorrektur, Anpassungskontrolle und Trendkennwerte

Die Lage von thematisch definierten Meßpunktgruppen im cQ-Diagramm kann durch den Lagekoeffizienten beschrieben werden. Diese Hilfsgröße ermöglicht die zielgerichtete Kurvenoptimierung mit Ergebniskontrolle und erweitert das Spektrum der thematischen Modellanwendungen nicht unerheblich.

Der *Lagekoeffizient ki* eines Meßpunktes ist definiert als Quotient zweier Konzentrationswerte:

$k_i$ = [realer Meßwert $c_i$] / [hypothetischer Kurvenwert $c_{i\text{-calc}}$] (5)

Beide c-Werte (= y-Werte) gelten für jeweils denselben $Q_i$ -Wert (= x-Wert im cQ-Diagramm). Für $k_i > 1$ // $k_i = 1$ // $k_i < 1$ liegt der Meßpunkt $c_i$ oberhalb // auf // unter der berechneten cQ-Ausgleichskurve mit dem Bezugswert $c_{i\text{-calc}} = f(Q_i)$.

Je nach Auswertungsaufgabe werden selektierte Werte zusammengefaßt, und für jede der Gruppen wird durch Mittelung aller Einzelwerte $k_i$ der mittlere Lagekennwert (= „Abweichungskoeffizient" zwischen Meßpunkten und Kurve) bestimmt.

*Gruppiert* und mittelt man die Stichprobenpunkte im cQ-Diagramm

(a) *nach Abflußintervallen* (= x-Achsenabschnitten dQ), so erhält man mit den gemittelten *Abweichungskoeffizienten k(dQ)* die Maßzahlen der Meßwerteabweichung von der Ausgleichskurve in den verschiedenen Abflußsegmenten. Beim idealen Kurvenfit liegt das arithmetische Mittel aller Meßpunkte beim Zielwert $k_i$ =1,00. Die exakte *Kontrolle auf Güte der Kurvenanpassung* an die Meßpunkte mit einer objektiven Maßzahl ist eine wertvolle Hilfe bei der Anpassungsoptimierung. Sie garantiert eine hohe Simulationsgenauigkeit.

(b) Mit der Gruppierung *nach Monaten bzw. Quartalen* wird die jahreszeitliche Schwingung der c-Werte um die gemittelte Ausgleichskurve quantifiziert, vgl. Abb. 5-4 zu Kap. 5.4.2. Setzt man dann bei der Simulation der Konzentrationszeitreihe den Lagekennwert $k_s$ als Faktor in Gleichung [2] bzw. [3] ein, so wird die Ausgleichskurve auf die mittlere Lage der Meßpunkte eines bestimmten Monats gebracht und durch die *Saisonkorrektur* das Reproduktionsergebnis noch weiter verbessert. Aufgrund des gemeinsamen Bezugs auf denselben Abflußwert $Q_i$ sind die saisonalen Lagekoeffizienten $k_s$ einer Meßreihe - anders als die abflußbeeinflußten Konzentrationswerte der Zeitreihe - *abflußbereinigt* und damit von anderen Wirkgrößen isoliert als Einzelfaktor exakt interpretierbar.

(c) Die Zusammenfassung der Meßpunkte *nach hydrologischen Jahren* ergibt den durchschnittlichen Abweichungskennwert $k_J$ der Konzentrationsmeßwerte der einzelnen Jahre, gemessen an der über den Gesamtzeitraum der Meßreihe gemittelten cQ-Ausgleichskurve. Mit den *Jahreskennwerten* $k_J$ wird der zeitliche Ablauf der Kurvenverschiebung während des mehrjährigen Beobachtungszeitraums veranschaulicht, wie dargestellt in Abb. 5-15 rechts. Betrag und Streuung der *einzelnen* Lagekennwerte $k_i$. eines Teilintervalls werden für die <u>Validierung der Trendanalyse</u> verwendet, siehe Kap. 5.7.2. Die Trendanalyse wird im Kapitel 5.7 im Gesamtzusammenhang vorgestellt.

**Tab. 5-1** TRANSPOS-Ergebniss: Abflußbereinigter Jahresgang der Konzentration Jahresperiodische Schwingung der cQ-Beziehung für Gesamtstickstoff, dargestellt mit den mittleren Lagekoeffizienten ks der Monatsmeßwerte zur cQ-Ausgleichskurve

| **Fluss/Mess-Querschnitt** **Monat** | **11** | **12** | **1** | **2** | **3** | **4** | **5** | **6** | **7** | **8** | **9** | **10** |
|---|---|---|---|---|---|---|---|---|---|---|---|---|
| **Einzugsfl.** **Quartal** **beob. Jahre** | | **I** | | | **II** | | | **III** | | | **IV** | |
| Odense Å/Kratholm | 1,09 | 1,08 | 1,13 | 1,02 | 0,88 | 0,95 | 0,97 | 0,98 | 0,90 | 0,99 | 1,05 | 0,95 |
| 486 km², 1990 | | 1,10 | | | 0,95 | | | 0,95 | | | 1,00 | |
| Trave/Sehmsdorf | 0,91 | 1,11 | 1,04 | 1,10 | 0,95 | 1,01 | 1,08 | 1,13 | 0,93 | 0,95 | 0,90 | 0,90 |
| 726 km², 1992-95 | | 1,01 | | | 1,03 | | | 1,04 | | | 0,92 | |
| Wipper/Hachelbich | 1,11 | 1,22 | 1,14 | 1,08 | 1,04 | 0,85 | 0,93 | 0,93 | 0,88 | 0,94 | 0,93 | 1,02 |
| 534 km², 1993-97 | | 1,16 | | | 0,99 | | | 0,91 | | | 0,96 | |

## 5.6.4 Kalibrierung

Die täglichen Beobachtungen von Konzentration und Abfluß an der Odense Å bei Kratholm über Jahre - siehe Abb. 5-2 - ermöglichen eine Kalibrierung des Simulationsergebnisses von Konzentrations- und Frachtzeitreihe und des Jahrestransports. In Abb. 5-9 ist der Transpograph (Frachtzeitreihe), der aus einer wöchentlichen Stichprobe rekonstruiert wurde, der Referenzfrachtganglinie aus Tagesmeßwerten gegenübergestellt, mit dem folgenden *Befund* guter Anpassung bei Niedrigwasser und großen Abweichungen bei hohen Abflüssen. Aus der *Jahres*ganglinie (nicht abgebildet) geht hervor, daß sich Über- und Unterschätzung in etwa die Waage halten. Dadurch liegt die aufsummierte *Jahresfracht* bei mehreren Stichprobenziehungen im Mittel im Bereich von 0,5 bis 0,8 % abseits des Zielwerts der 365 aufsummierten Tagesmeßwerte. Die *mittlere absolute Abweichung* des einzelnen Tagesfrachtwertes beträgt 5 % für TN und 7 % für TP (BRUNSWIG 1994 c).

*Bewertung:* Der unterschiedliche Genauigkeitsgrad in der Zeitreihenregeneration erklärt sich aus der Häufigkeitsverteilung von Konzentrations- und Abflußwerten *in situ* (Kap. 5.4; Abb. 5-3) und damit auch der Meßwerte: Hohe Wahrscheinlichkeitsdichte im abflußarmen Bereich unterhalb MQ und geringe Begegnungswahrscheinlichkeit für hohe und höchste Abflüsse. Die Simulationsdifferenz ist also kein Resultat schlechter Simulationseigenschaften des Modells, sondern zum überwiegenden Teil zurückzuführen auf das Zusammenspiel des Fehlers der kleinen Stichprobe mit dem *Effekt der Meßdatenstreuung* aufgrund weiterer Systemfaktoren (Restvarianz aufgr. z.B. Abflußphase; HELLMANN 1986 B). *Modellintern* ist eine gewisse Unschärfe in *dem* Maße gegeben, wie weitere Systemfaktoren außer 'Abflußmenge' und dem Wirkungskomplex 'Jahreszeit' die cQ-Beziehung mitbestimmen, was vor allem vom Einzugsgebiet und Stoffparameter abhängt. Die Bevorzugung dieser beiden Modellparameter gegenüber anderen hat sich allerdings für Fließgewässer im norddeutschen Tiefland bewährt.

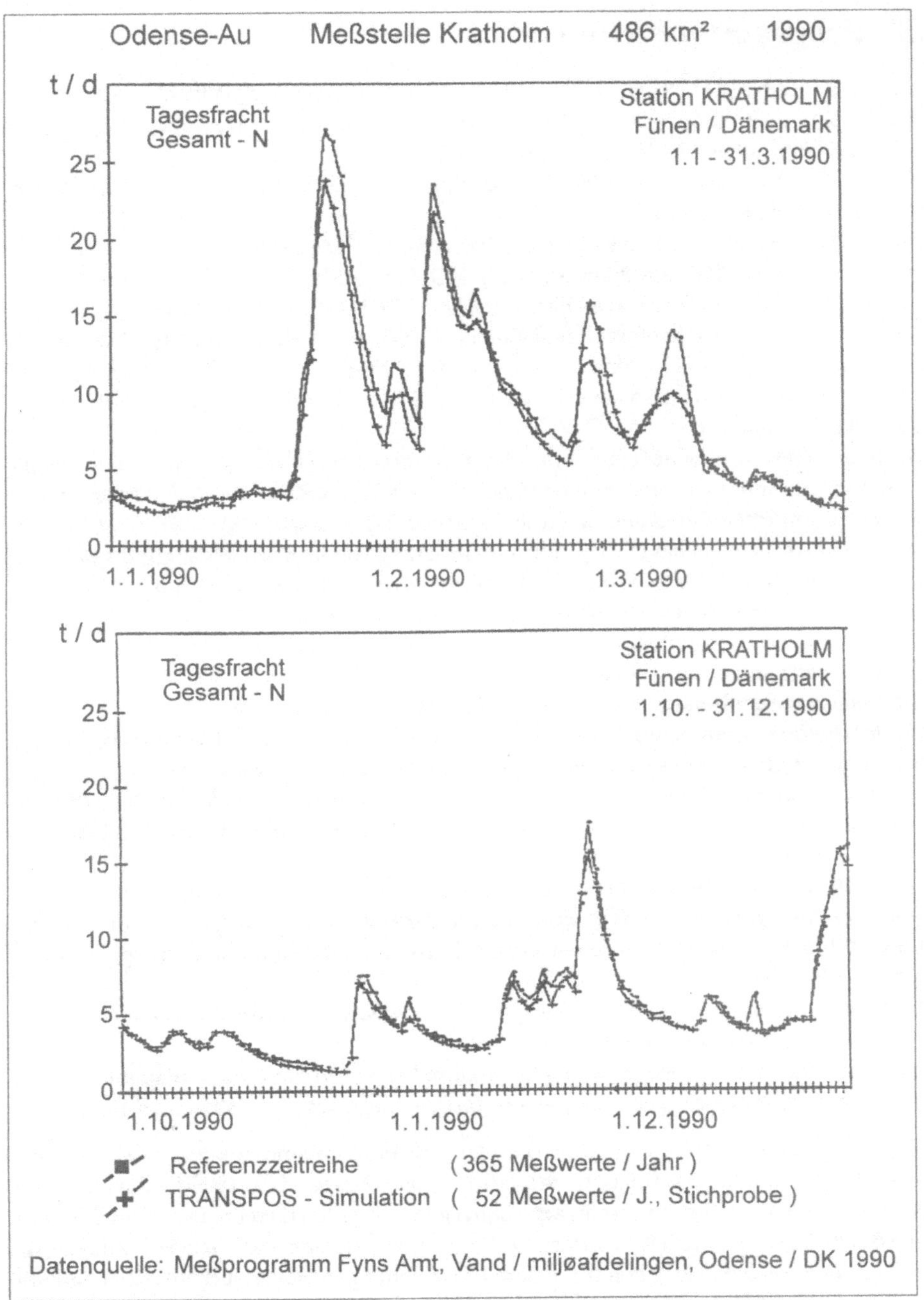


**Abb. 5-9** Kalibrierung des Frachtberechnungsverfahrens TRANSPOS: Vergleich der aus einer Stichprobe simulierten Frachtzeitreihe (wöch. Probennahme) mit der Bezugszeitreihe der täglichen Meßwerte. Odense Å, Kratholm/Fünen, Jahresgang 1990. (Daten von Fyns Amt, Technik-og miljöforvaltningen, Odense.)

### 5.6.5 Programmergebnisse

Im Kern ist das TRANSPOS-Programm ein Werkzeug, das aus gewässerkundlichen Monitoring- und Projektdaten Zeitreihen von Stoffkonzentration und Fracht in Tagesschritten simuliert und daraus den jährlichen Gebietsaustrag berechnet.

Im einzelnen liefert das TRANSPOS-Programm die folgenden grafischen, rechnerischen und statistischen Ergebnisse:

1. Grafische Darstellung der *Abflußzeitreihe* (Meßdaten) als Ganglinie (Abb. 5-1, 5-8 und 5-14).
2. Berechnung v. *Abflußhauptzahlen* (NQ; MQ; HQ; Summen n. Intervallen (Tab. 5-1).
3. Errechnung von *Dauerkurve und Werteverteilung* der Tagesabflüsse (s. Pkt. 12).
4. Darstellung der chemischen Meßdaten (Stichproben) im *cQ-Plot* $c_i = f(Q_i)$ zur Datenvisualisierung (Abb. 5-11), Identifikation von Ausreißern, Eintragsspitzen und Erosionsereignissen; Kennung von Saisoneffekten (Abb. 5-4) und zur grafischen Trenddiagnose (Abb. 5-11; 5-12).
5. Berechnung und Ausgabe der optimierten *Ausgleichskurve* im cQ-Diagramm ( = *Belastungskennkurve*, vgl. Abb. 5-7). Verwendung: Simulation von Konzentrations- und Frachtzeitreihen (Abb. 5-8); *grafische Trendanalyse* (Abb. 5-11 und 5-14); *Aufsplittung der Gesamtfracht nach Haupteintragspfaden*, vgl: Kap. 5.8; Visualisierung von Jahreszeiteffekten entsprechend Abb. 5-4. Objektivierte Optimierung der *Kurvenanpassung* mit Anpassungskoeffizienten.
6. Erzeugung und grafische Darstellung der *Zeitreihen von Konzentration und Fracht* in Tageswerten. Synchron gegenübergestellt: Die Abflußganglinie sowie die Meßwerte $Q_i$, $c_i$ und $F_i$ (Kontrolle der Simulation; Veranschaulichung von *Konstanz oder Trend*effekten, vgl. Abb. 5-14; Jahresgang der Belastung im Detail mit Minima, Mittellage und Spitzen, Abb. 5.8)
7. *abflußbereinigter Jahresgang* der Konzentration (jahresperiodische Schwingung der cQ-Beziehung, dargestellt mit $k_s$-Werten = mittlere Lagekennwerte, s. Kap. 5.6.3
8. Lagekoeffizienten der hydrologischen Jahre $k_J$ zur Bildung der Trendkennlinie, vgl. Kap. 5.6.3 und Abb. 5-15 rechts (Trend) und Tab. 5-1, unterer Kasten (kein Trend aufgrund zu kurzer Meßreihe diagnostizierbar)
9. *reale Jahresfracht,* aufgegliedert bis zu *Quartals-, Halbjahres- und Monatswerten.*
10. In gleicher Aufgliederung *Abfluß, mittlere Abflußspende und Frachtspenden* für den Vergleich der Frachtergebnisse mit denen anderer Flüsse bzw. mit Bilanzwerten (vgl. nachstehende Tabelle 5-1).
11. die Ausgabe der *normierten Frachtwerte für die Stoffmengenbetrachtung der Trendanalyse* erfolgt im selben Format wie 8. und 9, Tab. 5-1
12. reale Jahresfracht und normierte Fracht in *kumulierter Darstellung*, aufsummiert nach zunehmenden Tagesabflüssen und *für verschiedene Segmente der Wasserführung*.

Die Saison- und Jahreswerte der Stofffrachten sind Programmprodukte, die bei Eintragsstudien wie der „Pollution Load Compilation“ der Ostsee (HELCOM) das zentrale Untersuchungsziel darstellen und somit als *„Endergebnis“* gelten können. Dasselbe Ergebnis der Jahresfracht bzw. ihre zeitliche Auflösung ist für andere Studien, z.B. die Herkunftanalyse, nur ein *Zwischenergebnis*, das noch für andere Fragestellungen weiter aufzubereiten und mit anderen Resultaten zu integrieren ist. Aufgrund der modular angelegten Programmstruktur (vgl. Abb. 5-6 und 5-7) erschließt sich eine Vielzahl von Problemlösungen, für die TRANSPOS das Ausgangsmaterial liefert. In Abb. 5-16 (s.u.) sind thematische Anwendungen unter den Aspekten des zeitlichen und des räumlichen Bezugs, angeordnet nach zunehmender Komple-

**Tab. 5-2** Ergebnisse der Frachtsimulation mit TRANSPOS. Frachten und Frachtspenden nach Monaten, Jahreszeiten und Jahr.Ergebnisse für das hydrologische Jahr 1997 (01.11.1996 bis 31. 10. 1007

| Intervall | | Mess-Mq (dt) | Fracht | Frachtspende | |
|---|---|---|---|---|---|
| dt | | werte | [l/(s*qkm)] | [kg/dt] | [kg/(qkm*dt)] |
| Monat | 11 | 5 | 5.4 | 73278 | 137 |
| Monat | 12 | 7 | 8.6 | 141488 | 265 |
| Monat | 1 | 8 | 6.0 | 78402 | 147 |
| Monat | 2 | 8 | 13.2 | 180384 | 338 |
| Monat | 3 | 9 | 11.6 | 173265 | 324 |
| Monat | 4 | 9 | 9.2 | 107925 | 202 |
| Monat | 5 | 8 | 7.3 | 89680 | 168 |
| Monat | 6 | 8 | 5.5 | 57989 | 109 |
| Monat | 7 | 9 | 4.9 | 52573 | 98 |
| Monat | 8 | 10 | 3.0 | 28481 | 53 |
| Monat | 9 | 9 | 2.5 | 26057 | 49 |
| Monat | 10 | 8 | 2.9 | 33755 | 63 |
| Quartal | 1 | 20 | 6.7 | 293168 | 549 |
| Quartal | 2 | 26 | 11.3 | 461574 | 864 |
| Quartal | 3 | 25 | 5.9 | 200242 | 375 |
| Quartal | 4 | 27 | 2.8 | 88293 | 165 |
| Halbjahr | Wi | 46 | 9.0 | 754743 | 1413 |
| Halbjahr | So | 52 | 4.4 | 288535 | 540 |
| hydrolo. Jahr | | 98 | 6.6 | 1043277 | 1954 |

Konzept:
D. Brunswig 1984
Programmierung:
M. Matthies 1989-91
Untersuchungsgebiet:
Wipper/Thüringen
534 qkm
Meßst.:
Hachelbich
Beob.: 1993-1997

Gesamt-N
cQ-Funktion 11/
1992 - 10/1997
98 Wertepaare $Q_i$; $c_i$

**Tab. 5-3** Mittlere Jahreskoeffizienten $k_j$ (Meßwert $c_i$) / (Kurvenwert $c(Q_i)$)

| hydrol. Jahr | Winterhalbjahr | | | Sommerhalbjahr | | | hydrologisches Jahr | | |
|---|---|---|---|---|---|---|---|---|---|
| | n | k(Wi) | VK% | n | k(So) | VK% | n | $k_j$ | VK% |
| 1993 | 9 | 0.89 | 16% | 13 | 0.94 | 23% | 20 | 0.92 | 21% |
| 1994 | 13 | 1.04 | 19% | 13 | 0.95 | 18% | 26 | 1.00 | 19% |
| 1995 | 15 | 1.21 | 21% | 13 | 1.09 | 18% | 28 | 1.16 | 20% |
| 1996 | 12 | 1.05 | 18% | 13 | 0.93 | 21% | 25 | 0.99 | 20% |
| 1997 | 14 | 1.05 | 14% | 13 | 0.79 | 20% | 27 | 0.93 | 22% |

xität, zusammengestellt. Hiervon werden die Aufgaben 'Frachtnormierung' und 'Trendanalyse' herausgegriffen und im Abschnitt 5.7 am Beispiel erläutert.

Die grafischen, rechnerischen und statistischen Ergebnisse werden in festen Ausgabeformaten ausgegeben und alle wichtigen Resultate als Datei zum weiteren Gebrauch gespeichert. Die Abbildungen 5-1, 5-8, 5-11 bis 5-15 (cQ-Diagramm und Zeitreihen aus Meßwerten und Simulation) stellen TRANSPOS-Ausdrucke dar. Ein Vorteil des Modells gegenüber einfachen Rechenprozeduren zeigt sich bereits bei der *Sichtung der Pimärdaten* im Hydrographen und im cQ-Diagramm. Anders als in der Tabelle oder Zeitreihe kann im cQ-Plot ein *„Ausreißer"* (Meßfehler) durch seine Lage relativ zur Punkteschar als solcher klar identifiziert werden; die Grafik hilft bei der Bewertung und ggf. Bereinigung der Eingangsdaten.

Die Ausgleichskurve im cQ-Diagramm erhält ihre Form durch die Proportionen der Emissionsarten zueinander und zur Stoffretention, siehe Abb. 5-8. Die cQ-Funktion eignet sich daher als *Belastungskennkurve* zur ersten qualitativen Diagnose und bei weiterer rechnerischer Aufsplittung in ihre Hauptbestandteile in Verbindung mit separierten Abflußfraktionen zur *quantitativen Herkunftanalyse („source apportionment")* im Rahmen der Immissionsbetrachtung. *Abflußbereinigte Saisoneffekte* auf den Stoffgehalt werden durch Markierung der Meßpunkte sichtbar (Abb. 5-4) und helfen bei der Interpretation des Jahresgangs der Wasserbeschaffenheit. Gruppiert man die Meßpunkte nach hydrologischen Jahren, dann wird die Lageveränderung der cQ-Funktion im Lauf der Jahre deutlich, vgl. *Trenddiagnose* in Abb. 5-12 gegenüber Abb. 5-11; Abb. 5-13.

Die Frachtergebnisse werden in Tagesschritten abgespeichert. In dieser Auflösung lassen sich auch kurzfristige *Eintragsereignisse* (Abschwemmung nach Gewittergüssen oder bei Schneeschmelze) quantitativ simulieren. Die Frachtganglinie gibt Auskunft über die *Jahresperiodik der Belastungsimpulse* des Rezipienten (Seen, Küstengewässer), über Monatsfrachten, Trockenwetterfrachten und die Nährstoffzufuhr in den Wochen der Frühjahrsblüte. Die Ausgabe der Frachtwerte in kumulierter Form entsprechend der *Dauerkurve* sowie von Verteilungsspektren verschiedener Variablen zeigt die Gleichmäßigkeit in der Verteilung des Austrags über das hydrologische Jahr an.

Mit der tabellarischen Ausgabe der Frachtergebnisse - aufgegliedert nach Monaten, Quartalen und Halbjahren und abgespeichert nach Tageswerten - werden auch *Hauptwerte* und markante *Kennwerte* von Abfluß(-spenden) und Frachtspenden in gleicher zeitlicher Differenzierung zum orientierenden Vergleich mit Erfahrungswerten angezeigt. *Spendenwerte* ermöglichen durch den Bezug auf die Flächeneinheit generalisierende Auswertungen durch die Gegenüberstellung des Austrags zu anderen Einzugsgebieten, vgl. Kap. 5.2. Die empirisch gewonnenen funktionalen Beziehungen zwischen Stoffspenden und Belastungsgrößen dienen der *großräumigen*, an die lokalen Verhältnisse adjustierten *Eintragsbilanzierung* auf der Basis verfügbarer geographischer Strukturmerkmale, wie sie in den Flächennutzungsstatistiken der Landesstatistikämter, differenziert nach Gemeindeflächen, vorliegen. Mit der Herstellung solcher Äquivalentbeziehungen erfolgt der Brückenschlag zur Emissionsanalyse und zur GIS-Bearbeitung von Frachtspenden.

Auf weitere Programmergebnisse, die im Zusammenhang mit *Frachtnormierung und Trendanalyse* gewonnen werden, wird im nächsten Kapitel ausführlich eingegangen.

Eine aktuelle Übersicht über *Frachtberechnungs*verfahren geben GOOS (1998) und HILDEN (im Druck). Danach liefert das TRANSPOS-Modell neben der Methode der Bundesanstalt für Gewässerkunde in Koblenz („Q-T-Regression") von den gegenwärtig im Bundesgebiet gebräuchlichen Verfahren die besten Resultate. Seit 1989 wird das Kieler Modell in Schleswig-Holstein für Belastungsstudien und zur Bereitstellung der fachlichen Grundlagen für Flußgebietsentwicklungsplanungen eingesetzt.

# 5.7 Die Trendanalyse nach dem Kieler Modell

Traditionell wird die Fließgewässerbelastung mithilfe von physikalischen Milieuparametern sowie Stoffkonzentrationen und abgeleiteten Kennwerten (Mittelwert, Perzentile; Güte-Indices, Sauerstoffsättigung oder biologischer Sauerstoffbedarf) dargestellt, die den *Zustand der Wasserbeschaffenheit* beschreibend wiedergeben. Unter dem Eindruck des herkömmlichen Primats der Wasserbeschaffenheit im Leitbild der „Gewässergüte" bietet es sich zunächst an, Trenduntersuchungen auf *Langzeitmeßreihen von Konzentrationen* oder abgeleitete Qualitätskenngrößen anzuwenden.

## 5.7.1 Problematik der Zeitreihenanalyse für Konzentration und Fracht

Formal gesehen ist dies ein typisches Problem der klassischen Zeitreihenanalyse, die die Signifikanz der zeitlichen Veränderung der Variablen 'Stoffgehalt' dadurch nachweist, daß weitere Einflußgrößen auf die zu prüfende Variable in ihrer Wirkung ausgeschaltet („bereinigt") werden.

*Die Trendanalyse von Konzentrationszeitreihen* ist allerdings problematisch, da die Stoffgehalte im Fließgewässer - ähnlich gravierend wie durch die Belastungssituation im Einzugsgebiet - auch von der Wasserhaushaltsgröße 'Abfluß' beherrscht werden: Das Wasservolumen ist einmal als Transportmedium beteiligt, zugleich als Einflußgröße auf den Konzentrationswert, vgl. Kap. 5.4. Diese Verquickung schafft erheblichen statistischen Aufwand, um die Zeitreihe von der *„Störgröße" Abfluß* (Klima) zu bereinigen vor dem eigentlichen Nachweis des Zeitfaktors. Denn die Jahresniederschläge und mit ihnen der Abfluß unterliegen nicht allein zufälligen Schwankungen, die man statistisch fassen könnte. Vielmehr vollzieht sich das Klima langfristig in unregelmäßigen Sequenzen von Jahresgruppen mit einseitigen Abweichungen vom langjährigen Mittel: wärmere, regenreichere Winter seit 1990; Stichwort „Klimaänderung". So tauchen in Langzeitreihen von chemischen Monitoringdaten klimatisch bedingte Tendenzen auf, die den emissionsbedingten Trend überlagernd verfälschen, deutlich erkennbar in Abb. 5-10. Bei der Betrachtung der Nährstoffganglinien von Schwennau und Bramau ist es nicht möglich zu entscheiden, ob für den siebenjährigen Zeitabschnitt 1975 bis 1981 der abnehmende Langzeittrend gilt, eine Stagnation oder gar gegenläufige Tendenz herrscht oder ob sich die Zunahme der Nährstoffgehalte als ein Zufallseffekt der niedrigen Probenfrequenz erweist.
Die Variable 'Stoffkonzentration' erfüllt also nicht die Testvoraussetzung der Unabhängigkeit. Die Problematik der Beseitigung von Störgrößen in der Zeitreihenanalyse wird offenkundig beim Vergleich verschiedener Testverfahren auf Konzentrationstrend, die für dasselbe Datenmaterial unterschiedliche Resultate erbringen (GRIMVALL et al., 1991). Das Hauptproblem ist, daß *sich die Form des Abflußeffektes auf den Stoffgehalt im Verlauf der Zeitreihe ändert* und eine Eliminierung für aufeinanderfolgende Zeitintervalle mit unterschiedlichen Bereinigungsformeln arbeiten müßte; eine paradoxe Situation, *unterliegt doch die Bereinigungsprozedur selbst dem Trend!*

Noch komplizierter ist die Zeitreihenanalyse an der *Frachtganglinie*. Hier ist die Verbindung von Prüfgröße und 'Störgröße' untrennbar gegeben: Die Fracht $F = Q * c * \text{Konstante} = f(Q ; c(Q))$ läßt sich nicht von der Einflußgröße Q bereinigen!

Im Rahmen des FuE-Vorhabens „Methoden der Trendabschätzung zur Überprüfung von Reduktionszielen im Gewässerschutz" des UMWELTBUNDESAMTES werden seit Mitte 1998

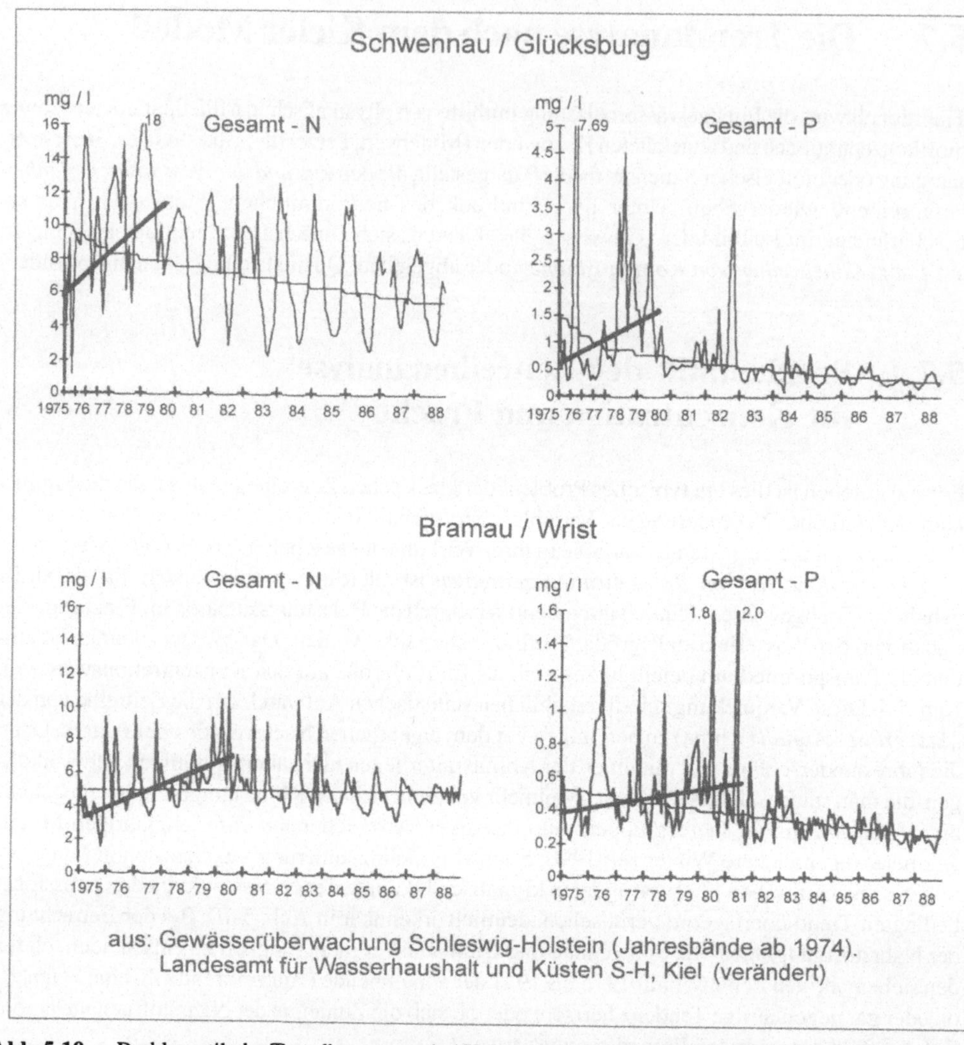


**Abb. 5-10** Problematik der Trendbewertung bei Konzentrationszeitreihen: Langfristiger Entlastungstrend (1975 - 1988) überlagert durch klimatisch bedingte Wirkungen auf die Nährstoffgehalte (1975 - 1980). Schwennau/Flensburger Förde, Ges.N und Ges.P. Aus: Gewässerüberw. S-H (Zahlentafeln), Kiel 1989.

verschiedene Varianten der Zeitreihenanalyse auf Eignung für die Eintragsüberwachungsaufgaben der HELCOM und OSPARCOM diskutiert. Aufgrund des Bereinigungsproblems hat man sich bis heute noch nicht auf *ein* als verbindlich zu empfehlendes Standardverfahren der Zeitreihenanalyse festlegen können.

Angesichts der methodologischen Strittigkeit und des Aufwands an Reinigungsprozeduren mit begleitenden Verfremdungseffekten scheidet nach Ansicht des Autors die Zeitreihenanalyse anhand der Prüfgrößen 'Konzentration' und 'Fracht' als zu bevorzugende Methode der Trendermittlung von Jahresfrachten in Fließgewässern aus.

## 5.7.2 Die Antwort der Wasserbeschaffenheit auf Belastungsänderungen im Einzugsgebiet

Die *Ursachenforschung der Gewässereutrophierung* (OHLE 1955; VOLLENWEIDER 1968) wirkte sich erst relativ spät dahingehend aus, sich bei Belastungsstudien von der Zustandsbeschreibung abzuwenden und statt dessen die allochthonen Nährstoff*ströme* in die Oberflächengewässer zu bilanzieren. Dazu bedarf es der Verknüpfung von chemischen Meßreihen mit Komponenten des Wasserhaushalts zu Eintrags*frachten*, die nur im Rahmen einer *konzeptionellen Gesamtschau* von Fließgewässer und Wassereinzugsgebiet als ökosystemare Einheit gelingen kann. Auch die Wirkungskontrolle der Gewässerentlastung nach dem Kläranlagenausbau führt weg von der statischen Betrachtungsweise der Konzentrationsgrenzwerte und hin zum *dynamischen Bild* der *Stoffmengenemission* über die Zeitachse. Die umfassendere Sichtweise läßt es sinnvoll erscheinen, den Trend des Gebietsaustrags nicht an einem aus dem Zusammenhang gegriffenen Einzelmerkmal (Symptom) zu prüfen, sondern den Trendnachweis am *zentralen Ursachen-Wirkungs-Komplex* der Belastungssituation auf Wasserbeschaffenheit und Fracht zu führen. Dies kann nur ein Modellansatz leisten, bei dem der verbindende Bezug zwischen *Emission* (Impulsgrößen Klima - Belastungspotential - Stofffreisetzung) und *Immission* (Wasserhaushalt - Wasserqualität - Gebietsaustrag) im Zentrum steht, wie in Abb. 5-7 grob skizziert. Danach ergibt sich ein bestimmter Wert der Stoffkonzentration im Fließgewässer - als Faktor des Stofftransports - durch das Zusammenwirken von

- Menge und zeitlicher Abfolge des Niederschlagabflusses (oberirdischer Direktabfluß, Dränablauf und Zufluß aus oberflächennahem Grundwasserleiter),
- Menge und Qualität der Stoffquellen im Wassereinzugsgebiet,
- Bedingungen der Freisetzung und Mobilisierung der Stoffe vor Ort,
- Bedingungen des Stofftransports von der Stoffquelle mithilfe des Transportmediums Wasser ins Fließgewässer über die Eintragspfade von Erosion und Auswaschung,
- Retention auf der Fließstrecke im Gewässer durch Sedimentation und internen Stoffumsatz vom Eintrittsort bis zur Meßstelle.

Die cQ-Funktion beschreibt die Stoffaufladung des Wassers bei unterschiedlichen Abflußzuständen. Sie nimmt im Belastungsschema (Abb. 5-6) eine zentrale Stellung ein als *Schnittstelle* zwischen der *Emissionsbetrachtung* (der Stoffeintrag zurückgeführt auf das Belastungsinventar im Einzugsgebiet) und dem *Immissionsaspekt* (Quantifizierung des Gebietsaustrags auf Basis der hydrologisch-chemischen Meßdaten). Die Höhenlage (Wertebereich) und Form zeigt die *stoff- und gebietstypische dynamische Gleichgewichtslage* zwischen Abflußbildung und damit einhergehenden Emissionsprozessen an. Daraus folgt: Ändert sich im Einzugsgebiet das Teilsystem der Stoffemission, dann muß sich auch die Gleichgewichtslage des gesamten Emission-Immissions-System verschieben, und die Gewässerbeschaffenheit reagiert bei gleicher Wasserführung mit geänderten Stoffgehalten. Das bedeutet für die Immissionsanalyse: Läßt sich aus Meßdaten des Gewässermonitoring eine *Lageveränderung der Konzentration-Abfluß-Beziehung* dokumentieren, dann ist es zulässig, dies auf die Ursache der veränderten Gleichgewichtslage im Gesamtsystem des Stoffeintrags zurückzuführen als Folge von geänderten Stoffquellen und/oder Bedingungen der Stoffmobilisierung im Einzugsgebiet und/oder veränderter Stoffretention im Gerinne.

Erfahrungsgemäß stellen die strukturellen geographischen Eintragsbedingungen (Relief, Landschaftsräume, Vegetation, Siedlungsflächen usw.) wie auch die Gerinnemorphologie wesentlich konservativere Gebietsmerkmale dar als Belastungspotential und Emissionsbedingungen. Am ehesten ist aus den Bereichen der ursächlichen Gewässerbelastung eine Systemänderung in den letzten zwei Jahrzehnten zu erwarten. So wurde seit Mitte bis Ende der siebziger Jahre in Etappen die Abwasserreinigungseffizienz verbessert, und Agrarstruktur und Praxis der Flächenbewirtschaftung wurden an neue marktwirtschaftliche und umweltpolitische Rahmenbedingungen zunehmend angepaßt. Im einzelnen handelt es sich um die Einführung *phosphatfreier Waschmittel* Mitte der achtziger Jahre; forcierte Kläranlagenausstattung mit *Phosphatfällung* seit 1989/90; Beginn der *Stickstoffeliminierung* auf großen Kläranlagen; zunehmende *Flächenextensivierung*; *EU-Nitratrichtlinie* (vgl. TEUBER und MÜLLER 1992) und *Gülleverordnung* (Landesverordnung des MNU S-H 1989). Bevor jedoch voreilig auf verminderte Stoffeinträge geschlossen wird, ist bei der Interpretation des Befundes zu prüfen, ob nicht auch die Retentionskapazität („Selbstreinigungskraft") des Fließgewässers im Beobachtungsintervall aufgrund von Maßnahmen der Gewässerrenaturierung gesteigert wurde,oder ob herausragende klimatische Besonderheiten den Trend verzerren, wie in Abb. 5-10.

Grafische Ergebnisse der Trendanalyse nach dem Kieler Modell werden in den Abbildungen 5-11 bis 5-15 präsentiert und in Kap. 5.8 erörtert.

## 5.7.3 Das Prinzip der Trendanalyse nach TRANSPOS

Resümierend läßt sich feststellen, daß sich die veränderte Belastungssituation im Einzugsgebiet auf die Verlagerung der Konzentration-Abfluß-Beziehung auswirkt. Diesem grundlegenden Reaktionsprinzip im Emission-Immissionssystem folgend, wird ein *'Trend'* als *'nachhaltig'* und damit unabhängig von klimatischen Einflüssen definiert, wenn die Ausgleichskurve im cQ-Diagramm der Meßwerte im Zeitraum 2 signifikant höher oder niedriger liegt als im vorausgegangenen Zeitraum 1. Dieses Prinzip wird in das *Verfahren der Trendanalyse nach TRANSPOS* wie folgt umgesetzt:

Die Trendanalyse nach dem Kieler Modell führt den Nachweis der Verlagerung der cQ-Funktion von Intervall 1 nach Intervall 2 und simuliert deren Auswirkungen auf Wasserbeschaffenheit und Frachten bzw. Gebietsaustrag für den Beobachtungszeitraum.

Gegenstand der Trendanalyse ist also nicht das Folgesymptom 'Konzentration' oder 'Fracht', sondern der dynamisch funktionierende, ursächliche Mechanismus von Impulsgrößen und Belastungsreaktion. Die Trenduntersuchung erfolgt in vier Stufen, die in den folgenden Abschnitten näher erläutert werden:

(1) Berechnung der cQ-Ausgleichskurve für den gesamten Beobachtungszeitraum (Bezugskurve) und Test auf Trend; ggf. Abgrenzung von Teilintervallen

(2) Optimierung der Berechnungsfunktion(en) $c = f(Q)$

(3) Simulation der Zeitreihen von Konzentration und Fracht

(4) Mengenermittlung: Berechnung der realen und der normierten Jahresfrachten.

## 5.7.4 Berechnung der Bezugs-cQ-Kurve und Test auf Trend

Vor der eigentlichen Frachtberechnung ist zu entscheiden, ob die für die gesamte Meßreihe aufgestellte cQ-Funktion („Mutter-cQ-Funktion") als Berechnungsfunktion für alle Jahre gelten kann. Dies ist dann der Fall, wenn keine trendhafte Kurvenverschiebung vorliegt. Daher beginnt die TRANSPOS-Auswertung damit, die Meßreihe auf eine tendenzielle Kurven-

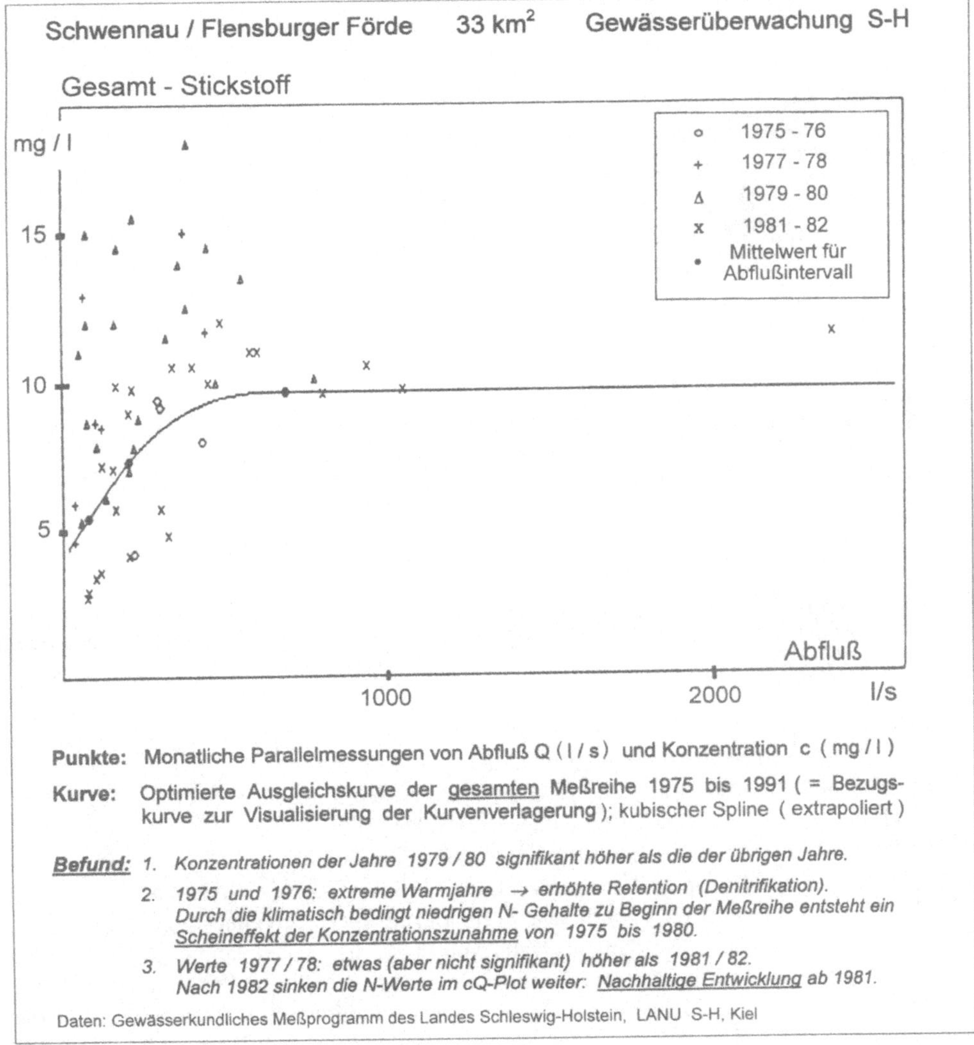


**Abb. 5-11** Test auf Trend mit dem cQ-Diagramm: Lage der chemischen Meßwertegruppen von Teilintervallen zur Bezugsausgleichskurve der gesamten Meßreihe 1975 bis 1991. Schwennau/ Flensburger Förde, Gesamt-Stickstoff, monatlichen Meßdaten 1975 bis 1991.

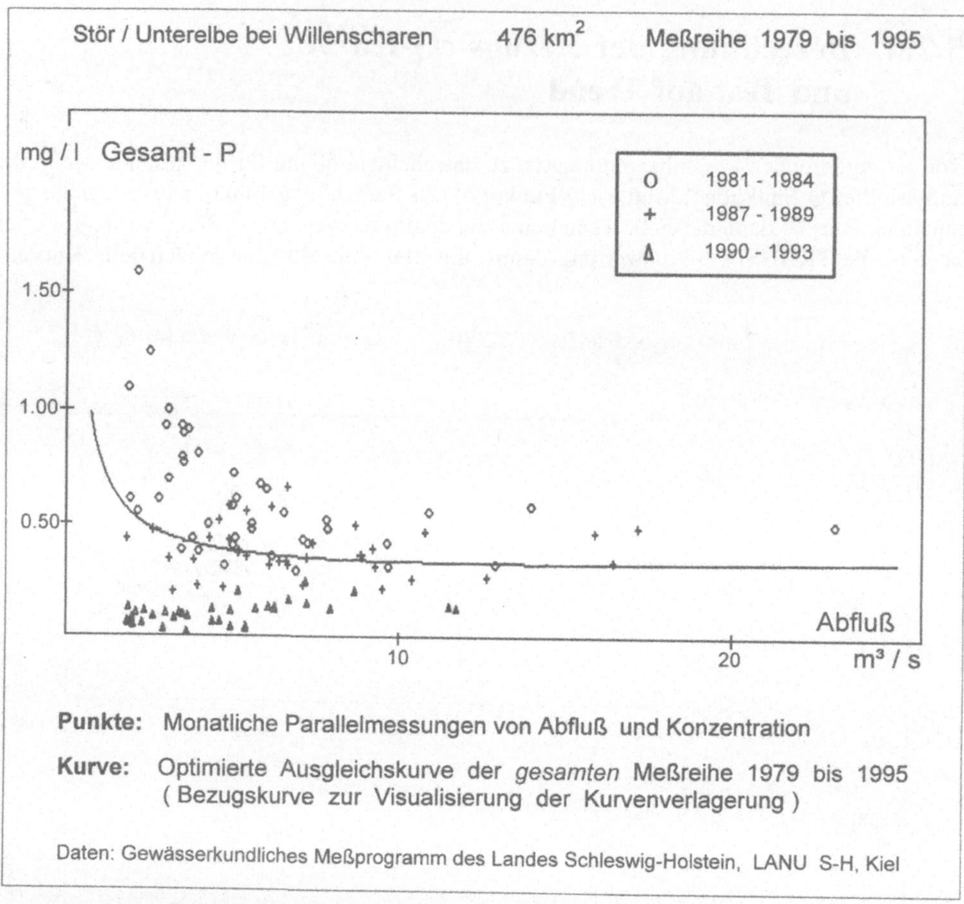


**Abb. 5-12** Grafischer Trendnachweis: Absenkung der Phosphorkonzentrationen im cQ-Diagramm zwischen 1981 und 1993 nach Kläranlagenausbau im Einzugsgebiet. Stör bei Willenscharen, Meßreihe 1979 -1995. Aus: LANU S-H (in Vorber.).

verschiebung zu überprüfen. Hierzu werden die Meßwerte $c_i$; $Q_i$ *der gesamten Untersuchungszeit* im cQ-Diagramm gegeneinander aufgetragen und die optimierte Ausgleichskurve berechnet. Sie dient zunächst als *Bezugskurve für die Trendentscheidung* und repräsentiert bei gleichbleibender Probenfrequenz eine mittlere Lage der Punkte $Q_i$, $c_i$.

Danach wird geprüft, ob Meßpunktegruppen von Teilintervallen im cQ-Diagramm bevorzugt eine von anderen Gruppen abgesonderte Lage zur Bezugskurve einnehmen. Hierzu wird für jedes Jahr ein mittlerer *Lagekoeffizient* $k_J$ zur Bezugskurve berechnet (vgl. Kap. 5.6.3). Anhand ähnlicher $k_J$-Werte werden Intervalle von (1 bis n) ganzen Jahren gegeneinander abgegrenzt. Für jedes Teilintervall errechnet das Programm statistische Verteilungsparameter der Lagequotienten $k_i$ aller Einzelbeobachtungen. Diese ermöglichen die Entscheidung, ob die gruppierten Lagekennwerte auf vorgegebenem Sicherheitsniveau signifikant verschieden voneinander sind oder nicht im *Signifikanztest auf Kurvenverlagerung*. Der statistische Trendnachweis geschieht durch den Mittelwertvergleich der gruppierten Lagequotienten $k_i$; entwe-

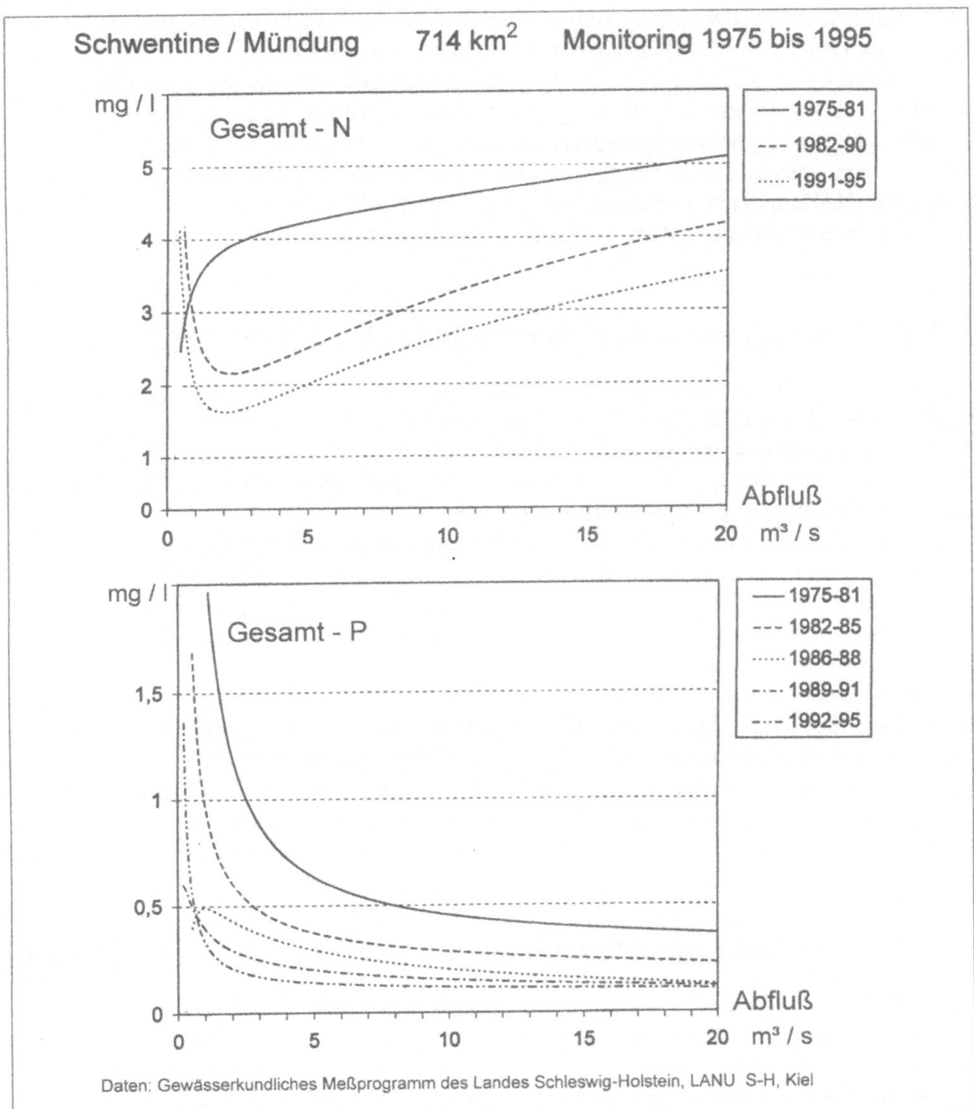


**Abb. 5-13** Nachweis auf Trend der nachhaltigen Nährstoffentlastung der Schwentine: Absenkung der Ausgleichskurven im cQ-Diagramm für Gesamt-P von 1975 bis 1995 nach Kläranlagenausbau im Einzugsgebiet. Aus: LANU S-H (in Vorber.).

der durch den *t-Test* bei normalverteilten $k_i$-Werten oder mit verteilungsformunabhängigen „nonparametrischen“ Verfahren, wie *Median-Quartil-Test* und *Mittelwertvergleich nach* KOLMOGOROFF-SMIRNOFF.

Der Trend kann auch grafisch durch Lagehorizonte markierter Jahreswerte im *cQ-Diagramm* deutlich gemacht werden: vgl. Abbildungen 5-11 und 5-12. Während bei der Schwennau aus dem cQ-Plot ein Trend wegen klimatischer Sekundärwirkungen nicht klar zu diagnostizieren ist und sich erst bei der verlängerten Meßreihe eindeutig abzeichnet, ist im Fall der Stör und Schwentine (Abb. 5-12; 5-13) die abnehmende Tendenz unverkennbar.

Die Verlagerung der cQ-Kurve wird durch den Jahreslagekoeffizienten $k_J$ quantifiziert (Kap. 5.6.3 Pkt. c). Die $k_J$ -Werte, aufgetragen gegen die Jahre J des Meßzeitraums zur *Trendkennlinie*, veranschaulichen die belastungsbedingte Kurvenverschiebung. Ist der Trend schwach ausgebildet, dann erzeugen zweitrangige jahresspezifische Effekte unstete Schwankungen in der Kennlinie. Die Haupttendenz tritt dann erst bei übergreifender Glättung der Jahreswerte wieder deutlicher in Erscheinung, s. Abb. 5-15 rechts für Gesamt-N und TOC.

## 5.7.5 Optimierung der Berechnungsfunktion

Liegt nach (1) ein Trend *nicht* vor, dann wird die bereits berechnete cQ-Funktion des Gesamtzeitraums als Gleichung zur Zeitreihensimulation und Frachtberechnung verwendet, gültig für jedes einzelne Jahr der Untersuchung.

Im andern Fall des nachgewiesenen Trends wird für jedes unterschiedene Teilintervall oder Einzeljahr eine eigene *cQ-Berechnungsfunktion* optimiert.

Aufgrund ihrer Diagnosefähigkeit und der Anwendungsmöglichkeiten ist generell der parametrischen Kurvenform der Vorzug vor der Splineversion zu geben, s. Kap. 5.6.2. Das Splineverfahren bietet sich dann an, wenn das parametrische Kurvenformat keine akzeptable Lösung erbrachte oder wenn sich die Untersuchung auf die Ermittlung der Jahresfracht beschränkt und keine Herkunftanalyse anzuschließen ist.

Abb. 5-13 demonstriert eindrucksvoll am Beispiel der Mündungsmeßstelle der Schwentine die Auswirkung der Kläranlagensanierung (KA Plön, Preetz, Raisdorf) am Flußunterlauf auf Wasserbeschaffenheit und Gebietsaustrag (LANU S-H, in Vorber.). Vor allem bei Gesamt-P rücken die Gehalte in die Nähe der geogenen Basisbelastung. Der Abbau der Verdünnungshyperbel wirkt sich dahingehend aus, daß gerade im Niedrigwasserbereich die kurzfristigen hohen Amplituden ausbleiben. Davon profitieren vor allem der Sauerstoffhaushalt des Gewässers und seine Fischfauna.

## 5.7.6 Simulation der Zeitreihen von Konzentration und Fracht

Mit Abflußganglinie und cQ-Funktion sind die Voraussetzungen geschaffen, um die *Auswirkungen* der jeweiligen Belastungssituation, die sich in der Form der cQ-Beziehung niedergeschlagen hat, zu simulieren, indem die Zeitreihen von Konzentration und Fracht erzeugt werden.

Generiert man aus der Bezugsfunktion des gesamten Untersuchungszeitraums die zugehörige Konzentrationsreihe, dann erhält man bei gegebenem Trend eine fiktive Ganglinie, die erkennen läßt, in welchen Zeiträumen sie von den Meßwerten übertroffen und wann sie unterschritten wird; vgl. hierzu die unteren Kästen für Konzentration und Fracht in Abb. 5-14. In dieser Auswertung stellt die simulierte Zeitreihe eine *Orientierungslinie der Trenddiagnose* dar, die einen über den Beobachtungszeitraum gemittelten Gang der Belastung beschreibt. Einigermaßen zutreffend ist sie nur für die Jahre 1987/88 des Übergangs. Die Lagekoeffizienten der Meßpunkte liegen vor 1987 schwerpunktmäßig deutlich über 1,0 und ab 1989 gehäuft unter 0,4. An Abb. 5-14 ist nachvollziehbar, daß sich solche gravierenden Unterschiede auch höchst signifikant verifizieren lassen (vgl. Kap. 5.7.4). An derselben Grafik wird auch deutlich, daß sich nach Minimierung der anthropogenen Hauptbelastungen aus Punktquellen und Abschwemmung der biologisch-geogen bedingte Jahres-

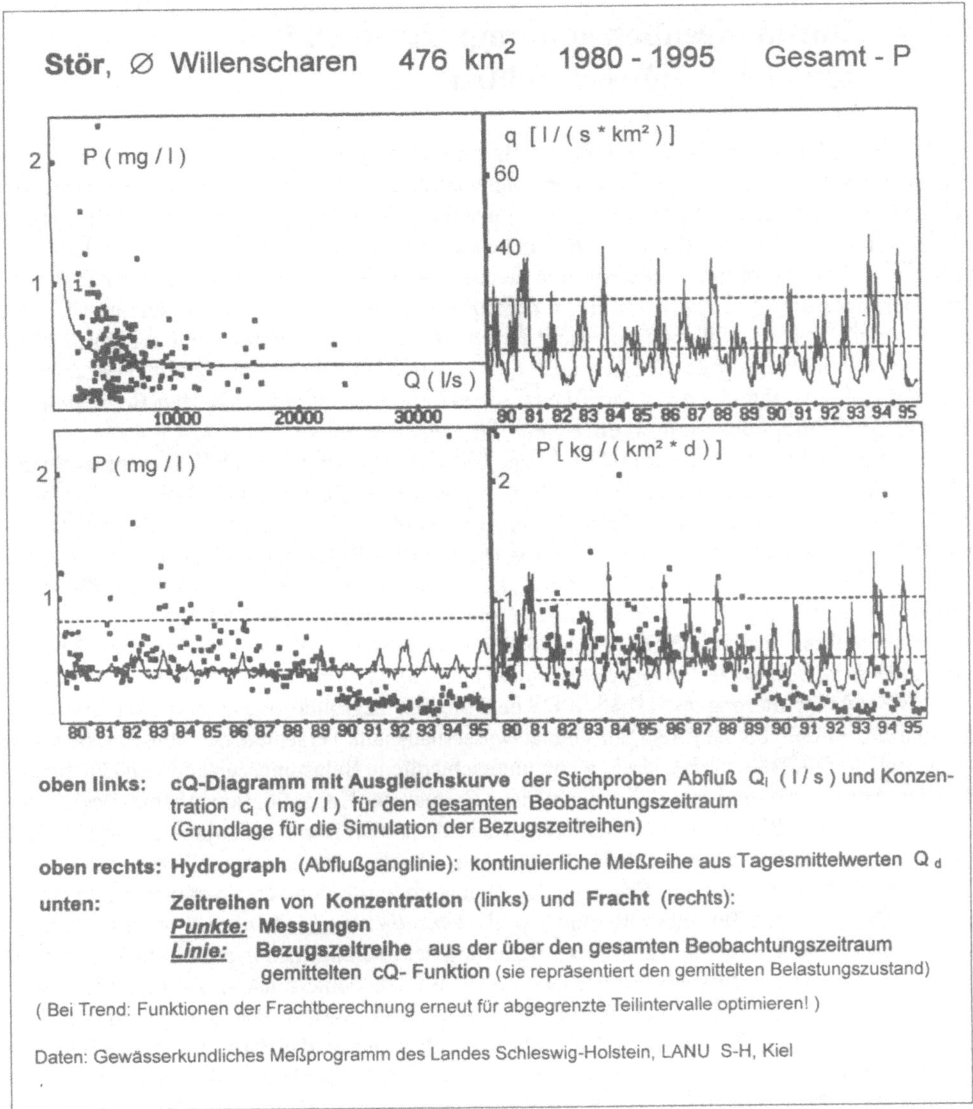


**Abb. 5-14** Trendanalyse, Zeitreihenbetrachtung: Vergleich der Stichprobenserie von Konzentration und Fracht mit der Bezugszeitreihe, die aus der cQ-Ausgleichskurve des Gesamtzeitraums erzeugt wurde. Stör, Ges.P, 1980-1995. Aus: LANU S-H (in Vorber.).

zyklus durchsetzt und die Konzentrationen auf ein enges Werteband begrenzt werden.

Simuliert man Zeitreihen mit einer cQ-Funktion, die nicht trendbehaftet ist, dann pendeln die Meßpunkte ausgewogen um die generierte Ganglinie, die eine Mittellage einnimmt. Die Zeitreihenpräsentation wird für jedes abgegrenzte Teilintervall mit eigener cQ-Funktion durchgeführt und dient der *visuellen Kontrolle* der verwendeten cQ-Ausgleichskurve auf Anpassung an die Meßpunkte.

### 5.7.7 Stoffmengenbetrachtung: Reale und normierte Jahresfrachten

Gewässerkundliche Trendstudien haben nicht nur den statistischen Trendnachweis zum Gegenstand. Im Zusammenhang mit der Wirkungskontrolle von Gewässerschutzmaßnahmen und beim Monitoring der Eutrophierungsursachen stellt sich die Frage, um welche Stoffmengen sich die Jahresfracht bzw. der jährliche Gebietsaustrag im Bezugszeitraum vermindert oder vermehrt haben. Während bei Fallstudien an einem Flußgebiet und bei einmaligen Eintragsbilanzierungen die *reale Jahresfracht* im Zentrum der Betrachtung steht, tritt bei langfristigen Studien und Überwachungsaufgaben der Frachtwert des Einzeljahres - mit seinem jeweils einzigartigen Jahresgang des Wasserhaushalts - in seiner Bedeutung zurück hinter der generalisierten Aussage, wie hoch die Stoffmengenänderung *unter standardisierten Bedingungen, d.h. klimabereinigt* und gemittelt über viele Jahre, anzusetzen ist.

Aus Abb. 5-15 geht eine parallele zeitliche Entwicklung von mittleren Winterabflüssen gegenüber Winter- bzw. Jahresfrachten von Gesamtstickstoff und organischem Kohlenstoff (TOC) hervor. Die enge *Abflußabhängigkeit der Jahresfracht* macht eine Schätzung der reinen Trendwirkung, getrennt vom Klimaeffekt, schwierig. Das Problem der Eintragsevaluierung wird sich bei der Auswertung der Erhebungen der vierten „Pollution Load Compilation" für den Rezipienten Ostsee erneut stellen, wenn die landseitige Fracht des Jahres 2000 den Einträgen der vorausgegangenen Studien der Jahre 1990 und 1995 gegenüberzustellen ist mit dem Ziel, eine Aussage über *geänderte normierte Jahresfrachten und Nachhaltigkeit des Belastungstrends* zu treffen.

Der Frachtnormierung mit TRANSPOS liegt die Idee zugrunde, daß unter denselben Bedingungen des mittel- bis langfristigen Gebietswasserhaushalts verschiedene Jahresfrachten den Fließgewässerquerschnitt passieren, wenn unterschiedliche Belastungszustände im Einzugsgebiet herrschen, repräsentiert durch verschiedene Formen der Konzentration-Abfluß-Beziehung.

Die *realen Jahresfrachtwerte* entstehen aus dem betreffenden Einjahreshydrographen und der cQ-Funktion, die mit den Meßwerten des aktuellen Jahres erstellt wurde; siehe Kap. 5.6.1. Die fiktiven *normierten Frachten* dagegen werden mit den verschiedenen cQ-Funktionen der abgegrenzten Teilintervalle und jeweils *demselben realen Langzeithydropraphen* des Referenzzeitraums berechnet. Zur Quantifizierung der nachhaltigen Auswirkung der wasser- und/oder landwirtschaftlichen Schutzmaßnahmen auf den Gebietsaustrag wird auf die folgende Weise vorgegangen (Beispiel zu Abb. 5-13; aus LANU S-H, in Vorber.): Jeweils derselbe zehnjährige Bezugshydsrograph (1986-95) der Schwentine wird einmal mit der cQ-Funktion des Teilintervalls (1975-81, Ausgangszustand) zur Jahresnormfracht von 143 t Gesamtphosphor verrechnet (= Zehnjahresfracht/10). Danach werden mit der cQ-Funktion (1992-1995) und mit demselben Bezugshydrographen 30 t/a für die Endphase ermittelt. Auf einer normierten Basis werden also jährlich bei den Abflußverhältnissen der Dekade (1986-95) 113 t/a weniger an Phosphor ausgetragen, das entspricht einer Reduktion des Gebietsaustrags von 100 % auf 21 % des Ausgangsniveaus. Weitere reale und normierte Frachtergebnisse sind in Abb. 5-15 zusammengestellt. Ihnen entsprechen die abnehmenden $k_J$-Werte der Kurvenverlagerung in der rechten Bildhälfte.

Den einzelnen Gültigkeitsintervallen der cQ-Funktionen entsprechen unterschiedliche dynamische Gleichgewichtslagen zwischen Emission (Stoffeintrag) und Immission (Gebietsaustrag). Die Normierung erfolgt durch jeweils denselben Zeitbezug bzw. den gemeinsamen *konkreten* hydrologischen Bezug für jedes Teilintervall. Damit wird einerseits der Einfluß der

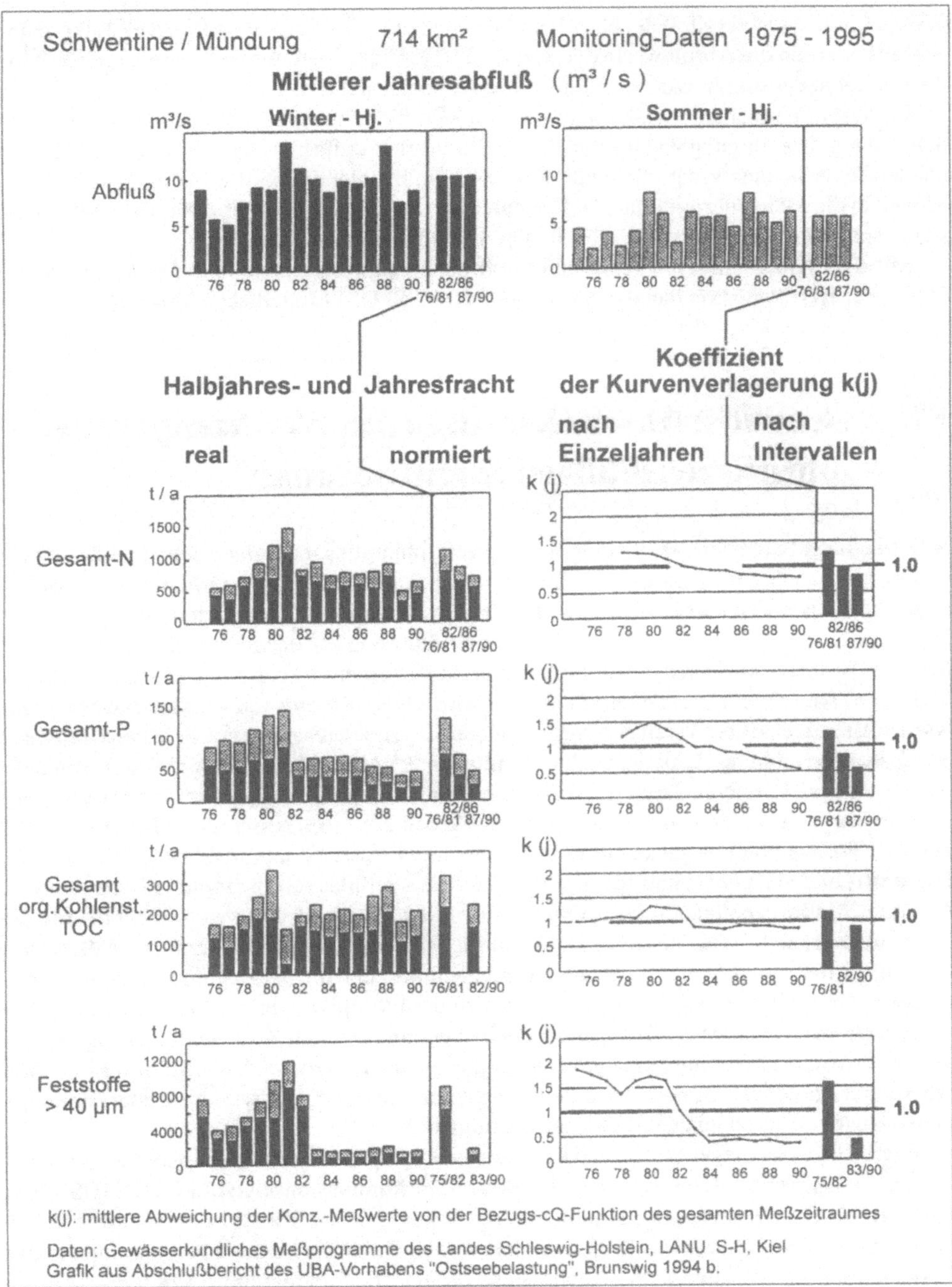


**Abb. 5-15** Trendanalyse der Jahresfracht nach TRANSPOS: Mengenermittlung (reale und normierte Jahresfrachten), und Trendkennlinie für die Jahreswerte der cQ-Kurvenverlagerung. Schwentine/Mündung, Monitoring 1975 bis 1990. Aus: BRUNSWIG 1994 b, UBA-F&E-Vorhaben „Ostseebelastung", Abschlußbericht Band 5. Kiel 1994.

„Störgröße" 'Wasserabfluß' der einzelnen Jahre auf den normierten Frachtwert eliminiert, und zugleich werden die Abflußwerte der Region und des Untersuchungszeitraums, realistisch in ihrer zeitlichen Struktur und in der Jahresmenge, berücksichtigt.

In diesem einfachen Verfahren vereinigen sich die Vorzüge der Prinzipien von Gleichbehandlung, Bereinigung und Realitätsnähe. Die Abfluß-Adjustierung der Jahresfrachten, die bei der Zeitreihenanalyse große methodische Komplikationen schafft, ist beim TRANSPOS-Modell in die Mengenermittlung der Trendanalyse *integriert.* Gesonderte mathematische oder statistische Bereinigungsprozeduren sind nicht erforderlich.

Mit der Berechnung von realen und normierten Jahresfrachten sind die verschiedenen Stufen der Belastungstrendanalyse nach dem TRANSPOS- Modell abgeschlossen.

## 5.8 Ausblick: Das Kieler Modell als Werkzeug bei der integrierten Flußgebietsentwicklung

Im Urlaubsland Schleswig-Holstein mit seinen eutrophierungsbedrohten Seen und Küstengewässern nimmt der Gewässerschutz eine herausragende Bedeutung innerhalb des Umweltschutzes ein. Im „Generalplan Abwasser und Gewässerschutz" (Fortschreibung 1986) des Umweltministers S-H, in den „Grundsätzen zum Schutz und zur Regeneration von Gewässern" (MNU S-H, 1991) sowie in den „Empfehlungen zum integrierten Fließgewässerschutz" (LANU S-H 1996) sind *Qualitätsziele und Leitlinien für die Entwicklung von Flußgebieten* definiert worden, die zunächst bei Vorzugsgewässern modellartig zu realisieren sind. Seit 1996 werden in Sonderstudien fachliche Grundlagen hierzu erarbeitet (LANU S-H, in Vorber.). Das übergeordnete Planungsziel besteht darin, die ökologische Funktion des Fließgewässers als natürlichen Lebensraum zu schützen und zu regenerieren. Neben biotopverbessernden Maßnahmen, die auch die Flußaue und das gesamte Einzugsgebiet einbeziehen, kommt der Reduzierung von Nährstoff- und Schadstoffeinträgen, insbesondere aus der Fläche, eine zentrale Bedeutung zu. Mit dem Maßnahmenkatalog des *integrierten Fließgewässerschutzes* soll nicht nur der Sauerstoffhaushalt der Bäche und Flüsse entlastet und das physikalisch-chemische Milieu im Sinne des Artenschutzes verbessert werden; zugleich werden mit der Begrenzung der Flächenemission Grundwasser und Seen geschützt, wird der Eutrophierung von Nordsee und Ostsee entgegengewirkt. Damit Sanierungsmaßnahmen bei minimierten Kosten und Anstrengungen ein Höchstmaß an Erfolg erbringen, sind die gegenwärtigen Schadstoffeinträge in die Oberflächengewässer möglichst exakt zu bilanzieren und die Stoffherkünfte nach Eintragspfaden zu lokalisieren und quantitativ zu bestimmen.

Solche Bilanzierungen stützen sich auf gewässerkundliche Dauermeßprogramme des Landes und sind typische Anwendungsgebiete des Kieler Immissionsmodells TRANSPOS. Der modulare Aufbau verleiht dem Modell die Möglichkeit, *fiktive Wirkungen und konkrete Szenarien zu simulieren.* Dies wird erst dadurch ermöglicht, daß die beiden Frachtkomponenten - Hydrograph und cQ-Funktion - unabhängig voneinander sind und mit neuen Zeitbezügen kombiniert werden können. Mit diesem Prinzip - der Projektion verschiedener cQ-Funktionen (entspr. Belastungszuständen) auf den langjährigen Bezugshydrographen - wurden *Jahresfrachten normiert* und *Trendauswirkungen quantifiziert.* In ähnlicher Weise lassen sich vorgegebene Modellhydrographen, z.B. stellvertretend für extrem niederschlagreiche Winterhalb-

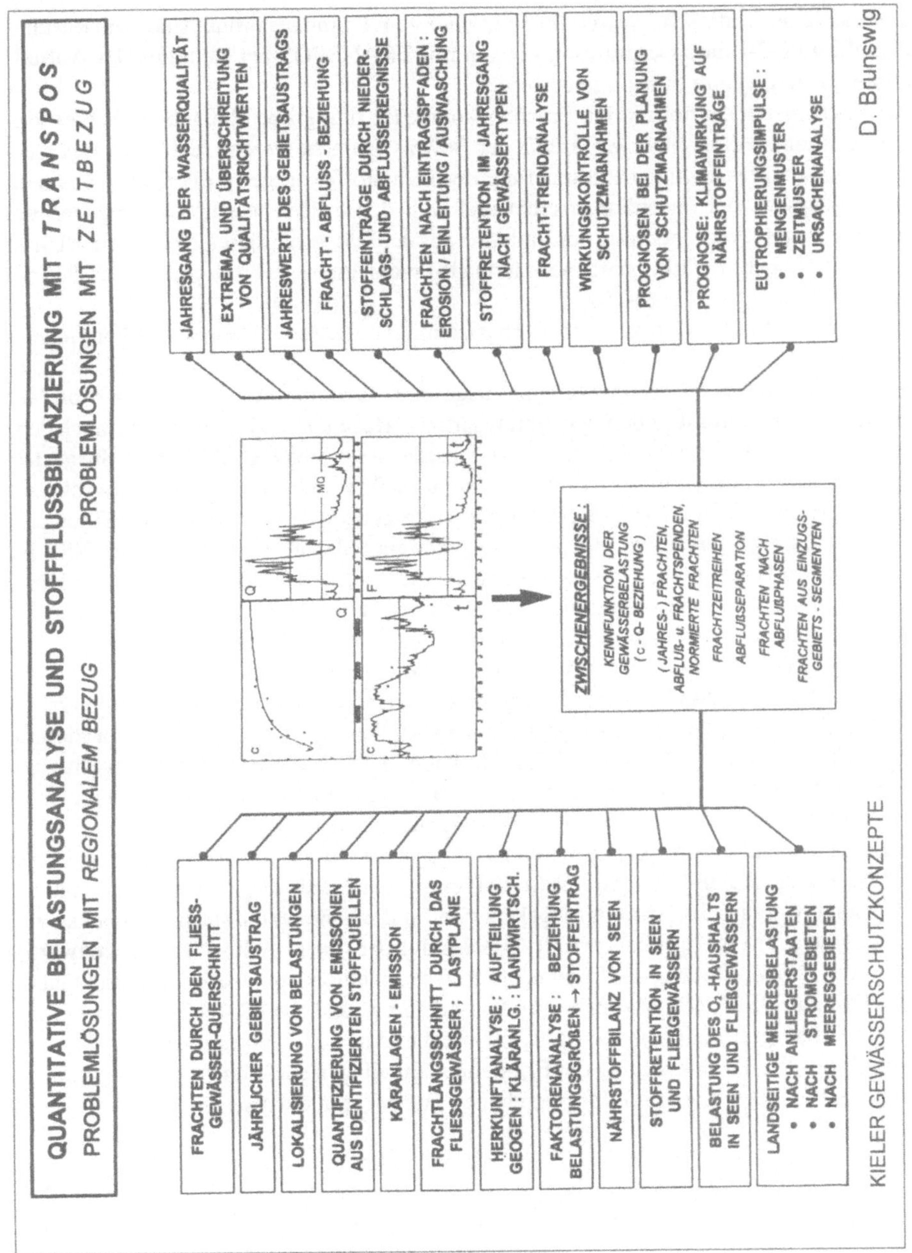


**Abb. 5-16** Quantitative Belastungsanalyse und Stoffflußbilanzierung mit TRANSPOS: Problemlösungen mit regionalem Bezug und mit Zeitbezug (Schema).

jahre, mit aktuellen Belastungskennkurven (cQ-Funktionen) koppeln, um die mittelfristigen Klimaauswirkungen auf die Meereseutrophierung zu simulieren (*Klimawirkungsforschung*). Durch den Vergleich der realen mit den normierten Jahresfrachten können die Eintragsergebnisse einzelner Jahre (z.B. PLC-Meßprogramme der HELCOM) dahingehend bewertet werden, inwieweit die gemessenen Unterschiede trendbedingt *oder* vom Klima beeinflußt sind. Die Resultate der aktuellen PLC-Eintragsermittlung können mit TRANSPOS bei Kenntnis der Abflußverhältnisse auf Folgejahre transponiert werden.

Durch das Konzept der normierten Frachten konnte für fünf große Flußgebiete Schleswig-Holsteins im Rahmen einer *Wirkungsstudie* der Beweis erbracht werden, daß die *„Ministerdeklaration"* zur 50-prozentigen Reduzierung der Nährstoffeinträge in die Ostsee aus dem Jahre 1987 einerseits bei Phosphor erreicht und weit übertroffen wurde; daß dagegen bei Stickstoff eine weitere Verminderung der Emission aus der Fläche für dieses Ziel erforderlich ist (LANU S-H, in Vorber.: Reduktion der normierten P-Fracht um bis zu 80 % gegenüber 1975 bis 1980; s.a. Abbildungen 5-12 bis 5-15).

Weitere Anwendungen sind auf Abb. 5-16 zusammengestellt für Themen mit vorwiegend räumlichem bzw. Zeitbezug.

Nicht nur das Frachtberechnungsschema insgesamt, sondern auch die cQ-Funktion läßt sich in die einzelnen Teilfunktionen der Eintragsarten zerlegen. Die Modellstruktur nach dem „Baukastenprinzip" ist kompatibel zu den Emissionsprozessen angelegt (Abb. 5-7). Sie gestattet es, daß - in Verbindung mit der Abflußseparation in Oberflächenabfluß, Grundwasserzustrom und Interflow - die quantitative Herkunftanalyse geleistet wird und die Trendmengenermittlung auch differenziert auf die Haupteintragspfade ausgedehnt werden kann (BRUNSWIG 1994 a). Solche Fallstudien nach der Immissionsbetrachtung produzieren besonders interessante Anknüpfungspunkte dann, wenn auch auf der Emissionsseite eine detaillierte Belastungsdiagnose des Einzugsgebiets erstellt wird, um die Ursachen der bilanzierten Gebietsausträge aufzuklären. Eine Pionierstudie dieser Art wird gegenwärtig für das Einzugsgegbiet der mittleren Trave in Ostholstein durchgeführt. Die Flußfrachten bekommen einen Detailhintergrund zur fachlichen Bewertung, und für das Modell - im Fall der Trave ist es die Emissionsbilanzierung mit MOBINEG der Firma FuN Umwelt-Consult (Hannover) - ergeben sich eine zuverlässige Ergebniskontrolle und zusätzliche Erfahrungen über die Anpassung der Modellparameter an regionale Verhältnisse und unterschiedliche Flußgebietstypen.

Bezug nehmend auf die eingangs zitierten HELCOM-Ziele der Eintragsbilanzierung, ist der Autor der Meinung, daß mit dem Kieler Modell ein in der Praxis bewährtes Instrument zur Verfügung steht, welches die Anforderungskriterien für die komplexe Belastungsanalyse von Oberflächengewässern weitgehend erfüllt. Das Modul der Trendanalyse wird gegenwärtig vom UMWELT-BUNDESAMT auf Eignung als Referenzmethode für Überwachungsaufgaben von HELCOM und OSPARCOM untersucht. Es ist denkbar, daß das TRANSPOS- Programm auch auf länderübergreifender Ebene - z.B. entsprechend den Zielvorgaben der EU-Wasserrahmenrichtlinie - für die Erarbeitung der fachlichen Grundlagen gezielter Aktionsprogramme zur Eutrophierungsbegrenzung von Stromgebieten und Meeren einzusetzen ist.

# 5.9 Literatur zu Kapitel 5


BERNHARDT, H. (1978): Phosphor - Wege und Verbleib in der Bundesrepublik Deutschland. - Ges. Deutscher Chemiker, Hauptausschuß 'Phosphate und Wasser' der Fachgruppe Wasserchemie'. - Verlag Chemie, Weinheim/New York.

BMU - Bundesministerium für Umwelt, Naturschutz und Reaktorsicherheit (1997): Stand und Einsatz mathematisch-numerischer Modelle in der Wasserwirtschaft. BMU/Bonn.

BOJE,S; DELLING,D. (1986): Untersuchungen zum Nährstoffeintrag aus landwirtschaftlich genutzten Flächen im Einzugsgebiet der Schlei. - Veröff. des Landesamtes für Wasserhaushalt und Küsten Schleswig-Holstein, Serie D.

BRUNSWIG, D (1984): Entwicklung der Gewässerbeschaffenheit von Elbzuflüssen aus Schleswig- Holstein. Studie für den Generalplan 'Abwasser und Gewässerschutz in S-H, 1986. - Min. für Ernährung, Landwirtschaft und Forsten S-H, 1984.

BRUNSWIG, D (1994): "Belastung der Ostsee durch Schadstoffe. Analyse des Eintrags aus der Bundesrepublik Deutschland (Schleswig-Holstein)". FuE-Vorhaben d. UMWELTBUNDESAMTES (UBA), Abschlußbericht, Kiel 1994.
a. Band 4: Fallstudie Lachsbach: Herkunftanalyse der Gewässerbelastung in einem Kleineinzugsgebiet des Östlichen Hügellandes S-H.
b. Band 5: Austräge der größeren Fließgedwässer. Anwendung des TRANSPOS-Verfahrens.
c. Band 6: Quantifizierung von Stofftransporten in Fließgewässern: Ansatz, Berechnung, Normierung und Trendanalyse mit dem Simulationsmodell TRANSPOS.

BRUNSWIG, D & A. FRIEDERICH (1994): Abschlußbericht des UBA-FuE-Vorhabens "Ostseebelastung". Band 1: Belastung der Ostsee durch Nährstoffe aus Schleswig-Holstein. Kiel 1994.

BRUNSWIG, D; S. PEDERSEN (1991): Quantification of annual nutrient transports by rivers: Computation method and standardized trend analysis. - Environment, Energy, and Natural Resources Management in the Baltic Sea Region, Symposium, Copenhagen 1991.

BÜHRER, H., P. KIRNER und G. WAGNER (in Vorbereitung): Die dem Bodensee in den Abflußjahren 1996/97 zugeführten Stofffrachten. - Berichte der Internation. Gewässerschutzkommission für den Bodensee (IGKB), St. Gallen.

DIN 4049; Teil 102: Hydrologie: Begriffe der Gewässerbeschaffenheit. Deutsches Institut für Normung, Normenausschuß Wasserwesen. DIN Taschenbuch 211, Beuth-Verlag Berlin, 1996.

FEHR & NIEMANN-HOLLATZ Umweltconsult, 1997: Economic efficiency control of water protection actions in the European Community. LIFE - Project, Hannover 1997.

GERLINGER, K. und K. LUDWIG (1999): Aspekte der Flußgebietsplanung gemäß EU-Wasserrahmenrichtlinie. - Wasser und Abfall 03/1999.

GOOS (1998): -Objektiver Leistungsvergleich von fünf Frachtberechnungsverfahren für Fließgewässer, und Optimierung des Meßprogramms der Fließgewässer auf deutscher Seite der Flensburger Förde. - Diplomarbeit am Van-Hall-Institut für Ernährung, Umwelt und Landwirtschaft Groningen / NL.

GRIMVALL, A., P. STALNACKE, K. SUNDBLAD, E. NIEMYRITZ, H. PITKÄNEN; A. BRUHN (1991): Trend analysis of nutrient concentrations in Baltic Sea rivers. - Environment, energy, and Natural Resources Management in the Baltic Sea Region, Sympos. Copenhagen 1991.

HAMM et al. (1992): Wirkungswerte, Qualitäts- und Güteziele trophisch bedingter Parameter der Gewässergüte der Fließgewässer. - Verlag Paul Parey.

HELCOM (1989): Baltic Marine Environment Protection Commission - HELSINKI COMMISSION, Scientific and Technical Committee 15/16, Annex 13: Recommendation concerning the pollution load compilation. (Referring to HELSINKI CONVENTION, Article 6(1) and Art. 13, § b, Helsinki 1974).

HELLMANN, H. (1986 b): Zum Problem der Frachtberechnung in Fließgewässern. - Zeitschrift für Wasser- und Abwasserforschung 19 (1986).

HELLMANN, H. (1987): Trendermittlung bei unterschiedlichen Abflüssen am Beispiel der Schwermetallgehalte von Schwebstoffen. - Zeitschrift für Wasser- u. Abwasserforschung 20.

HILDEN, M. (in Vorbereitung): Empfehlungen zur Frachtermittlung. LAWA-Arbeitskreis QHF- "Qualitative Hydrologie der Fließgewässer".

KLOPP, R.(19986): Über die Ermittlung von Frachten in Fließgewässern. Vom Wasser, Band 66.

LANDESAMT für Natur und Umwelt Schleswig-Holstein (LANU S-H), 1996: Empfehlungen zum integrierten Fließgewässerschutz. - Kiel 1996.

LANU S-H - Landesamt für Natur und Umwelt Schleswig-Holstein, in Vorbereitung: Trends der stofflichen Belastung schleswig-holsteinischer Fließgewässer. - Kiel.

LANU S-H - Landesamt für Natur und Umwelt Schleswig-Holstein: Gewässerüberwachung (Zahlentafeln). - Jahresberichte der Gewässergüte. Kiel, ab 1974.

LAWA - Länderarbeitsgemeinschaft Wasser, Arbeitsgruppe QHF: s. HILDEN.

LW S-H - Landesamt für Wasserhaushalt und Küsten Schleswig-Holstein: Deutsches Gewässerkundliches Jahrbuch: 'Küstengebiet der Nord- und Ostsee'. - Jahresberichte, Kiel.

MINISTER für Ernährung, Landwirtschaft u. Forsten d.Ld. Schl.-Holstein (1986): Generalplan Abwasser und Gewässerschutz in Schleswig-Holstein, Fortschreibung 1986. -Kiel.

MINISTER für Natur, Umwelt und Landesentwicklung (MNU) S-H (1989): Landesverordnung über das Aufbringen von Gülle ("Gülleverordnung"). -Gesetz- und Verordnungsblatt 1989, S. 73. Kiel.

MINISTER für Natur, Umwelt und Landesentwicklung (MNU) S-H und (LW S-H): Grundsätze zum Schutz und zur Regeneration von Gewässern. - Kiel, 1991.

OHLE, W. (1955): Die Ursachen der rasanten Seeneutrophierung. - Verh. Internat. Verein Limnol. 12.

PEDERSEN, S. (1988): Stoftransportmonitering i Danske vandloeb. Samenligning af beregningsmetoder. Fyns Amt, Afdelingen Technik og Miljoe, Odense / DK.

PINZ, K., K.H. KORNATZKY und J. SCHNEIDER (1998): Bedeutung und Aussagekraf von Konzentrationen und Frachten für die Gewässergüte in Fließgewässern. -Wasser und Boden, 08/1998.

PREUSS / LANDESAMT für Wasserhaushalt und Küsten Schleswig-Holstein (1979): Wassermengenbilanz für Schleswig-Holstein; Abflußjahr 1978. - Selbstverlag, Kiel.

SACHS, L. (1978): Angewandte Statistik. 5. Auflage. Springer-Verl, Berlin / Heidelberg / N.Y.

TEUBER, W. und J. Müller (1992): Europäischer Gewässerschutz: Nitratrichtlinie verabschiedet. Wasser und Boden 5/1992.

UMWELTBUNDESAMT (1994): Stoffliche Belastung der Gewässer durch die Landwirtschaft und Maßnahmen ihrer Verringeung. - Erich Schmidt-Verlag, Berlin 1994. Auszug in UMWELT 6/1995.

UMWELTBUNDESAMT (1998 - 2000): FuE-Vorhaben "Methoden der Trendabschätzung zur Überprüfung von Reduktionszielen im Gewässerschutz". Arbeitstreffen ab Juni 1998 im UBA, Abtg. II - 2.6, Berlin.

UMWELTBUNDESAMT (1999): Neue Europäische Wasserrahmenrichtlinie. Aufstellung integrierter Flußgebietspläne. - Umwelt 5/1999, Berlin.

VOLLENWEIDER; R.A. (1968): Scientific fundamentals of the eutrophication of lakes. - OECD-Report, Paris 1968.

VON LOH, J. (1979): Mathematisch-statistische Auswertung von Gewässergütedaten. - Mitt. aus dem Niedersächs. Wasseruntersuchungsamt Hildesheim, Heft 4.

WAGNER, G. (1972): Die Berechnung von Frachten gelöster Phosphor- und Stickstoffverbindungen aus Konzentrationsmessungen in Bodenseezuflüssen. - Internat. Gewässerschutzkommissin für den Bodensee, Bericht Nr. 11.

WERNER, W., H.-W.OLFS, K. AUERSWALD und K. ISERMANN (1991): Stickstoff- und Phosphoreintrag in die Oberflächengewässer über "diffuse Quellen". In: HAMM, A. (Hrsg.): Studie über die Wirkungen und Qualitätsziele in Fließgewässern. - Academia-Verlag, St.Augustin.

# Sachwortverzeichnis

## A



## B



## C



## D



## E



## F



## G